오늘 밤은 별을 볼 수 없습니다

오늘 밤은 별을 볼 수 없습니다

THE LAST STARGAZERS

망원경 뒤에 선 마지막 천문학자들

에밀리 레베스크 지음 · 김준한 옮김

시공사

- 각주는 모두 독자를 위한 옮긴이의 추가 설명이다.
- 영어 학술용어의 번역은 한국물리학회의 물리학 용어집과 한국천문학회의 천문학 백과사전 표제어 목록을 참고하였다.

차례

들어가며 7

01 퍼스트 라이트 15
02 프라임 포커스 53
03 오늘 콘도르 본 사람? 91
04 관측 손실 이유는 화산 폭발 129
05 총알이 낸 작은 상처 153
06 자기만의 산 181
07 망원경 썰매와 허리케인 219
08 성층권 비행 243
09 아르헨티나에서의 3초 283
10 시험 질량 307
11 사전에 계획하지 않은 관측 341
12 받은편지함 속 초신성 369
13 천문학의 미래 393

독서 모임 가이드 422
인터뷰 목록 424
감사의 말 426
주 431
찾아보기 433

"껐다가 다시 켜봤어요?"

지쳐버린 전산 전문가들이 전 세계 곳곳에서 되뇌는 말이다. 하지만 이토록 무서운 질문이었던 적은 아마 단 한 번도 없었을 것이다. 우선, 이미 시간은 새벽 한 시였고 나는 하와이에서 가장 높은 산꼭대기의 쌀쌀한 제어실에 앉아 있었다. 해발고도는 거의 4,300미터에 달했다. 스물네 살의 나는 필사적으로 졸음, 산소 부족과 씨름하고 있었다. 박사 학위 연구를 위해 어렵게 따낸 관측 시간인데 고장 난 기기가 망칠 순 없다고 생각하면서.

두 번째로, 문제의 기기는 스바루 망원경이었다. 미국과 일본 천문학계의 공동 사업으로 만들어진 이 망원경은 무게가 630톤에 이르며 14층 높이 돔 안, 내 머리 바로 위층에 설치되어 있었다. 8.2미터로 세계에서 가장 큰 단일 거울 중 하나인 스바루 주경을 비롯해, 지구상에서 가장 정교한 온갖 과학 기기와 영상화 장비를 뽐냈다. 나는 열두 쪽에 이르는 연구 제안서를 학과 교수님들께 제출한 다음에야 하룻밤 운영에만 4만 7,000달러(약 5,500만 원)가 드는 이 망원경과의 귀중한 시간을 따냈다. 한 해를 통틀어 내가 스바루를 쓸 수 있는 유일한 밤인 오늘 밤, 지구에서 50억 광년 떨어진 은하 몇 개를 관측할 예정이었다.

그렇다. 나는 아직 망원경 시스템을 껐다가 다시 켜보지 않았다.

그날 밤 관측은 훌륭하게 흘러갔다. 제어실 컴퓨터 한 대가 불안하게 '부웅' 하는 소리를 내기 전까지. 그 소리에 망원경 오퍼레이터도 자기 자리에 얼어붙었다. 산꼭대기에서 나와 함께 관측하는 유일한 사람이었다. 무슨 일이냐고 묻자, 오퍼레이터는 거울을 받치는 기계식 지지대 중 하나가 제대로 작동하지 않는다고 조심스럽게 말했다. 그러나 "괜찮아. 내 생각에는 거울이 아직 망원경에 붙어 있는 것 같아"라고 덧붙였다.

"그런 것 같다고?"

"응, 만약 그렇지 않았다면 우리가 요란한 소리를 들었겠지."

마음이 놓이지는 않더라도 그럴싸한 추론이었다.

기계식 지지대 작동에 문제가 생겼을 때 망원경이 어떤 상태였는지를 보니, 우리는 분명 운이 좋았다. 순식간에 재앙이 일어날 수도 있었기 때문이다. 하지만 지지대가 아직 부경을 받치고 있었다. 부경은 주경에 비해 눈에 띄게 작기는 하지만 그래도 폭이 1.2미터에 이르고 무게는 180킬로그램이나 되었다. 22미터 높이의 공중에 매달린 부경은 주경에서 모여 반사된 빛을 다시 우리가 사용하는 카메라로 보내는 역할을 했다. 우리가 망원경을 다시 움직인다면 불행히도 부경이 바닥으로 떨어질 수 있었고 그마저도 운이 좋은 시나리오였다. 만약 재수가 없으면, 부경이 떨어지면서 주경을 강타할 것이었다.

우리는 긴장한 채 스바루 망원경 주간 직원들에게 전화를 걸었다. 관측자가 잠든 낮 동안 산에 있는 열세 대 망원경을 유지 관리하는 엔지니어들이었다. 일본인 직원과 연락이 닿았고, 그는 실은 자기도 오늘 낮에 그런 현상을 목격했다며 쾌활하게 대답했다. 그러고는 '아마' 기계식 지지대는 문제가 없을 것이고 '어쩌면' 거짓 경보였을 거라고, 전원을 껐다가 켜면 '아마도' 문제가 해결될 거라고 말했다. 우리가 몇 푼짜리 통신 장치가 아니라 수십억 원짜리 망원경에 관해 얘기하고 있다는 사실을 지적한다면 무례한 행동이 될 것 같았다.

180킬로그램짜리 유리가 머리 위 콘크리트 바닥에 떨어지면 어떤 소리를 낼지 알 수 없었다. 하지만 알고 싶지도 않았다. 또한 영원히 '스바루 망원경을 박살 낸 대학원생'으로 기억되고 싶지 않다는 건 분명했다. 나는 "글쎄, 내가 망원경을 부쉈지 뭐야"와 같은 부류의 이야기를 수년간 너무 많이 들어온 나머지, 그런 일이 실제로 벌어질 수 있다는 사실을 잊고 있었다.

동료 연구자 한 명은 아무것도 모르고 전선 두 개를 한꺼번에 만졌다가 굉장히 비싼 디지털 카메라를 고장 낸 적이 있었다. 그 출장이 끝나기도 전에 이 소식이 그의 상사에게 전해졌다. 다른 베테랑 관측자는 망원경의 뒷부분으로 돔 안에 있던 이동식 플랫폼을 강타했다. 플랫폼을 안쪽으로 집어넣어 두길 깜빡한 하룻밤, 수면 부족에 시달리던 관측 중 일어난 일이었다. 어떤 때는 누구의 탓이라고도 할 수 없는 사고가 벌어지곤 한다. 웨스트버지니아주 그린뱅크의 거대한 90미터짜리 전파 망원경은 어느 날 밤 관측 도중에 갑자기 마치 밟힌 음료수 캔처럼 구겨지면서 무너져 내렸다. 정확히 어떤 이유에서 그 유명한 그린뱅크 참사가 일어났는지 기억은 안 나지만, '기계식 지지대'라는 단어가 연관되어 있다는 것만은 확신한다. 지금 내가 할 수 있는 신중한 행동이란 관측을 포기하고 천문대 관측자 숙소로 운전해 돌아가서, 다음 날 아침 주간 직원들이 망원경을 꼼꼼히 점검하게 하는 것이었다.

하지만 그날은 내가 망원경을 사용할 수 있는 '유일한' 밤이었다. 다음 날이면 다른 천문학자가 전혀 다른 과학 연구 프로그램을 들고 도착할 예정이었다. 기계 결함을 겪었든, 거짓 경보가 울렸든, 아니면 그저 운 없게 구름이 끼어 관측에 실패했든 상관없었다. 망원경 사용 시간은 몇 달 전부터 엄격하게 계획되어 있기 때문이다. 중요한 것은 내가 계획한 관측을 마무리하지 못한 채로 밤이 지나가리라는 사실이었다. 그렇게 되면 완전히 새로운 제안서를 제출한 다음 망원경 제안서 평가 위원회가 시간을 승인해주길 기대해야 했다. 어렵사리 시간을 따내더라도, 지구가 태양 주위를 한 바퀴 돌아 은하들이 밤하늘에서 같은 자리로 돌아오기까지 1년을 꼬박 기다려야 했다. 그리고 다시 관측하는 날 밤에는 구름이 끼지 않거나 망원경에 문제가 없기를 바랄 뿐이다.

나는 그 은하들이 간절히 필요했다. 수십억 년 전 은하 각각에서는 감마선폭발이라고 부르는 기이한 현상이 일어났다. 천문학자들의 가장 그럴듯한 추측에 의하면, 감마선폭발은 질량이 크고 빠르게 회전하는 별이 죽어가며 나타났다. 그리고 별의 핵이 블랙홀로 수축하면서 폭발이 별을 안에서부터 밖으로 집어삼키고, 격렬한 빛의 제트를 분출해 겨우 몇 초간 이어지는 감마선 섬광이 먼 우주를 가로질러 지구에 도착한다는 생각이다. 물론 우주 곳곳에서 별들이 끊임없이 죽어 나갔지만 이렇게 번쩍이는 별은 많지 않다. 그리고 누구도 폭발 이유를 설명하지 못했다.

나는 은하의 화학 조성을 연구하면 그곳의 별이 왜 감마선폭발을 일으키는지 이해하는 데 중요한 실마리를 찾을 수 있다는 아이디어를 바탕으로 박사 학위 논문을 구성했다. 은하가 품고 있는 가스와 먼지로부터 별들이 태어나기 때문이었다. 스바루는 그런 관측을 수행할 수 있는 세계에서 몇 안 되는 망원경 중 하나였다. 그런데 엔지니어는 망원경이 '아마' 거짓 경보를 울리는 것 같다고 말했다. 그날 밤 관측을 취소한다면, 어쩌면 유일하게 이 은하들을 연구할 기회를 포기하고 학위 논문 연구의 핵심 주제를 잃어버리는 상황이었다.

물론, 세계에서 가장 큰 유리 덩어리가 산산이 조각나서 돔 바닥에 널브러져 있는 것 또한 바람직한 상황은 아니었다.

내가 오퍼레이터를 쳐다보자, 오퍼레이터도 나를 바라보았다. 나는 아직도 차를 빌리려면 비싼 보험료를 물어야 하는 고작 스물네 살의 대학원 3년 차 학생이었다. 하지만 동시에 관측 책임자인 천문학자였고 결정을 내려야 했다. 꼼꼼하게 공들여 계획한 그날 밤 관측 일정을 쳐다보았다. 망원경을 가만히 둔 채 인쇄물을 바라보고 있는 1분 1초마다 밤은 멀어져 갔다. 컴퓨터 화면에 떠 있는 흐릿한 밤하늘 사진으로 고개를 돌렸다. 항상 켜져 있는 작은 가이드 카메라로 찍은 사진이었는데 망원경이 어디를 가리키고 있는지 보여주면서 나 같은 관측자가 한없이 깊은 별의 바다에서 길을 찾도록 도와주었다.

결국 망원경의 전원을 내렸다가 다시 올렸다.

✦ ✦ ✦

별을 바라보는 행위는 단순하지만 지구상에 있는 거의 모든 인간이 경험한다. 북적대는 도시에 숨 막히게 들어찬 불빛 아래에서 밤하늘을 보든, 외딴 지구 한구석에서 머리 위로 쏟아지는 별에 빨려들어 미동도 없이 얼어붙든, 그냥 가만히 서서 지구 대기 바깥에 기다리고 있는 우주의 광활함을 느끼든, 우리는 밤하늘의 아름다움과 신비 앞에서 언제나 황홀해진다. 그리고 세계 최고의 망원경들이 찍은 극적인 천체사진을 감탄하며 바라보지 않은 사람을 찾기는 어렵다. 별이 가득 찬 풍경, 바람개비같이 뻗은 은하의 나선 팔, 아마 우주의 비밀을 간직하고 있을 무지개 빛깔의 가스 구름까지.

아름다운 천체사진을 어디에서, 어떻게, 왜 찍었는지 그리고 누군가가 과연 우주의 비밀을 벗겨낼지에 주목하느라 우리가 몰랐던 이야기가 있다. 바로 천문학자의 정체다. '천문학자'라고 하면 낭만적이고 감성적인 일을 하는 것처럼 들리고, 실제 천문학자는 전설 속 유니콘만큼이나 희귀하다. 75억 인구 중에 직업이 천문학자인 사람은 5만 명이 채 되지 않으니까.

사람들은 대부분 그렇게 이상한 진로에 대해 자세히 생각해 보기는 커녕, 살면서 직업 천문학자를 '만나본' 일조차 없다. 어쩌다 천문학자들이 어떤 일을 하는지 생각하게 된다면, 사람들은 자기가 별을 보던 경험을 떠올린 다음 그 취미에 강박적으로 사로잡힌 모습을 그릴 것이다. 야행성인 괴짜 과학자가 엄청 어두운 곳에서 정말 큰 망원경을 뚫어지게 바라보고, 하얀 실험실 가운을 걸치고 하늘에 있는 천체들의 이름과 위치를 자신 있게 줄줄 읊어대며 추위 속에서 다음 발견을 끈기 있게 기다리는 꼴을 상상할 것이다. 영화에 등장하는 몇몇 천문학자의 모습들도 사람들이 바로 떠올리는 사례다. 〈콘택트〉의 조디 포스터Jodie Foster는 헤드폰을 쓰고 쪼그려 앉아 외계 생명체로부터의 신호를 기다렸고, 〈딥 임팩트〉의 일라이자 우드Elijah wood는 집 뒤뜰에 세워둔 말도 안 되게 성능이 뛰어난 망원경으로 지구를 파괴해버릴 소행성을 찾는다. 대개 영화에서 나오는 관측은 현실이라는 드라마의 서막에 지나지 않는다. 언제나 하늘은 맑고, 항상 망원경은 문제없이 작동하며, 영화 속 천문학자는 눈이 휘둥그레져 두려워하다가도 몇 분 만에 완벽한 자료 몇 장을 손에 들고 단숨에 세계를 구하러 달려 나간다.

천문학자가 되기로 마음을 먹었을 때, 나도 천문학을 바로 그런 식으로 상상했다. 수많은 아마추어 천문가나 직업 천문학자처럼 나 역시 뉴잉글랜드 공장 마을의 우리 집 뒤뜰에서 별을 보던 기억, 부모님의 책장에 꽂혀 있던 칼 세이건의 책, TV 특집 프로그램의 배경과 과학 잡지 표지를 장식하던 화려한 성운과 성단 사진 같은 어린 시절 경험을 바탕으로 천문학에 빠져들었다. MIT에 입학해서 천문학자의 길을 걷겠노라고 전공을 물리학으로 흔쾌히 결정했을 때조차, 그 직업을 갖게 되면 온종일 어떤 일을 하게 될지 막연했다. 그저 우주를 탐구하고 밤하늘의 이야기를 배우고 싶었기에 천문학자가 되었다. 그런 대략적인 이유만 있었을 뿐, '천문학자'라는 직업의 정확한 직무 기술에 특별히 관심을 두지는 않았다. 상상 속에서 나는 외계인과 접촉하고, 블랙홀의 수수께끼를 풀고, 새로운 종류의 별을 찾고 있었다. 지금까지 그것들 중 하나만이 현실로 이뤄졌다.

세계에서 가장 큰 망원경 한 대가 고장 나지 않도록 최종 결정을 내리는 일은 예상에 없었다. 나는 내가 과학을 한다는 핑계로 거울에 고무 조각을 테이프로 붙이기 위해 망원경 지지 구조물을 기어오르고, 소속 기관의 보험이 관측용 항공기 탑승을 보장하는지 알아보고, 머리 크기만 한 타란툴라 옆에서 어떻게든 잠들고자 노력하는 일을 하게 될 거라고 상상하지 못했다. 천문학자들이 관측 연구를 위해 성층권이나 남극점까지 출장을 떠나기도 한다는 것, 북극곰을 용감히 대면하거나 무장 강도를 제압하고, 소중한 빛줄기를 쫓다가 목숨을 잃기도 한다는 걸 몰랐다.

게다가 내가 뛰어든 분야가 세계 다른 분야만큼 빠르게 변화한다는 사실도 알지 못했다. 책에서 읽고 상상했던 천문학자는 추운 산꼭대기에서 플리스 재킷으로 몸을 감싼 채 어마어마하게 큰 망원경 뒤에 앉아, 별이 머리 위를 지나가는 동안 눈을 가늘게 뜨고 접안렌즈를 들여다보는 사람이었다. 하지만 그런 이들은 이미 멸종 위기에 처해 있으며 천문학자의 모습은 진화하고 있다. 천문학자의 대열에 합류하면서, 우주의 아름다움에 더욱 깊이 빠져들면서 나는 놀랍게도 지구 곳곳을 탐험하게 되었다. 그리고 믿을 수 없고 희귀하며 빠르게 변화하는, 심지어 '사라지는' 분야의 이야기를 마주하게 되었다.

01

퍼스트 라이트

애리조나주 투손

2004년 5월

내 눈에 처음 망원경이 들어온 건 애리조나주 남부에 자리 잡은 도시 투손에서 서쪽으로 뻗은 도로를 달리고 있을 때였다. 세계적인 천문대의 진짜 커다란 망원경이었다. 그해 봄, 나는 MIT에서 막 2학년을 마치고 양자역학과 열역학 과목 기말시험을 치르자마자 비행기에 올랐다. 필 매시Phil Massey가 투손 공항에 나를 마중 나왔다. 필은 괴짜 과학자로 보일 법한 회색 곱슬머리, 검은 테 안경, 환한 미소가 인상적인 천문학자였는데 10주간 내 연구를 지도해줄 예정이었다. 그의 차에 타고 소노란 사막 깊숙이 위치한 킷픽Kitt Peak 국립 천문대로 향했다. 그곳에서 우리는 망원경 한 대를 가지고 다섯 밤을 관측하면서 여름 연구 프로젝트를 시작할 것이었다. 킷픽은 내 삶에서 맨 처음으로 마주하는 연구용 천문대였다.

나는 미리 필과 이메일을 주고받으면서 적색초거성 연구를 하게 되리라는 걸 알고 있었다. 적색초거성은 태양보다 질량이 못해도 여덟 배가 넘는 거대한 별이다. 가스와 먼지가 뭉쳐 갓 태어난 뜨거운 별은 보통 높은 온도 때문에 푸른색으로 밝게 빛난다. 그런데 적색초거성은 큰 질량 때문에 태어나자마자 전속력으로 자신의 삶을 달려 고작 1,000만 년 만에 원래 크기의 몇 배씩이나 부풀어 오른다.*

별의 팽창은 안정된 상태를 유지해 살아남으려는 최후의 노력이다. 적색초거성은 마치 꺼져가는 숯불처럼 짙은 붉은색으로 타오른다. 마침내 죽음을 눈앞에 둔 적색초거성은 대부분 격렬한 내부 붕괴를 기다린다. 그리고 붕괴가 일어나면 수축에 대한 반발로 폭발이 일어나 초신성이 된다. 초신성은 우주에서 가장 밝게 빛나며 강력한 에너지를 내뿜는 천체 중 하나이며, 초신성 폭발 과정에서 가끔 블랙홀이 태어난다.

필과 나는 그해 1월에 잠깐 만난 적이 있었다. 내가 처음으로 참여했던 천문학 연구 결과를 발표하는 자리였다. 필은 내가 발표하는 모습을 보고, 자신과 함께 여름 프로젝트를 진행할 학생으로 나를 뽑았다. 처음으로 여름 일정을 상의할 때, 필은 두 가지 연구 주제 중 하나를 고르라고 제안했다. 말 그대로 '빨강'과 '파랑' 사이의 선택이었다. 빨간색은 죽어가는 붉은 별, 파란색은 새로 태어나는 푸른 별을 뜻했다. 나는 어느 별에 대해서도 아는 바가 많지 않았다. 하지만 블랙홀이 매력적이

* 별의 진화를 결정하는 가장 중요한 요소 중 하나는 질량이다. 질량이 클수록 연료인 수소를 빠르게 소모해 일찍 수명을 다한다. 참고로 태양의 현재 나이는 약 46억 년이며 수명은 100억 년에 가깝다.

라고 생각했고, 죽어가는 별이 젊은 별보다는 조금 더 블랙홀에 가까운 단계라고 판단했기에 빨강을 골랐다.

우리는 그렇게 결정된 연구를 시작하려고 킷픽에서 우리은하의 적색초거성 100여 개를 관측할 계획이었다. 그러고는 얻은 관측 자료를 남은 여름 동안 분석해서 별의 온도를 측정할 것이었다. 우리 연구가 천문학의 수수께끼인, 정확히 별이 어떻게 진화하고 죽어가는지에 대한 물음에 조금의 답이라도 보탤 수 있기를 바랐다.

킷픽으로 향하는 동안 필과 수다를 떨며 서로에 대해 알아갔지만, 나는 때로 차창 밖에 지나가는 남부 애리조나 사막을 멍하니 바라보기도 했다. 매사추세츠의 후텁지근하고 푸른 봄과는 확연히 다르게, 타는 듯한 열기와 햇살이 어마어마했다. 오렌지 빛 갈색의 흙과 길게 뻗은 사와로 선인장, 빛나는 푸른 하늘을 눈에 담았다. 필은 하늘 높이 제트기가 남긴 비행운 한 쌍과 작고 하얀 윤곽을 가리키며, 노련한 천문학자는 비행운의 길이로 그날 밤 대기 상태와 관측 조건을 가늠할 수 있다는 이야기를 들려주었다. 만약 솜털 같은 긴 구름이 보인다면 그것은 대기 중에 별빛을 어지럽혀 산란시킬 수증기가 많다는 뜻이었다. 반대로 비행기 바로 뒤에 짧은 다발로 남는 비행운은 맑고 깨끗한 밤하늘을 기대할 만하다는 신호였다. 그날 우리가 바라본 제트기는 짧은 꼬리의 비행운을 그렸다.

필은 관측소로 가는 길을 훤히 꿰뚫고 있어, 킷픽의 4미터짜리 망원경이 처음으로 시야에 등장하는 바로 그때 내게 그쪽을 보라고 말해주었다. 8층 높이에 이르는 하얀 돔이 사막의 태양 빛을 받아 반짝 빛났다. 돔 안의 망원경은 1973년 '퍼스트 라이트first light' 이래 수십 년 동안 가까운 별들부터 엄청나게 멀리 떨어진 외부 은하에 이르기까지 천문학 모든 분야에서 획기적인 관측을 해냈다. 퍼스트 라이트란 완공된 망원경이 처음으로 밤하늘을 관측한 순간을 이르는 말이다.

오늘날 대부분의 망원경은 거울로 별빛을 모으기 때문에 거울 크기가 망원경의 가장 기본적인 특징이다. 관측하려는 천체로 망원경을 향했을 때, 거울이 크면 천체에서 오는 빛을 모으는 면적이 넓다(어두운 방 안에서 동공이 확장되어 받아들이는 빛의 양을 늘리는 것과 같은 이치다). 거울의 지름은 또한 망원경이 얼마나 뚜렷한 상을 만드는지를 결정한다. 망원경이 큰 거울을 사용한다는 것은 멀리 떨어진 작은 물체의 선명한 사진을 얻으려고 망원렌즈를 사용하는 것과 같다. 100년이 훨씬 넘는 동안, 천문학 역사에서 큰 발자취를 남긴 연구들은 더욱더 큰 거울을 사용할 수 있게 되면서 이뤄졌고, 거울 지름이 커질수록 더 먼 우주를 내다볼 수 있었다. 결국 거울의 크기가 망원경의 성능을 결정하기 때문에, 때로는 그 수치를 아예 망원경 이름으로 부르기까지 한다. 킷픽의 주력 망원경은 '4미터'라는 별칭으로 널리 알려져 있다.

이제 우리는 황량하고 텅 빈 86번 고속도로를 벗어나 구불구불한 산악 도로를 오르기 시작했다. 처음에는 선인장 외에 생명의 흔적을 찾기 어려운 환경, 길게 이어진 포장도로, 가파른 지그재그 길을 보며 더 깊숙한 사막으로 들어가고 있다는 사실만 느껴졌다. 그러다 언덕 사이로 가끔 고개를 내미는 하얀 돔을 보니 그제야 천문대로 향하고 있다는 생각이 들었다. 점차 이곳이 특별한 산임을 알려주는 단서가 보였다. 꼭대기에 가까워지자 표지판들이 나타나기 시작했는데, 산의 어둠을 보호해야 하니 심야 운전자들은 상향 헤드라이트를 켜지 말아달라는 내용으로 시작해 마지막에는 어떤 조명도 켜지 말라고 부탁하는 내용이었다.

오늘날 세계 최고의 천문대들은 높고, 건조하고, 외진 장소에 터전을 잡는다. 고도가 높으면 상대적으로 대기가 옅으므로 천체로부터 망원경에 도달하는 빛이 대기 흐름에 영향을 덜 받는다. 건조한 환경에서는 대기에 수분이 적고 날씨가 좋아 양질의 관측 자료를 얻을 수 있다. 외진 곳으로 가는 이유는 조금 더 자명하다. 도시와 문명으로부터 멀어질수록 하늘이 어둡기 때문이다(물론 지구상에서 가장 깜깜한 동네들조차 광공해의 위협과 끊임없이 싸우고 있다).

미국의 남쪽 국경 부근에 있는 킷픽은 멕시코 국경으로부터 50킬로미터도 채 떨어져 있지 않다. 온통 갈색의 암석과 짤막한 나무들로 뒤덮여 있어 산을 둘러싼 사막과 구분하기 어렵다. 두 가지 차이점만 빼면. 하나는 긴 산등성이를 따라 잠자는 거인처럼 쭈그려 앉은 하얀 망원경 돔 여러 개고, 다른 하나는 우리 눈에 보이지 않지만 산꼭대기의 완벽에 가까운 대기 상태다. 천문대 인근 땅은 대부분 미국 원주민인 토호노 오오덤 부족Tohono O'odham Nation이 소유하고 있다. 저 멀리에는 망원경 돔과 놀라울 만큼 비슷하게 생긴 암석 봉우리가 눈에 띈다. 토호노 오오덤 부족 신화에서는 이 봉우리를 바보퀴바리Baboquivari라고 부르며 우주의 중심으로 여긴다.

차가 산꼭대기에 가까워질수록 궁금해졌다. '전문적인 연구가 이뤄지는 천문대란 어떤 모습일까?' 도로에서 어렴풋이 보았던, 산등성이의 벌거벗은 암석 위에 흰색으로 우뚝 홀로 걸터앉은 거대한 망원경 건물이 내 상상력의 한계였다. 그 이상 자세한 사항에 대해서는 생각해

보지도 않았다. 예를 들면, 어디서 자게 될지(아마 낮에? 아니, 잠을 자기는 하는 걸까?), 어떤 음식을 먹게 될지(미리 간식을 준비할걸 그랬나?) 같은 생활밀착형 질문들 말이다. 하지만 결국 나는 그냥 알아서 해결되겠거니 생각하며, 정상으로 다가갈수록 나타나는 주변 풍경을 음미하는 데 집중하기로 했다.

매사추세츠주 톤턴

1986년

앞으로 어떤 일이 닥칠지 모르는 상황을 아예 처음 맞닥뜨리는 건 아니었다. 나는 오랫동안 '천문학자가 되고 싶어!'라는 단순한 목표만 가지고, 운명이 이끄는 대로 한 걸음씩 내디뎌 왔다.

기억할 수 있는 한 가장 어렸을 때부터 나는 우주에 마음이 사로잡혀 있었지만, 내 가슴에 첫 불씨가 던져진 순간은 핼리 혜성이 마지막으로 가장 가깝게 지구를 지나갔던 1986년 초까지 거슬러 올라간다. 부모님과 오빠와 나는 매사추세츠주 톤턴 교외에 살았다. 톤턴은 블루칼라 노동자 계층의 색채가 짙은 뉴잉글랜드* 남부의 산업 도시였다. 하지만 우리 동네를 벗어나 고속도로를 따라 조금만 마을 바깥으로 향하면 금세 밤하늘의 별을 헤아리기에 충분히 어두운 숲이 우거진 거리와 연못, 크랜베리 밭에 갈 수 있었다.

---

* 미국 북동부의 메인, 버몬트, 뉴햄프셔, 매사추세츠, 로드아일랜드, 코네티컷 여섯 개 주를 포함하는 지역을 이르는 말이다.

부모님도 직업 과학자가 아니었다. 내가 태어나기 전, 두 분은 모두 특수교육을 공부해 교사 자격을 취득했다. 어머니는 언어치료사로 일하다가 결국 학교로 돌아가 대학원에서 문헌정보학을 공부하고 난 다음, 톤턴의 학교 도서관에서 사서로 근무하며 승진을 거듭했다. 아버지는 교육을 공부했었지만 몇 해 동안 개인 트럭을 몰다가 독학으로 컴퓨터 전문가가 되었고 내가 태어날 즈음에는 보험 회사에서 전산 전문가로 근무하고 있었다.

그런데도 부모님 두 분 모두 타고난 과학자였다. 기본적으로 자신들을 둘러싼 세계에 대해 호기심이 넘쳤고, 눈길을 끄는 주제라면 분야를 가리지 않고 가능한 한 많이 배우려고 끊임없이 열정을 쏟았다. 아버지는 노스이스턴 대학을 다니던 시절 천문학 수업을 선택 과목으로 들었는데 그때 받은 감명이 너무 강렬했던 나머지 천문학을 취미로 삼았고, 어머니까지 아버지의 열정에 전염될 정도였다.

무언가에 빠지면 한참을 깊이 파고드는 것은 부모님의 평생 습관이었다. 천문학에 관심이 생기자, 아버지는 열심히 돈을 모아 셀레스트론 C8 망원경을 사서 집 뒤뜰에 설치했다. 킷픽 4미터 망원경처럼 거울 크기가 이름으로 붙은 C8은 지름 8인치(약 20센티미터)의 거울을 사용했는데, 거울을 둘러싼 짤막한 오렌지색 원통이 인상적이었다. 아버지는 망원경을 올려놓을 탁자를 직접 만들기도 했다. 탁자에 선반을 덧붙여 접안렌즈와 부품, 〈노턴 성도Norton's Star Atlas〉 사본을 보관했다. 1980년 칼 세이건Carl Sagan의 〈코스모스〉 TV 시리즈가 방영되면서 아버지의 열정은 더욱 불타올랐는데, 아버지는 사서였던 어머니에게 부탁해 읽을 책을 한가득 쌓아두기도 했다. 내가 태어난 1984년, 우리 집에서 천문학은 정원을 가꾸는 일이나 목공예, 새소리나 클래식 음악과 같은 일종의 배경음악이었다. 부모님은 오빠와 내가 갖가지 흥미로운 경험을 풍부하게 접하도록 열성적으로 도왔다.

그렇지만 내가 천문학에 눈이 번쩍 뜨이는 데 진정한 촉매제가 된 건 오빠 벤이었다. 오빠는 나보다 열 살 가까이 나이가 많다. 나는 이만큼이나 터울이 많이 지는 형제 사이에서 일종의 영웅 숭배는 자연스레 따라오는 현상이라고 믿는다. 함께 커가는 동안 내 눈에 오빠는 언제나 멋져 보이는 일에 가장 먼저 앞장서서 뛰어드는 영웅이었다. 게다가 오빠는 귀찮게 따라다니는 내게 짜증을 내는 대신 항상 참을성 있게 대해주었다. 오빠가 바이올린을 연주했기에 나도 바이올린을 켜겠다고 하기도 했다. 어느 날 오빠가 과학전람회에 출품할 프로젝트에 몰두하고 있었는데, 나는 그걸 보고 집에서 손쉽게 찾을 수 있는 장난감과 생활용품을 꺼내 터무니없는 '실험'을 고안하기 시작했다. 모든 행동이 얼마나 멋져 보였는지 끝내 오빠가 끼고 있던 치아 교정기까지 따라 하고 싶어졌을 정도였다(물론 치과 의자에 앉자마자 순식간에 없던 일이 되었다).

1986년 2월, 나는 18개월 아기였고 열한 살이던 오빠는 학교 프로젝트로 핼리 혜성을 공부하고 있었다. 항상 이런 프로젝트엔 가족 모두의 노력이 동원되곤 하기에, 우리 가족 넷은 어느 추운 겨울밤 8인치 망원경과 아버지가 만든 탁자를 가지고 뒤뜰로 나갔다. 일생에 한 번뿐일 혜성 방문을 맞이하기 위해서였다(이 다음으로 핼리 혜성이 태양 가까이 돌아오는 시기는 2061년이다). 부모님 말씀에 따르면, 나를 밖으로 데리고 나갔을 때 보통의 까탈스러운 아기들처럼 어둠 때문에 겁에 질려 집 안으로 빨리 돌아가자고 보채지는 않을까 걱정하며 내 표정을 살폈다고 한다. 하지만 예상은 빗나갔다. 나는 뒤뜰에서 밤하늘을 보고 망원경을 들여다보며 무척 즐거워했고 오빠가 관측을 마칠 때까지 집으로 돌아가고 싶지 않아 했다고 한다(돌이켜 생각해보면 두 살도 채 안 된 아기가 접안렌즈에 눈을 갖다 대고 천체를 바라봤다는 사실이 믿기 어렵지만, 부모님은 내가 분명히 그랬다고 확신한다).

교정기에 대한 동경이 삽시간에 사라져버렸던 것과는 반대로, 천문학에 대한 애정은 꾸준히 이어졌다. 나는 어릴 적부터 책을 좋아했는데, 핼리 혜성이 지나간 몇 년 뒤인 다섯 살 때 제프리 T. 윌리엄스Geoffrey T. Williams의 책을 읽으며 성단과 블랙홀과 빛 속도에 대해 배우고 있었다. 한 소년이 '플래닛트론'이라는 마법 우주선으로 변신하는 로봇을 타고 우주 이곳저곳을 탐험하는 이야기를 담은 책이었다. 광속이 얼마나 빠른지 읽고서는 직접 확인하기 위해 방 안에서 전등 스위치를 켰다 껐다 반복했던 기억이 아직도 선명히 남아 있다. 스위치를 올리자마자 빛이 눈 깜짝할 새 번쩍였다. 내 눈에도 꽤 빠른 듯 보였다.

이후로 천문학 책이라면 손에 집히는 대로 읽었으며 TV 프로그램인 〈미스터 위저드〉와 〈빌 나이〉는 물론, 과학자와 우주를 다룬 영화라면 닥치는 대로 모두 보았다. 특히 과학자는 어떤 사람인지, 실제로 어떤 일을 하는지를 멋지게 보여주었던 영화 〈트위스터〉를 흥미롭게 보았다. 영화 속에서 토네이도 연구자들은 굉장하고 흥미진진한 연구를 즐겁게 해내고 있었다. 그리고 과학에 사로잡혀 진흙탕에서 뒹굴기까지 하던 주연 여성 연구자는 끝내 황홀한 입맞춤으로 영화를 마무리하기까지 했다(보통 다른 영화들은 여자가 결국 일과 사랑 모두를 쟁취하기는 어려워 둘 중 하나를 선택해야만 하는 장면을 보여주었지만 〈트위스터〉

는 달랐다).

부모님은 나의 우주에 대한 관심을 적극적으로 후원해주었지만, 천문학을 직업으로 삼는다는 게 무슨 뜻인지 정확히 답해줄 수 없었다. 대다수가 그러할 테다. 가족 중 직업 과학자가 있기는커녕 아는 천문학자도 없었다. 우리 친척들도 친절하고 똑똑하며 열정적인 사람들로 가득했지만 박사학위가 있는 사람은 단 한 명도 없었고, 과학자의 진로에 대해 잘 알지 못했다.

내가 여섯 살 때, 좋아하던 허블우주망원경 티셔츠를 자랑스럽게 보이고 있다. 1990년 허블우주망원경이 발사된 직후다.
ⓒ헨리 레베스크

우리 가족 이야기를 하자면, 친가와 외가 조부모님 넷 모두 한결같이 강인하고 열성적인 학생들이었음에도 불구하고 어린 나이에 학교를 떠나야만 했다. 인근 공장에서 일하며 수입을 가계에 보태기 위해서였다. 특히 외할머니는 학교를 떠나던 날 큰 충격을 받아 눈물을 흘렸던 것도 기억한다. 결국 외할머니는 나중에 외할아버지와 함께 고등학교에 돌아가 졸업장을 받았다. 우리는 할아버지를 '뻬뻬르'라고 불렀는데, 뻬뻬르가 마을의 커다란 은 공장에서 일하는 동안 외할머니는 아이 다섯을 키우면서 간호사 학위까지 땄다. 부모님과 이모, 삼촌 몇

몇은 대학 교육을 받은 첫 세대였다. 그분들은 당신들이 흡수할 수 있는 최대의 교육을 받았지만 결국 좋은 직장을 얻기 수월한 공학, 보험 통계, 교육학 같은 실용적인 전공을 공부할 수밖에 없었다. 우리는 시끌벅적하고 사랑이 넘치는, 모두 엄청난 호기심으로 언제나 들떠 있고 배움 자체를 즐기는 대가족이었다. 그러나 누구도 천문학처럼 막연하고 상상하기 어려운 공부를 하고 직업을 가지려면 어떻게 해야 하는지 몰랐다.

어린 시절 한 번, 천문학자와 대화를 나눌 기회가 있었다. 우리 집에서 차로 20분 떨어진 거리에 휘튼 칼리지가 있었다. 작지만 훌륭한 학부 중심 대학이었다. 내가 일곱 살이 되던 해, 부모님은 나를 휘튼 칼리지 교정의 옥상 천문대에서 열린 공개 관측 행사에 데려가 주었다. 나는 행사를 주관하던 교수님에게 천문학자가 되고 싶다고 말했다. 교수님은 내 키에 맞게 허리를 숙여 눈을 맞추며 말했다. "가능한 한 많은 수학 과목을 열심히 공부하렴." 나는 진지한 눈빛으로 교수님을 바라보며 대답했다. "네." 그날 이후, 수학은 내가 학교에서 가장 열심히 공부하는 과목이 되었다. 머지않아 1년 치 수학 진도를 건너뛰었고 월반을 계속해 인근 고등학교에서 대학 1학년 수준의 기하학 수업을 듣기까지 했다. 수학을 제외한 다른 모든 과목은 원래대로 중학교 수업을 들으면서 말이다. 몇 년 동안 복잡하게 짜인 버스 시간표에 맞춰 중학교와 고등학교를 왔다 갔다 할 수밖에 없었다.

1994년 7월에는 슈메이커-레비 9 혜성이 목성과 충돌한다는 소식이 전해지며 천문학에 대한 떠들썩한 관심이 뉴스를 강타했다. 충돌이 다가올수록 천문학계 내부와 외부 모두의 이목은 혜성이 부딪친 목성에 어떤 일이 벌어질까에 대한 추측으로 집중되었다. 우리가 어떤 충돌의 흔적이라도 보게 될까? 새롭게 작동을 시작한 허블 우주 망원경도 목성을 관측하기로 계획하고 있었지만, 목성이 어떤 모습을 보여줄지 아무도 확실히 알지 못했다.

충돌이 일어나자마자 뉴스가 신속하게 그 장면을 전달했고 목성의 모습은 우리 기대를 한참 뛰어넘었다. 혜성 충돌은 목성의 옆구리를 낮게 따라 흩뿌려진, 선명하고 어두운 갈색 멍을 남겼다. TV에서 몇 번이고 반복 재생되었던 영상이 기억나는데, 화면에 볼티모어주 소재 우주 망원경과학연구소STScI 천문학자들이 등장했다. 그들은 컴퓨터 화면 몇 개 앞에 옹기종기 모여 자신들이 목격하는 광경에 웃음 짓고 숨을 헐떡이는 등 흥분에 가득 차 있었다. 무리의 중심에서는 안경을 쓴 젊은 여성 하이디 해멀Heidi Hammel이 앞줄 가운데에 앉아, 쏟아져 들어오는 환상적인 목성 이미지를 보며 동료들과 유쾌하게 축하를 나누고 있었다. 아버지와 나도 망원경을 들고 뒤뜰에 나가 목성에 남은 흉터를 눈으로 직접 확인했지만, 내게 그날 목성보다도 더욱 인상을 남긴 건 들뜬 천문학자들의 모습이었다. 그들은 나만큼 천문학을 사랑하는 사람들이었고, '직업'으로 연구를 하면서 서로 격려하며 감격을 나누고 있었다. 나도 그런 사람이 되고 싶었다.

이 특별한 순간은 오랫동안 기억에 남았다. 내겐 활기가 넘치고 지원을 아끼지 않는 가족이 있었고 덕분에 즐겁게 과학에 몰두했지만, 한편으로 가끔 외롭고 좌절감을 느꼈기 때문이다. 학교에서 '니켈로디언(케이블 방송의 어린이 엔터테인먼트 채널)'이 아니라 천문학을 좋아하는 유일한 아이였고, 발레와 축구가 아니라 바이올린을 배웠으며, 수학 수업을 해치우느라 바쁘게 중학교와 고등학교를 오갔다. 나 스스로도 이상한 아이라는 걸 잘 알고 있었다. 소니의 휴대용 카세트테이프 플레이어로 클래식 음악을 들었고, 인기 있는 TV 쇼나 영화 대신 오징어에 관한 다큐멘터리를 보는 걸 좋아했고, 최신 유행 패션을 따르기보다 낡아 빠진 헐렁한 바지와 수학 유머가 그려진 티셔츠를 즐겨 입었다. 외로움에 짜증이 났고 친구들을 '사귀고' 싶었다. 손톱에 반짝반짝 빛나는 매니큐어 칠을 하고 (90년대에 유행하던) 굽이 높은 샌들을 신고 다른 아이들과 어울리며 모험을 즐기는 일도 괜찮겠다고 생각하면서도, 나 자신의 모습을 포기하고 싶지는 않았다. 우주와 수학, 고전 뮤지컬에 대한 흥미를 공유할 친구들이 있었으면 했다. 세계적으로 유명한 천체물리학자, 화성에 간 첫 번째 여성, 다음 세대의 칼 세이건이 되고 싶었으면서도 내가 상상해온 모험을 나눌 수 있는 누군가와 연애를 하고 입을 맞추는 순간을 그리기도 했다. 이게 불가능한 명제라고 믿고 싶지 않았다. 틀림없이 세상에서 나 같은 아이가 '하나' 뿐이지는 않을 것이었다.

중학교 1학년 때, 나는 미국 대학 입학 시험인 SAT에서 높은 점수를 받아 존스홉킨스 여름 영재 프로그램에 입학하게 되었다. 그 괴짜 여름 캠프에 갈 수 있었던 것에 얼마나 감사한지 모른다. 그곳에서 처음으로 나와 비슷한 아이들을 만났다. 모차르트 바이올린 협주곡을 연주하거나 삼각함수 계산을 할 수 있다는 걸 보통 사람들은 사회부적응자로 바라볼 법도 한데, 캠프에서 만난 친구들은 그게 '멋지다'고 생각했다. 고등학교에 입학하기 전 여름에는 영재 프로그램에서 천문학 수업을 듣게 되었고 놀라 자빠질 뻔했다. 나는 더 이상 학급 전체에서 천문학을 좋아하는 유일한 학생이 아니었고, 주변이 전부 그런 친구들로 가득했다. 내 사람들이 거기 있는 것 같았고 친구들에게 다가가기만 하면 되었다. 과학전람회, 음악 레슨 그리고 AP 시험Advanced Placement exams*을 공부하던 기나긴 시간과 더불어 여름 영재 프로그램 경험은 나를 마침내 괴짜들의 메카인 대학으로 이끌었다.

MIT 입학 허가 통지서를 확인했던 순간, 친척들이 대부분 한 방에 모여 있었다. 그날 우리는 보스턴에서 다 같이 오후를 보내고 집으로 돌아왔다. 사촌 네이선과 나는 매사추세츠주 음악 페스티벌에서 각각 색소폰과 바이올린을 연주했고, 우리 가족 스무 명 정도가 언제나처럼 심포니 홀로 몰려와 연주를 구경했다. 공연을 마치고서는 우리 집으로 다 같이 돌아와 피자를 먹으며 축하를 이어갔다. 모임이 한창일 때, 나는 연주복을 갈아입고 맨발로 집 앞 우편함으로 나섰다. 우편함에 MIT에서 온 커다랗고 두툼한 봉투가 있었다. 나는 이미 MIT의 조기 입학 전형에서 낙방해 입학을 단념하고 있었기에 조금도 설레지 않았다. 어쨌든 매사추세츠주에 살고 있었으니 MIT에서 이런저런 공학 프로그램에 대한 홍보 책자가 날아오는 건 특별한 일이 아니었다.

집 안으로 들어왔는데, 의외의 편지 봉투 모습에 가족들이 모여 있던 부엌에서 이것을 뜯어봐야겠다는 생각이 들었다. "2002년 입학생들 축하합니다"라는 문구가 새겨진 폴더가 빠져나왔다. 얼이 빠진 듯 말문이 막혔고 모두 내 옆으로 모여들었다. 부모님과 오빠는 너무 기뻐했고, 삼촌과 이모와 사촌들은 소란스럽게 축하를 전했다. 그 와중에 의

---

* 대학교 교과목을 고등학교 때 미리 수강할 수 있도록 하는 시험 제도.

심의 여지 없이 우리 가족의 정신적 지주인 할아버지 뻬뻬르는 기대 누워 벨트를 추어올리면서 천천히 함박웃음을 지었다. 카드 게임에서 죽여주는 패를 쥐었을 때 보이던 습관이었다. 할아버지가 유일하게 내 손에 들린 편지에 놀라지 않은 사람이었는데, 사촌들과 내가 세상을 바꿀 천재들이라 언제나 믿고 있었기 때문인 듯했다. 굳이 돌이켜 생각해보지 않아도 그때가 내 앞에 놓인 인생이 바뀌는 모습을 목격한 몇 안 되는 순간 중 하나였다.

앞으로 물리학을 공부해서 직업 천문학자가 되겠다는 나의 선언을 들은 우리 가족은 계획을 응원하면서도 한편으로 두려움에 휩싸인 태도를 보였다. "훌륭해! 도전해봐!"라고 했지만 동시에 "물리학을 공부하면 정확히 어떤 직업을 갖게 되는 거야?"라는 질문도 이어졌다. 물론 물리학이라는 추상적인 공부를 하는 게 어떤 쓸모가 있는지 뒤에서 속삭이는 대화들이 넘쳐났다. 공학이나 생물학 같은 전공은 최소한 분명한 종착지나 직업을 떠올릴 수 있었지만, 나를 포함해 우리 중 누구도 '천문학자'는 고사하고 물리학자의 진로가 어디로 나아가는지 아는 바가 많지 않았다. 마침내 이야기를 끝맺은 건 오빠였는데, 오빠는 어쨌든 내가 MIT에서 물리학 학위를 취득하고 나면 누구든 고용하긴 하지 않겠느냐고 말했다. 이제 나는 그저 대학을 졸업할 때까지 물리학을 공부하고, 어떠한 '과정'을 거쳐야 천문학자가 되는지를 알아내기만 하면 되는 것이었다.

애리조나주 킷픽 국립 천문대

2004년 5월

필과 나는 킷픽 정상에 도착하자마자 빠르게 체크인했고 화려하지는 않지만 아늑한 관측소 기숙사를 배정받았다. 그리고 천문대 투어가 이어졌다. 처음으로 발을 옮긴 곳은 고속도로에서부터 감탄하며 바라봤던 4미터 망원경이었다. 건물 출입구로 오르면서, 마치 마천루 옆에 서 있는 듯한 인상을 받았다. 현대의 기준으로는 4미터 망원경이 비교적 작은 축에 속한다는 사실을 나중에 알게 되었다.

사람들은 '망원경'이라는 단어를 들으면 무엇을 떠올릴까? 대부분 뒷마당에 설치하는 작은 망원경과 그것을 받치는 삼각대를 상상하거나 해적이 눈에 갖다 대던 구식 단안경 또는 갈릴레이가 발코니에 세워 두던 망원경을 머릿속에 그릴 것이다. 어쩌면 만화에서나 등장하는 돔 바깥으로 쑥 삐져 나온 망원경 경통까지 상상할지도 모르겠다.

하지만 웬만해서는 켁 망원경(하와이 마우나케아산 정상에 있는 쌍둥이 망원경)의 거대한 지름 10미터짜리 거울이나, 푸에르토리코 산비탈에 둥지를 튼 거대한 금속 접시인 아레시보 전파 망원경*을 떠올리진 않는다. 사실 뒷마당의 자그마한 망원경이나 뉴멕시코주의 장기선 간섭계Very Large Array, VLA 전파 천문대에 늘어서 있는 접시 모양의 거대한 안테나들이나 기본적인 작동 원리는 같다. 하지만 어떻게 겉모습이나 규모

* 1963년에 완공되어 50년 넘게 굵직한 연구를 진행해왔을 뿐 아니라 영화 〈007 골든아이〉(7장 참조)나 〈콘택트〉에도 등장했던 아레시보 전파 망원경은 2020년 파손 사고 이후 미국 국립과학재단의 결정에 따라 역사 속으로 사라질 예정이다.

가 전혀 딴판인 망원경들이 동일한 설계로 환원될 수 있는지 쉽게 이해하기 어렵다.

오늘날 대부분의 지상 망원경은 꽤 단순하게 거울 여러 개를 차례로 사용해 빛을 받아들이도록 만든다. 커다란 곡면을 지닌 가장 중요한 거울은 '주경'이라고 부르는데 망원경이 어디를 겨누고 있든지 빛을 표면에서 반사해 모은다. 그리고 반사된 빛은 카메라나 또다시 반사가 일어날 다른 거울로 튕겨져 간다. 관측 연구를 위해 맞춤 제작한 세계 최고의 과학 기기가 희미한 별빛을 수집하는 순간까지 반사가 이어진다.

망원경 자체는 거대한 이동용 받침대에 올려져 있으며, 받침대에는 모터와 기어가 달려 있어 지구가 자전하는 속도에 맞춰 망원경을 회전시켜 밤하늘의 천체를 추적한다.* 우리 눈으로 보는 빛의 영역인 가시광선을 관측하는 광학 망원경은 돔 안에 설치하는데, 돔이 바깥의 빛을 차단해 내부를 어둡게 유지한다. 돔의 맨 윗부분은 회전하도록 만들어져 돔의 길고 좁은 틈 역시 망원경의 움직임에 따라 회전한다. 돔의 열린 틈을 망원경이 겨누고 있는 하늘과 정렬해서 그 사이로 천체를 관측한다.

필과 내가 4미터 망원경 돔 내부에 발을 디뎠을 때, 건물은 휑한 듯 조용했고 돔이 사막의 태양 빛을 막아 놀라울 만큼 어두웠다. 조명은 모두 꺼져 있었지만 돔 측면으로 거대한 환기구가 열려 있어 빛의 조

---

* 지구 자전 때문에 하늘에서 별이 뜨고 진다. (북극성 부근) 천구의 북극을 중심으로 별이 한 시간에 15도씩 회전하는 것처럼 보이기 때문에 관측 중에는 망원경을 계속 움직여 별을 추적해야 한다.

각과 미풍이 들어오면서 건물 안을 시원하게 유지했다. 만약 환기구가 막혀 있다면, 건물은 오후 햇빛에 통째로 구워진 듯 뜨거워져 해가 지고 나서도 몇 시간이 지나야 식었을 것이다. 그러면 건물의 열기가 빠져나가는 동안 눈에 보이지 않는 열기의 파동이 하늘로 오르며 망원경 위 공기를 휘저어, 관측의 질을 급격하게 떨어뜨렸을 것이다. 마치 뜨거운 여름날 포장도로 위에 아지랑이가 피어오르듯이 말이다. 가끔 삐걱거리거나 쨍 하는 금속 부딪치는 소리와 함께 조용히 속삭이는 듯한 기계 돌아가는 소리도 들렸다. 오래된 모터 기름과 기계 윤활유에서 풍기는 독특한 냄새가 돔 벽에 스며든 듯했다.

닫힌 돔 정중앙, 밝은 파란색 페인트로 칠해진 거대한 콘크리트 지지대 위에 망원경이 높이 서 있었다. 오렌지색 경통이 거울을 감싸고 있던 부모님의 오래된 셀레스트론 망원경과는 다르게, 이 망원경은 여러 현대적 망원경들과 마찬가지로 거의 모든 부분이 공기에 노출되어 있었다. 가장 중요한 부분인, 망원경의 이름이기도 한 지름 4미터 주경은 크고 하얀 받침대 맨 아래에 놓여 있었다. 주경 바로 위로는 주경보다는 작은 크기의 부경이 기다란 금속 프레임 뼈대에 높게 매달려 있었다. 망원경 자체는 매우 인상적이었지만, 상층부 플랫폼까지 길을 잇는 계단과 통로, 돔 바깥을 에워싼 보행자용 통로로 향하는 벽의 문, 반짝이는 금속 패널로 덮인 돔 자체, 돔의 틈을 여닫는 기계 장치들 같은 돔 내부의 주변 시설에 비하면 망원경은 꽤 작아 보였다.

망원경은 만화에서 가끔 그려지듯이 경통을 몇 번씩 늘여 돔 틈새로 삐쭉 고개를 내미는 순간을 기다리는 거대한 구조물이 아니었다. 게다가 망원경 뒤편에는 접안렌즈도 보이지 않았고, 관측자가 앉을 의자도

2004년 킷픽 국립 천문대에서 나의 첫 연구 관측을 하던 때. 망원경 돔을 열고 있다.
©필 매시

없었다. 대신 망원경 뒤쪽에 보통 접안렌즈가 있을 공간에는 케이블과 전선이 숲을 이루었고 디지털 카메라가 들어 있는 금속 상자들과 우리가 곧 사용할 연구용 기기들이 있었다.

돔 안에는 흰 실험실 가운을 입고 뛰어다니며 차트나 노트를 분주하게 넘기는 사람도 없었다. 대신 우리가 만난 사람들은 티셔츠 위로 멜빵 달린 작업복을 입은 천문대 주간 직원들이었는데, 이들은 연구 노트가 아닌 공구 박스를 들고 다니며 망원경이 매끄럽게 작동하도록 하는 일을 맡고 있었다. 성도나 엉망으로 흩어져 있는 서류 같은 것들도 없었다. 돔 안의 전반적인 분위기는 무균 실험실보다는 차고나 공사 현장에 더 가까웠다. 환기구와 돔이 파란 하늘을 향해 활짝 열린 그날 오후, 망원경 돔 안의 분위기는 공연이 시작되기 전의 극장 무대를 닮아 있었다.

킷픽 국립 천문대 정상.
©National Optical Astronomy Observatory/Association of Universities for Research in Astronomy/National Science Foundation

기다림과 준비의 분위기가 감도는 그곳은 아주 공허하지도, 고요하지도 않았다. 천문대 직원들은 눈에 띄지 않게 오고 갔으며 햇빛이 건물 안으로 스며들었다. 공간 전체는 밤이 되면 도착할 (말 그대로의) 스타*를 기다리며 공연 시작을 준비하고 있었다. 천문학은 무대에서의 전문 용어를 빌려오기까지 했는데, 우리가 망원경에서 관측하는 시간을 '런'이라고 일컫는다. 예를 들어 "나는 다음 주에 사흘 밤의 관측 런이 있어"라고 표현할 수 있다.

---

* '연예인'과 '별'의 두 가지 뜻을 중의적으로 사용했다. 칼 세이건의 《코스모스》를 읽은 독자라면 책의 7장에서 등장한 일화를 떠올릴 것이다. 칼 세이건이 뉴욕 브루클린의 도서관에서 '별들stars'에 관한 책을 빌려달라고 하자 사서는 처음에 천문학 책이 아닌 영화배우들이 등장하는 책을 가져다준다.

그날 밤, 관측을 시작하면 돔 안에는 아무도 없을 것이었다. 하늘에서 온 빛은 4미터 주경에 반사되어 부경으로 나아가고, 카메라는 빛을 기록하고 디지털 신호로 변환해서 즉시 건너편에 감춰진 '따뜻한 방'의 컴퓨터 더미로 보낸다. 이 방에서는 천문학자들인 '관측자' 그리고 망원경을 조작하는 훈련을 특별히 받은 전문가들인 '망원경 오퍼레이터'가 앉아 자료가 들어오는 걸 본다. 춥고 어두운 공간인 돔은 평온하게 유지되면서, 망원경을 따라 돔이 회전할 때의 웅웅거리는 기계 소리와 망원경이 하늘에서 대상을 옮겨가며 내는 높은 주파수의 윙윙거리는 소리만 때때로 더해질 것이었다.

4미터 망원경을 떠나 다른 몇몇 돔을 방문하려고 산 주변을 걸으면서, 나는 드디어 주변 풍경을 음미할 수 있었다. 이 공간 전체가 믿을 수 없을 만큼 잔잔하고 조용했다. 산 아래로 드넓게 펼쳐진 건조한 사막과 멀리 보이는 산들은 푸르스름한 안개 속으로 멀어져 갔고, 우리가 감지할 수 있는 움직임이라고는 발밑에서 산꼭대기로 종종 날아오르는 독수리뿐이었다. 망원경들은 한결같이 고요했고 암석과 나무들 사이에 자리했기에 인공 건물이라기보다는 산의 유기적인 일부인 것처럼 보였다. 나는 마음속이 흥분으로 시끄러웠지만 나를 제외한 주위의 모든 것들이 전혀 미동조차 없다는 데 넋이 나가버렸다. 천문대 정상은 천천히 찾아오는 밤을 기다리며 준비하는, 잠자는 거인들의 공간이었다.

매사추세츠주 케임브리지

2002년 9월

MIT에 입학하자 과학을 사랑하는 수천 명의 공부벌레에 둘러싸여 동지애를 느낄 수 있어 기뻤다. 나는 곧바로 물리학을 전공하기로 했다. 다만 문제가 하나 있었다. 그때까지 물리학 수업을 한 번도 들어본 적이 없었다.

칼 세이건과 제프리 윌리엄스의 책들 덕분에 물리에 대해 '읽어본' 적은 있었고, 수박 겉핥기식으로 중력에 대한 지식뿐만 아니라 별이 어떻게 빛을 내고 내부에서는 무슨 일이 일어나는지 그리고 상대론의 이모저모를 알고 있기는 했다. 그러나 용수철에 어떻게 힘이 작용하는지나 마찰을 기술하는 수학 공식을 어떻게 유도하는지, 전기와 자기가 서로 어떻게 상호작용하는지 제대로 설명하긴 어려웠다. 하지만 물리학을 공부한다는 건 여전히 천문학자가 되기 위한 첫걸음이었으므로 물리학 전공을 선택할 수밖에 없었다.

나는 야심 넘치는 용감한 약자의 이야기를 다룬 영화를 보며 자주 고무되곤 했다. 대학에 들어가기 한 해 전, 〈금발이 너무해〉*가 개봉했고 이런 이야기를 실현하는 일이 '멋진' 생각 같았다. '나도 본격적으로 달려들어서 한번 해보자!' '고급 물리학 입문 수업에 수강 신청해야지!' 나는 영화에서처럼 충분히 의지에 찬 표정과 신나는 배경 음악으로 수업을 마주한다면 충분히 A학점을 받을 수 있으리라 확신했다. 그러나

* 리즈 위더스푼 주연의 로맨틱 코미디 영화. 상대적인 약자인 '언더독underdog'이 어려움을 극복하고 성공하는 이야기.

간과했던 사실이 있었다. 현실에서는 엄청난 양의 일이라도 영화에서는 보통 드럼 연주곡을 배경으로 순식간에 지나가는 단 2분짜리 영상으로 편집한다는 사실이었다. 이내 영화가 얼버무리고 넘어간 장면들이 무엇인지 분명히 깨달았다. 예를 들면 새벽 두 시까지 깨어 있는 수많은 밤, 노트가 흩어진 바닥에 널브러진 나, 피로 때문에 흐려지는 시야, 내 문제 풀이가 맞기를 간절히 바라는 마음, 스터디 그룹의 똑똑한 친구에게 도움이 필요하니 아직 자러 가지 말아달라고 간청하는 모습 등이었다. 물리학은 어려웠다. 정말로.

유일하게 위로가 되는 건 물리학이 모두에게 어려운 공부인 것 같았다는 사실이다. 프랭크 윌첵Frank Wilczek 교수님의 고급물리학 입문 수업 중 한 번의 강의가 특히 기억에 남는다. 윌첵 교수님은 훌륭한 선생이었고 양자색역학에 대한 연구로 2년 뒤 노벨 물리학상을 받기까지 한 똑똑한 과학자였다. 하지만 교수님은 가끔 자신이 우리 신입생들보다 얼마나 더 똑똑한지 까먹었다. 하루는 교수님이 두 개의 칠판을 무시무시한 수학 증명으로 가득 채우고 뒤로 돌더니, 우리에게 "이 증명의 단순함에 현혹되지 마세요"라고 진지하게 경고했다. 단순함? 누군가 그 광경을 보았다면, 수업을 듣고 있는 모든 학생의 머리 위로 한꺼번에 '망했다'라는 말풍선이 떠오르는 모습을 목격했을 것이다.

어려운 공부에 고생이었지만 나는 MIT를 열렬히 사랑했다. 곧 평생 갈 친구들을 만들게 되었고 우리는 다 같이 전쟁 같은 강의를 듣고 새벽 두 시가 넘도록 서로 도와 과제를 해내면서 끈끈해졌다. 심지어 이렇게 바쁜 중에도 나는 인생 첫 번째 파티에 참석할 시간까지 겨우 끼워 넣었고, 달빛 아래 캠퍼스를 걸었고, 동료 신입생이었던 데이브와 연애를 시작했다. 콜로라도주 출신으로 운동을 좋아하는 컴퓨터과학 전공자였던 데이브는 나와 같이 화학과 미적분학 수업을 들었다. 데이브는 천문학과 프로그래밍에 대한 열정을 여성성에 흠집을 내는 부분으로 바라보기보다는 확실한 매력으로 생각했다. 우리는 금세 서로에게 빠져들었다. 데이브는 중고등학교 시절 똑똑하다는 사실 때문에 사람들에게 소외당하곤 했던 기억과 고립의 껍질에서 벗어나도록 나를 도와주었다.

우리 기숙사는 특히 무법 상태의 반문화적 괴짜들에게 이상향이나 다름없었다. 내가 신입생으로 등장했을 때, 기숙사생들은 거대한 나무 탑을 짓느라 바빴다. 이 탑은 결국 4층이 넘는 높이가 되었다. 우리는 탑을 기어오르거나 꼭대기에서 물풍선을 떨어뜨리고 놀았는데(MIT 공학자들이 세운 건물이니 얼마나 구조적으로 튼튼했겠는가), 나중에 이 탑은 케임브리지 시의 건축법을 어겼다고 판명되어 며칠 뒤 화려한 축하와 함께 조심스레 해체되었다. 그 후로 4년 동안 나는 기숙사 친구들의 수많은 프로젝트를 도왔다. 우리는 거대한 투석기를 만들었고, 사람이 뛸 수 있을 크기의 쳇바퀴나 심지어 롤러코스터를 만들기도 했다. 그저 순수하게 흥미를 위한 일이었다. 대개 재료는 가로 2인치, 세로 4인치의 나무판과 낙천주의가 전부였다.

MIT는 상식을 훨씬 벗어나 벌어지는 일이 가끔 뛰어난 성공을 만들기도 한다는 걸 처음으로 내게 일깨워준 공간이었다. 일찍부터 우리 모두의 대학 생활은 다른 누구의 그것과도 다르다는 사실이 분명해졌다. 세계에서 가장 어려운 과학과 공학 수업에 멍들어가는 우리의 현실에도 불구하고, 아니 어쩌면 그 이유 '때문에.'

과제와 힘겹게 씨름하는 중에도 이 모든 모험을 겪으며 MIT는 나를 위한 공간이라는 데 동의했다. 나는 천문학자의 삶이 어떤지 겨우 어렴풋하게 알고 있었음에도 직업 천문학자가 되고 싶었다. 내가 아는 천문학자 대부분은 박사학위를 갖고 있었기 때문에 천문학자가 되려면 오랜 교육과정을 거쳐야 한다는 걸 일찍부터 알아차렸다. 또한 언젠가 천문학자가 되면 아주 큰 망원경을 쓰게 될 것 같았지만 자세히 아는 바는 없었다. 나는 PBS 공영 채널이나 영화에서 천문학자들을 보았고 돔 안의 큰 망원경 뒤에 앉아 '무언가'를 하는 모습을 상상하곤 했다. 천문학자가 되어 망원경을 사용하면 재미있을 것 같았고, 집 뒤뜰의 망원경도 좋아했었기에 때가 되면 자연스레 천문학자의 삶을 확실히 알게 되리라 믿었다.

2학년 가을 학기 때, MIT에서 짐 엘리엇Jim Elliot 교수님의 관측천문학 수업을 수강했다. 처음에는 교수님을 '엘리엇 박사님'이라고 불렀는데, 교수님의 배려 덕분에 '짐'이라고 부르게 되었다. 이 경험의 진정한 가치가 충분히 스며드는 데는 시간이 한참 걸렸다. 엘리엇 교수님은 관측천문학의 개척자이자 선구자였으며 그 분야에서 전설적인 인물이었다.

교수님에게서 듣는 이야기들은 마치 무모한 카우보이 탐험기의 천문학 버전 같았다. 교수님은 카이퍼 비행 천문대를 사용해 천왕성의 고리와 명왕성의 대기를 발견했는데, 이 천문대의 망원경은 비행기에 실려 높은 고도에서 '비행기 문을 열고' 천체를 관측한다. 교수님은 또한 내가 수강하던 바로 그 관측 수업을 통해 천문학계에서 진정으로 유명한 학자들을 길러냈다. 그럼에도 차분하게 우리의 초보 관측을 지도하면서 망원경 작동 원리를 가르쳐주었다. 우리 학생들이 보았을 때 매우 똑똑한 학자인 동시에 겸손하고 친근한 60대 초반의 선생이었다. 그런데도 여전히 교수님의 모험적인 관측 이야기를 듣는 건 마치 신의 계시를 받는 것 같았다. 엘리엇 교수님 수업을 듣기 전까지, 나는 천문학자가 돔 안에서 안전하게 쭈그려 앉아 있거나 컴퓨터를 다루기만 하는 일종의 실내용 직업이라고 생각했다. 과학자인 동시에 탐험가가 될 수 있다는 건 새롭고 흥미진진하게 느껴졌다.

수업의 일환으로, 교수님은 실습 수업이 있던 밤마다 우리를 매사추세츠주 웨스트포드로 데려갔다. 그곳에는 자그마한 조지 R. 월리스 George R. Wallace Jr. 천문대가 있었다. 대학 캠퍼스가 있는 보스턴으로부터 한 시간이 채 걸리지 않았기에 천문대에서 보는 밤하늘이 완벽하게 어둡지는 않았다. 어린 시절 우리 집 뒤뜰과 비슷했지만 그곳은 진짜 천문대였다. 꽤 큰 24인치(약 60센티미터)와 16인치(약 40센티미터) 거울을 쓰는 망원경이 각각의 돔에 있었으며 다른 슬라이딩 돔 안에는 디지털 검출기를 설치한 14인치 망원경도 네 대나 있었다. 우리는 그룹별 관측 프로젝트를 위해 14인치 망원경을 사용했다.

실습 수업 순서는 전문적인 관측의 형태와 거의 같았다. 몇 주 동안 미리 준비해서 단 몇 시간 동안 망원경에서 자료를 얻기 위한 관측을 짧게 하고, 이어 몇 주 동안 자료 분석을 할 예정이었다. 관측 실습이 진행되는 며칠 밤 동안 학기 전체에 걸친 프로젝트를 완성할 수 있는 충분한 자료를 얻어야 했다. 일반적으로 천문학자에게는 망원경에서 며칠 동안 얻은 자료가 몇 달 동안의 분석을 거쳐 연구 논문 한두 편을 쓸 재료가 된다. 우리는 천문학자들이 보통 예상보다 훨씬 적은 시간을 망원경에서 보내고, 그렇게 짧은 방문으로부터 얻은 자료에 파묻혀 더 긴 시간을 보낸다는 사실을 배우는 중이었다.

나는 관측과 분석의 비율이 이 정도면 괜찮다고 생각했다. 엘리엇 교수님 수업을 듣기 시작했을 때, 나는 관측 연구에 초점을 둔 천문학자가 '되고' 싶은지조차 잘 몰랐다. 한 번도 직접 라디오를 분해하는 등 손으로 무언가를 다루기 좋아하는 어린아이인 적이 없었고, 망원경을 어떻게 움직여 관측하는지보다는 망원경이 겨눈 대상 자체에 대한 관심이 훨씬 많았다. 그래서 언제나 순수하게 이성적이고 이론적인 천문학 연구(예를 들어, 사무실 의자에 기울여 앉아 생각에 잠겨 블랙홀의 수수께끼를 고민하는)를 하게 되리라고 상상했다. 내 생각에, 정말로 고귀한 과학자는 거의 '공학자'처럼 큰 기계들과 고군분투하는 대신 별의 근본적인 물리를 이해하면서 추구하는 사람이었다(자기가 세상 전부를 안다고 믿는 19세 소녀의 건방이었다).

나는 단 하룻밤 만에 관측에 완전히 빠져들었다. 관측이 너무 좋았다. 단단히 옷을 껴입고 맞이하는 차고 맑은 가을밤이 좋았고, 얼어붙은 손가락으로 관측 일지와 오래된 컴퓨터와 손전등을 만지는 게 좋았고, 관측하려는 별에 완벽하게 초점을 맞추고자 사다리를 올라 14인치 망원경들 중 하나와 씨름하는 게 좋았다. 모든 장비가 제대로 작동할 때의 전율도 대단했는데, 그럴 때면 흥분해서 사다리를 거꾸로 내려와 헛간의 어두운 붉은 조명에 의존해 새로운 자료와 내가 허둥지둥 갈겨쓴 노트를 살펴보았다(어둠에 적응된 관측자들의 시야를 해치지 않으려고 붉은 조명을 쓰는 천문대가 많다).

11월 어느 추운 밤, 자정쯤 되었을까. 그날 관측은 영원히 잊을 수 없다. 십 대의 혈기왕성한 신진대사를 달래려 땅콩 과자 한 움큼을 삼키고 망원경의 뷰파인더를 들여다본 바로 그 순간, 내 시야 위에서 아래로 별똥별이 떨어졌다. 밤하늘의 아주 작은 부분을 망원경으로 가리키고 있었는데 별똥별이 그 좁은 공간을, 내가 접안렌즈에 눈을 갖다 댄 바로 그 순간에 지나갈 확률은 희박했다. 그때 눈물을 흘렸는지, 어떤 말을 했는지, 움직이기는 했는지 기억나지 않는다. 그저 사다리 위에 서 있었고, 망원경에서 눈을 떼지 못한 채 내가 본 장면이 무엇인지 알아차리려 애썼다. 그리고 그때 생각했다. '그래, 이건 괜찮은 직업이야.'

애리조나주 킷픽 국립 천문대

2004년 5월

필과 나는 해가 지기 직전 카페테리아에서 저녁을 먹었다. 그날 밤 킷픽에서 관측하는 다른 천문학자와 망원경 오퍼레이터 무리가 합석했다. 우리는 다 같이 낮에 미리 주문해두었던 야식을 집어 들면서 저녁을 시작했다. 천문대 관측자 일과에 따르면 우리가 먹기 시작하려는 저녁은 그날의 두 번째 식사였고, 자정이나 새벽 한 시 즈음 모든 사람이 '야간 점심'이라고 부르는 세 번째이자 마지막 식사를 하게 된다. 샌드위치, 쿠키 몇 조각, 보온병에 담긴 코코아나 수프 정도로 구성된 간단한 식사였지만, 이 야식이 없었으면 모두 피로와 싸우며 이른 아침까지 버틸 수 없었을 것이다.

나는 다른 천문학자들 사이에 끼어들어 앉았고, 필은 모두에게 내가 여름 동안 같이 일할 학생이라고 소개하며 오늘이 첫 관측이라는 사실도 덧붙였다. 마치 필이 박쥐라도 된 듯 테이블에 앉은 모든 사람에게 보이지 않는 초음파 신호를 보내는 듯했고, 다들 나를 환영한다며 한마디씩 보태기 시작했다. 그들은 좋은 밤이 되기를 빌어주었고, 친절히 도움 되는 말을 해주었다. 이 대화는 곧 이전에 천문대를 다녀간 관측자들의 일화로 확장되었다.

"새벽 세 시쯤이면 누구든 지쳐버려. 그러면 한심한 짓들을 하곤 하지. 혼자 관측하다가 화장실에서 문이 잠겨 나오지 못했던 사람이 기억나네. 그는 거기서 빠져나올 때까지 망원경 시간을 30분가량 날려먹었어. 그게 이 천문대였나?"

"글쎄, 모르겠네. 하지만 태양 망원경에서 관측하다가 빛이 지나가는 경로에 종이를 밀어 넣었던 사람은 알아. 일반적인 망원경으로 관측할 때 초점이 맞았는지 확인하려고 상이 맺히는 부분에 종이를 대보는 거 알지? 아니, 이 사람은 '초점이 맞은 태양 빛'에 종이를 가져다 댔지 뭐야. 금세 확 불타올랐어."

"전갈을 조심해야 해. 예전에 전갈에 쏘인 관측자가 있었어! 망원경에서 전갈이 바짓가랑이 한쪽을 타고 기어올랐대. 그 사람은 아마 헬리콥터에 실려 투손으로 치료를 받으러 갔었을걸?"

전갈 이야기를 듣고 무리 중 누군가가 비슷한 이야기를 이어나갔기 때문에, 아마 그때 내 얼굴은 눈에 띄도록 창백해졌을 것이다. 매사추세츠주 출신인 내가 본 최악은 가끔 나타나는 말벌이나 바퀴벌레 정도였기 때문이었다.

"그래, 전갈은 조심해야 하지. 스티브와 너구리 얘기는 들어봤니? 스티브가 100인치(약 2.5미터) 망원경에서 관측하고 있을 때 너구리가 그의 무릎으로 뛰어올랐대."

'100인치?'

"60인치(약 1.5미터) 망원경에 있던 사람들까지도 그의 비명을 들을 수 있었다고 했어!"

'60인치는 또 어디야?'

"생물 얘기들은 그쯤 해둬. 누가 텍사스주에 있는 총 맞은 망원경 얘기 좀 해보지 그래?"

'뭐라고?'

대화는 계속 이어졌다.

사실 전갈에 쏘인 희생자 이야기는 허구가 아니었지만, 헬리콥터 구조가 필요한 수준이 아니었을 것이라는 점은 거의 확실하다. 어떤 사람이 정말로 태양 천문대에서 종이를 태워 먹긴 했지만, 킷픽에 있는 망원경은 아니었다. 스티브란 사람은 윌슨산 천문대 100인치 망원경에서 관측하던 도중 순한 뚱보 너구리를 마주친 적은 있지만, 너구리가 그저 바짓가랑이를 붙잡고 늘어졌을 뿐 자신이 놀라 소리친 적은 없다고 맹세했다. 하지만 화장실에 갇힌 관측자 이야기는 정말로 사실이었고 그가 발표한 연구 논문의 방법론 항목에 서술되어 영원히 기록으로 남았다.* 텍사스주에는 총을 맞은 망원경이 진짜로 있었다.

* 해당 논문은 de Mooij et al. 2011, Astronomy & Astrophysics, Vol. 528, A49이며, 다음과 같이 쓰여 있다. "관측은 표준시 19시 59분에 시작해 6.5시간 동안 지속되었다. 비록 관측자가 고장 난 문 손잡이 때문에 화장실에 갇혀 15분을 잃었지만."

나는 이렇게 극적인, 가끔은 과장된 천문학의 설화들을 처음으로 접하고는 전갈 부분만 빼고 완전히 빠져들었다. 그리고 밤새도록 식당에 앉아 재밌는 이야기를 듣고 싶었던 만큼, 망원경으로 달려가 우리만의 대단한 일화를 만들 수 있기를 바랐다.

매사추세츠주 케임브리지

2004년 1월

나는 MIT에서 엘리엇 교수님 수업 덕분에 천문학에 완전히 중독되어 버렸다. 관측천문학 수업보다 훨씬 골치 아픈 물리학 수업을 헤쳐나가는 동안 관측 실습에서 느꼈던 흥분을 가끔 끄집어내어 음미하곤 했다. 물리학 수업에서 같이 앉아 있던 수강생 대부분이 나와 비슷한 상황이어서 그나마 안도할 수 있었다. 우리는 고등학교 수업에서 손쉽게 좋은 성적을 받다가 C와 B학점이 가득한 성적표에 익숙해졌지만, 그마저도 엄청난 고투 끝에 얻은 학점이었다.

그래도 엘리엇 교수님 관측 수업에서는 기분 좋게 A학점을 받았다. 나는 다음 겨울에 관측 캠프가 있을 거란 교수님의 이야기를 듣자마자 캠프에 등록했다. MIT의 짧은 겨울 학기인 1월에 교수님은 나를 포함한 학생들 몇을 데리고 애리조나주 플래그스태프에 있는 로웰 천문대*로 향했다. 우리는 각자 그곳의 천문학자들에게 개인 연구 지도를

* 애리조나주에 위치한 천문대. 더는 행성으로 분류되지 않는 명왕성이 발견된 곳이다.

받고 지역을 탐방했다(엘리엇 교수님은 관측 캠프에 참여한 학생 모두를 며칠간 이어지는 그랜드캐니언 하이킹에 데려갔고, 콜로라도강 옆 야영지에서 별을 보게 해주었으며 아침에는 팬케이크를 만들어주곤 했다). 로웰 천문대에서 나는 샐리 오이Sally Oey라는 젊은 천문학자와 일하게 되었다. 그녀는 경외의 대상이었다. 샐리는 최근에 국가에서 주는 유명한 연구 상을 탔고 경쟁이 치열한 연구비도 따냈다. 그리고 나처럼 짧은 머리와 헐렁한 바지를 편하게 여기는 견실한 젊은 여성이었다. 샐리는 은하에서 새로 태어나는 별의 첫 번째 재료가 되는 수소 가스를 연구할 우리 프로젝트에 매우 들떠 있었다.

그해 1월 샐리는 잦은 출장으로 바빴고(곧 이런 생활이 경력 초반기의 과학자들에게 흔한 일이라는 걸 알게 되었다), 나는 샐리의 사무실에 틀어박혀 자료와 씨름하면서 그녀가 내게 준 연구 과제를 기쁘게 수행했다. 몇 주 뒤엔 내가 찾은 결과를 흥분에 사로잡혀 발표했다. 어떤 이유에서인지 몰라도, 나는 이런 식의 발표를 좋아했고 실제로 꽤 잘하는 편이었다. 바이올린 연주자로 그리고 연극 동아리의 공연으로 무대에 섰던 어린 날의 경험이 도움이 되었다고 생각한다. 알고 보니 이때의 내 연구 발표가 로웰 천문대에서 근무하던 다른 천문학자 필 매시에게 강렬한 인상을 주었다고 한다. 그래서 내가 로웰 천문대에 여름 인턴십을 신청했을 때 필이 나를 주저 없이 자기 학생으로 뽑았던 것이다.

순조롭게 연구 경력이 시작되었다. 여름 프로젝트를 시작할 때 큰 이유 없이 끌리는 대로 골랐던 빨강과 파랑 사이의 결정은 궁극적으로 이후 15년간 이어진 죽어가는 별에 대한 내 연구의 출발이었고 필과의 평생 우정이 시작된 계기이기도 했다. 프로젝트를 시작할 당시에는 몰랐지만, 우리가 여름 동안 연구하기로 한 별의 목록에는 우주에서 관측된 가장 큰 별 세 개가 숨겨져 있었다. 이 기록적으로 거대한 적색초거성들은 만약 우리 태양계 한가운데에 놓인다면 목성 궤도 바깥까지 집어삼킬 수준의 크기였다. 나는 두 달 동안 속성으로 배운 관측, 자료 처리, 기초 항성물리 덕분에 이렇게 엄청난 발견을 해낼 수 있었다. 이 발견이 국제적인 매체의 주요 기사를 장식했고 바로 내가 쓴 첫 과학 논문의 일부가 되었다.

이 흥미진진한 프로젝트에 들뜬 나는 MIT를 물리학 전공으로 졸업하고 하와이 대학에서 천문학 박사 학위를 밟았다(나도 모르는 새 1994년의 헬리 혜성 방문 때 TV에서 보고 동경했던, 들뜬 채 목성을 관측하던 젊은 천문학자 하이디 해멀의 뒤를 따르고 있었다. 그녀도 MIT에서 학부를 마치고 하와이 대학에서 박사 학위를 받았다). 그러고 나서 학계의 잔혹한 취업 경쟁에서 몇 번씩 이기며 콜로라도 대학에서 박사 후 연구원으로, 워싱턴 대학에서 교수로 일하게 되었다.

그해 여름 연구를 시작하려 투손행 비행기에 올랐을 때, 미래가 이렇게 펼쳐지리라고는 전혀 예상하지 못했다. 그저 여전히 우주와 깊은 사랑에 빠져 있다는 사실과 내가 훌륭한 연구자가 될 가능성이 있음을 증명하기 위한 한 번의 기회에 목말라 있었다는 사실만 알았다. 그리고 첫 실제 연구 관측 경험을 킷픽에서 시작하면서 드디어 천문학자가 된다는 게 어떤 건지 두 달 내내 알아갈 수 있음에 흥분했을 뿐이었다.

애리조나주 킷픽 국립 천문대

2004년 5월

킷픽에서의 저녁 식사가 때맞춰 마무리되었고, 각자의 망원경으로 흩어지기 전 다 같이 밖으로 나가 함께 석양을 바라볼 여유가 있었다. 이것은 세계 어디서나 유서 깊은 천문학자들의 전통이다. 만약 누군가가 왜 석양을 보는지 묻는다면 현실적인 까닭을 들려줄 수 있다. 석양을 바라보면서 그날 밤하늘 상태를 짐작할 수 있고, 날씨가 어떻게 변할지 예측할 수도 있다는 과학적인 배경을 말이다. 하지만 근원적인 이유는 그냥 하늘이 아름답기 때문이다.

우리에게 가장 가까운 별인 태양으로부터 등을 돌리는 지구의 자취를 멀리 뻗은 지평선에서 목격하며 외딴 산 정상에 서 있는 찰나. 광활함과 정적, 밤의 시작을 알리는 빛깔의 흐름을 향유하는 황홀한 고요의 순간. 어떤 밤이라도 세계 곳곳에서는 천문학자 무리가 곧 시작될 관측을 기다린다. 그들은 돔의 보행자용 통로나 식당 베란다, 아니면 그냥 단단히 다져진 땅 위에 서서 잠시 일을 멈추고 하늘의 단순한 아름다움에 경의를 표하는 시간을 보낸다.

내 옆에 서 있던 천문학자들 몇은 녹색 섬광이 나타나는지 주의 깊게 살펴보라고 했다. 그들에 따르면 '그린 플래시'라고 불리는 이 섬광은 광학적 현상인데, 깨끗하게 탁 트여 있고 평평한 지평선 아래로 태양이 질 때만 나타난다. 태양 빛은 대기를 지나며 휘어지면서 여러 색깔로 쪼개진다. 굴절이라고 불리는 이 현상은 망원경이 작동하는 핵심 원리이기도 하다. 태양이 지평선 아래로 떨어지기 직전 극한의 각도에 이르면 굴절 현상으로 쪼개진 마지막 빛의 조각을 관측자에게 비추는데, 우리는 이것을 녹색의 기운으로 목격하게 된다. "칠레에서 더 잘 보여." 나와 킷픽에 서 있는 모두가 동의했다. "거기에선 태평양 너머로 해가 지기 때문이지. 여기에서는 훨씬 어려워." 그런데도 그들은 사막 너머로 그린 플래시를 최소 한 번은 본 적이 있다고 말했다.

그날 밤에는 그린 플래시를 볼 수 없었지만, 해질녘 풍경은 장관이었다. 구름 끼고 안개가 자욱한 저녁에 내가 자주 보아왔던 빛나는 구름과 극적인 태양 광선, 붉은 빛줄기의 소요와는 매우 달랐다. 킷픽에서 맞는 일몰은 불타는 듯한 하늘과는 거리가 멀고 온화했지만, 그렇다고 해서 덜 감격스럽지는 않았다. 지평선을 덮은 붉은 오렌지색 줄무늬로부터 정돈된 스펙트럼을 따라 낮의 하늘은 점점 희미해졌다. 우리 산이 천천히 태양에서 멀어질수록 하늘은 차차 주황색에서 희끄무레한 붉은색으로, 또렷하고 깊은 검은빛 파란색으로 변해갔다. 구름 한 점 없었고, 완벽하도록 부드러운 색조의 흐름을 방해하는 비행운조차 없었다. 머리 위가 어두컴컴해지며 행성과 별이 모습을 드러내기 시작했다. 무리 중 누군가에 따르면 그것은 완벽한 천문학자의 일몰이었다.

"좋은 밤이 되겠어."

02

프라임 포커스

2016년 1월, 조지 월러스타인George Wallerstein은 아주 예상 가능한 방식으로 천체 관측 60주년을 기념했다. 바로 망원경에서였다. 86세인 조지는 명목상으로 '은퇴'했지만, 학계에서 은퇴라는 단어의 뜻은 독특하다. 퇴직하고 명예 교수라는 직함을 달고 있으나 아직도 거의 매일 워싱턴 대학 천문학과에 출근한다.

정확히 60년 전, 조지는 캘리포니아주 윌슨산 천문대에서 첫 관측을 했다. 대학원생이던 그는 어두운 돔 안에서 추위에 벌벌 떨며 망원경 뒤쪽에 달린 카메라를 더듬어 사진 건판을 설치해야 했다. 사진 건판은 자료 기록에 쓰이던 맞춤 제작한 유리판이었다. 2016년, 조지는 시애틀에 있는 따뜻하고 안락한 자기 사무실에서 관측했다. 인터넷으로 뉴멕시코주 아파치 포인트 천문대 망원경을 원격으로 조종하고 디지털 자료를 수집하자마자 다운로드할 수 있었다. 그날 밤 조지는 자기가 정확히 30년 동안 유리 사진 건판을 이용해 관측한 데 이어, 이후 30년간은 디지털카메라로 관측하면서 지난 세기 천문학에서 일어난 기술 진화를 전부 경험했다고 말했다.

첫 관측 날짜와 60주년을 맞는 관측 날짜가 같았다는 사실은 보기보다 매우 놀라운 일이었다. 어쩌면 천문학자에 대한 가장 큰 오해 중 하나는, 우리가 모든 시간을 망원경에서 보내며 거의 밤에만 일하는 올빼미족이라는 추측이다. 게다가 그와 같은 추측 때문에 선입견에 사로잡혀 전형적인 괴짜 과학자의 모습을 그리게 된다. 이런 상상 속 천문학자는 어둠 속에서 가끔 나타나 먹을거리나 커피를 찾고, 해가 뜬 낮에 슬금슬금 눈치를 보며 일어난다. 그러다 곧 어딘가에 있는 제어실로 사라져 우주를 배경으로 비디오 게임을 하듯 망원경을 정처 없이 하늘 이리저리로 향하며 무언가 놀랄 만한 현상이 일어나기를 기다린다.

실제 천문학자의 모습은 이런 상상과 전혀 다르다. 천문학자에게 망원경에서의 관측 시간이란 드물고 값비싼 화폐와 같다. 우리가 연구하는 모든 대상은 수십억 킬로미터 이상 떨어져 있기에, 연구 대상을 실험실로 직접 가져와 이곳저곳 찌르고 쑤시며 연구할 방법이 없다. 많은 천문학자에게는 그저 관측이 허락될 뿐이고 세계 최고의 천문대들을 활용해야만 우주를 샅샅이 연구할 수 있다. 이 연구 시설들은 수요가 상당하다. 천문학자 수만큼이나 천문대도 희귀해서, 전 세계에 있는 일류 연구용 망원경은 고작 100대 남짓이다.

단 하룻밤 동안 이런 망원경 하나를 쓸 수 있게 되더라도 관측하러 가기 수개월 전부터 연구하기를 바랐던 별이나 은하 몇 개만 관측할 수 있다. 빛의 알갱이인 광자는 우주를 가로질러 망원경까지 여행해 오고, 우리는 관측한 빛으로 천체를 연구한다. 성공적인 관측이 이뤄지는 밤은 이런 광자를 처음으로 담아낼 기회를 준다. 그리고 우리는 다시 컴퓨터가 놓인 낮의 사무실 책상으로 물러가 몇 주 혹은 몇 달씩 자료를 들여다보며 현상 뒤에 숨겨진 근본적인 과학을 이해하려고 애쓴다. 자료 분석을 하다가 이어지는 질문에 답하기 위해 다시 망원경 앞에 설 수 있기 전까지.

고정관념 속의 천문학자는 야행성인 데다 한밤중 망원경에 기대 서 있지 않고는 살 수 없는 사람이다. 하지만 이런 짐작은 자주 빗나가는데, 특히 조지가 그랬다. 조지는 확실히 검증된 최고의 과학 마니아였다. 조지가 일생을 바쳐 연구한 별의 화학*에서의 업적은 경의를 표할 만한데, 미국 천문학회는 2002년 조지의 공을 인정해 영예로운 헨리 노리스 러셀 상을 수여했다. 또한 겸손한 태도와 겉모습(덥수룩한 수염과 항상 웃는 눈에 키가 작고 가냘프다)에도 불구하고, 조지는 연구실보다 천문학계의 모험적인 전설에서 찾아보기 쉬운 몇 안 되는 영웅이었다.

조지는 1929년 주식 시장의 붕괴가 있은 지 몇 달 뒤인 1930년, 뉴욕시에서 독일인 이민자의 아들로 태어났다. 브라운 대학을 졸업하고 한국 전쟁 기간 미 해군에서 장교로 복무한 다음 캘리포니아 공과대학에 천문학 박사과정 학생으로 입학했다. 그로부터 60년이 넘어서도 그는 여전히 별의 대기에서 발견되는 원소들의 수수께끼를 해결하려는 연구를 활동적으로 이어가며 전설적인 경험담으로 학과 신입생들을 놀라게 한다. 조지는 챔피언 출신 권투 선수인데다가 비행 자격증을 갖춘

* 별의 대기를 관측하면 다양한 원소들의 구성 비율을 통해 화학 조성을 이해할 수 있다. 별의 내부에서 일어나는 물리적 현상뿐 아니라 별들이 어떤 환경에서 태어나 진화했는지를 알려주기 때문에 중요한 연구 주제다.

파일럿이고, 등산에도 조예가 깊으며 수상 경력까지 있는 인도주의자다. 그는 흑인연합대학기금을 위해 개인적으로 많은 기금을 모금한 공로로 2004년에 흑인연합대학기금 총장상을 받았고 1960년대 초반부터 줄곧 전미 유색인종 지위향상 협회를 지원해왔다. 그런데다가 사진처럼 정확한 기억력과 짓궂은 유머 감각이라는 치명적인 조합까지 갖추었다. 어떤 연구에 관한 토의에라도 끼어들게 되면 조지는 오직 기억만으로 1930년대까지 거슬러 올라가는 과학 논문 수백 편의 결과를 정확하게 인용할 뿐 아니라 그 일을 했던 연구자와 관련된 일화 한두 개까지 더해 들려준다.

조지는 관측의 세월 동안 천문학 연구가 이뤄지는 방법 면에서 지각 변동을 경험했다. 그 변화는 60년간 벌어진 기술혁명, 디지털혁명과 밀접한 관련이 있다. 우리가 현대에 관측하는 방식은 반세기 전의 모습과는 엄청나게 다르다. 자료를 부서지기 쉬운 유리 건판 대신 디지털 형태로 저장하고, 망원경은 돔에 직접 상주하는 사람 손을 빌려서가 아니라 원격으로, 심지어 자동으로 운용할 수 있다. 인터넷 덕분에 천문학자들은 관측 중에 참고 자료를 다운로드하고 동료들과 실시간으로 이메일을 주고받을 수 있으며, 구름이 하늘을 덮어 관측이 어렵다면 지구상 가장 외진 공간에서도 유튜브를 시청하며 심심하지 않은 밤을 보낼 수 있다.

그러나 과거와 현재 사이에 몇 가지 공통점은 남아 있다. 천문대에서 망원경이 어두운 밤하늘을 향해 있는 매 순간, 항상 그래왔듯 그 밑바탕에는 긴장감이 서려 있다. 우주 저 먼 곳으로부터 지구에 도착하는 멈추지 않는 빛줄기와 그것을 힘겹게 포착하고자 하는 과학자 사이의 긴장감이다.

✦ ✦ ✦

갈릴레오가 작은 망원경을 하늘로 향한 순간을 천문학의 시작으로 상상하는 사람들은 현대 천문학이 어떤 모습인지 잘 모를 수도 있다. 항해하는 선원들이 쓰던, 늘여서 눈에 갖다 대고 먼 곳을 보는 스파이글라스는 대부분의 현대 망원경과는 거의 닮은 점이 없다. 마치 방 하나 크기만 하던 최초의 컴퓨터가 오늘날 노트북 컴퓨터나 스마트폰으로 몰라볼 만큼 진화한 것처럼 말이다. 갈릴레이가 테이블 위에 놓고 썼던 작은 망원경은 조지 월러스타인이 첫 관측을 하던 1956년 즈음에는 거대한 크기의 도구로 진화했고, 이제 별빛을 모아서 사람 눈으로 보내는 대신 커다란 돔 곳곳에 위치한 카메라로 보낸다. 망원경의 반사거울이 초점을 맞추는 하늘의 영역은 지구 자전에 따라 어긋나기 때문에, 이를 보정하기 위해 망원경이 움직이면서 돔이 회전할 수도 있다.

천문학자이자 망원경 개발자였던 조지 엘러리 헤일George Ellery Hale은 20세기 초반에서 중반까지 세계에서 가장 큰 망원경들을 성공적으로 짓고 자기가 만든 망원경 크기 기록을 깨면서 경력을 쌓아나갔다. 그의 이력은 1948년 남부 캘리포니아 팔로마 천문대의 괴물 망원경을 만들며 정점에 달했는데, 지름이 200인치(약 5.1미터)인 거울을 쓰는 이 망원경은 당시 천문학을 대표하는 귀중한 존재였다. 망원경이 완공되던 해부터 지금까지 어떤 천문학자가 "어젯밤에 200인치에서 관측했어"라고만 말하면 동료들은 바로 어딘지 정확히 이해했다. 전 세계를 통틀어 200인치 망원경은 팔로마산에 있는 단 하나뿐이었기 때문이다.

그런데 200인치라는 이름은 이 망원경의 가치를 묘사하기에 부족한 것 같다. 인치 단위로 측정하는 사물이라고 하면 정말 거대한 무언가를 떠올리기 힘들기 때문일지도 모른다. 200인치 거울의 너비는 5미터가 넘고 무게는 14.5톤에 이른다. 대부분의 자동차보다도 크고 심지어 차를 산산조각 내며 으깨버릴 수 있을 정도다. 망원경이 만들어진 지 70년이 넘었지만 아직도 팔로마 천문대의 200인치는 세계에서 가장 큰 광학 망원경 스무 개에 속한다.

큰 망원경이 있다는 건 더 훌륭한 사진을 얻을 수 있다는 뜻임을 머리로는 이해하고 있었다. 하지만 내가 세계적인 망원경에 직접 눈을 대고 관측할 기회를 얻기 전까지는 이러한 사실이 가슴에 와닿지 않았다.

현대 천문학에 관한 가장 흔한 오해 중 하나는 많은 천문학자가 여전히 망원경에 직접 눈을 대고 관측한다는 생각이다. 그러나 실제로 세계 최고의 망원경들을 '들여다보는', 말 그대로 작은 접안렌즈에 눈을 갖다 대고 하늘을 보는 기회는 상상 이상으로 드물다. 오늘날 세계 최고 수준의 망원경들 중 여럿은 아예 접안렌즈가 없기까지 하다. 천문학자들은 카메라나 다른 형태의 디지털 자료에 의존해 망원경이 무얼 가리키고 있는지 기록한다. 그래도 이따금 기회가 찾아온다.

칠레 라스 캄파나스 천문대에서의 어느 날 저녁, 동료들 몇 명과 나는 관측 일정 없이 산에서 밤을 보내고 있었다. 그런데 망원경 오퍼레이터가 말하기를, 천문대에서 가장 작은 망원경이 그날 밤 관측을 하지 않으니 우리가 관심이 있다면 기꺼이 접안렌즈를 설치해 천체 관측을 할 수 있게 해주겠다는 것이었다. 우리는 모두 기뻐하며 고개를 끄덕였고 일몰이 얼마 지나지 않아 망원경으로 발걸음을 옮겼다.

지름 1미터 크기 거울을 사용하는 그 망원경은 현대의 기준으로 작은 축에 속했지만, 뒤뜰에서 취미로 쓰는 망원경 대부분을 왜소해 보이게 만들 정도는 되었고 내가 눈을 대고 들여다봤던 어떤 망원경보다도 훨씬 컸다. 어린 시절 우리 집 뒤뜰에서 나는 8인치(약 20센티미터) 망원경으로 천체 관측을 즐겼지만, 렌즈를 통해 보이는 광경이 잡지나 TV에서 보곤 했던 사진들 같은 장관일 수는 없음을 알고 있었다. 다채로운 색의 가스 구름은 희미하고 하얀 동그라미가 되었고, 성운은 무질서한 무지개색에서 작고 하얀 얼룩으로 바뀌어 있었다. 토성 고리의 분명한 윤곽을 볼 수 있었던 건 놀라웠지만 장대하고 엄청난 빛깔이 보이지는 않았다. 천체 관측을 하며 느낀 흥분은 맺힌 상의 아름다움보다는 빛이 어디에서 오는지에 대한 궁금함 때문이었다. 희미하고 뿌연 얼룩들이 우리로부터 수천 광년 넘게 떨어져 있음을 알고 있었기 때문이다.

접안렌즈를 끼운 1미터 망원경으로 처음 천체를 보려고 줄을 섰을 때, 나는 내가 어떤 광경을 보게 될지 몰랐으므로 기대할 수도 없었다. 그러나 내 앞에 서 있던 다른 직업 천문학자들의 반응에서 좋은 조짐이 보였다.

"와!"

"오오!"

"이것 봐, '색깔'이 보여! 이건 너무… 빨갛잖아!"

고리타분하고 진지한 과학자의 모습은 찾아볼 수 없었다. 우리는 여느 흥분한 아마추어 천문가들 무리처럼 보였을 것이다. 일상에서 디지털 자료를 가지고 연구해왔을지 모르지만, 우리 각각은 삶의 어느 순간에 밤하늘과 사랑에 빠졌기에 천문학자가 되었다. 컴퓨터 자료가 아니라 눈으로 밤하늘을 탐험하는 것에 빠졌다는 의미다. 그날 연구용 망원경을 통해 시야에 펼쳐진 새로운 장면에 모두의 가슴이 뛰었다.

내 차례가 돌아왔을 때, 망원경은 에타 카리나Eta Carinae라는 별을 겨누고 있었다. 에타 카리나는 특히 내가 흥미 있어 할 천체였다. 이 불가사의한 별은 태양보다 수십 배는 더 무겁고 삶을 다하는 순간에 가까워지고 있는 것으로 보인다. 또한 1800년대 초반에 어떤 이유에서인지 폭발해 질량 상당 부분을 흩뿌렸는데, 이 폭발로 인해 독특할 만큼 이상한 모습이 되었다. 방울 두 개가 서로 붙은 것처럼 생긴 아주 큰 가스 구름 가운데에 밝은 별이 있다. 가스 분출은 맨눈으로 쉽게 볼 수 있을 정도였겠지만 망원경을 쓰지 않고서는 아주 작은 한 줄기 빛으로만 드러났을 것이다.

접안렌즈에 눈을 갖다 댄 순간, 나는 직업 천문학자의 권위는 안중에 없이 비명을 질러댔다. 방울들을 눈으로 직접 볼 수 있었다! 별을 둘러싼 아주 약간 투명한 방울들이 분명하게 떨어져 있는 모습을 볼 수 있었다. 별 자체는 밝게 빛나는 붉은색으로 보였는데, 별 바깥층에 존재하는 수소가 에너지를 방출하기 때문이었다. 검은 하늘을 바탕으로 자기 자리를 지키고 있는 별을 계속 바라보자 더 어두운 별들이 하나씩 시야에 나타났다.

바로 그때 내 가방에는 쓰고 있던 연구 논문이 들어 있었는데, 에타 카리나 같은 별들이 어떻게 만들어지는지에 대한 새로운 이론을 설명하는 내용이었다. 우리 이론이 어쩌면 에타 카리나의 이상한 모양을 설명할 수 있을지도 몰랐다. 나는 그 연구에 몇 달 동안 매달려 있었고 결과에 엄청나게 흥분해 있었다. 그전까지 에타 카리나 사진을 많이 봐왔다. 그런데도 컴퓨터에 저장된 디지털 사진이나 노트에 갈겨 쓴 수식으로만 존재하던 현상을 눈으로 직접 목격하니 상상보다도 훨씬 더 크게 가슴이 뛰었다. 고작 1미터 크기의 망원경이 이렇게 강력한 도구인 줄은 몰랐다.

우리는 대상을 옮겨가며 눈으로 관측을 이어갔고, 다른 별과 성단과 성운을 감탄하며 바라보는 동시에 새롭게 장관을 이루는 모든 장면을 눈에 담아 기억에 남기려고 애썼다. 직업 천문학자들에게도 별을 보는 건 언제나 즐거운 일이었다.

✦ ✦ ✦

접안렌즈를 통한 관측(안시관측)이 낭만적일 수 있지만, 딱히 과학적이라고 말하기는 어렵다. 우리가 보는 천체의 상은 어떤 방법으로든 정확히 기록해서 보관해야 하는데, 그런 작업 방법은 시간의 흐름에 따라 진화해왔다.

사진술이 널리 쓰이게 되기 전, 눈대중으로 스케치하는 건 천문학적 자료를 수집하는 최고의 수단이었다. 태양천문학 분야에서는 아직도 1859년에 리처드 캐링턴Richard Carrington이 남긴 훌륭한 태양 흑점 그림들을 참고한다. 나와 연구하던 학생 하나는 별의 폭발과 관련된 역사적인 문헌을 추적하다가 17세기 천구의에 새겨진 최초의 기록을 발견하기도 했다. 그렇지만 1900년대 초반 헤일이 만든 망원경들이 등장할 때만 하더라도, 우리는 안시관측으로 스케치를 남기던 방법보다 훨씬 발전된 기술을 활용하고 있었다. 사진 건판은 당시로서는 최첨단 기술이었다.

여러 천문대에서 사진 건판은 최신 이미징 기술을 대표했다. 정사각형 모양 유리인 건판을 주문하면 천문대로 배송받을 수 있었고 코닥이라는 회사가 주 공급처였다. 건판은 빛에 반응하는 특별한 할로겐화은 감광유제로 사전 처리가 되어 있었다. 밝은 빛에 노출될수록 많은 광자가 감광유제를 때려 더 어두운 상이 생겼다. 천체를 관측한 건판을 현상하고 나면 밝은 배경의 하늘과 어두운 별의 모습*이 깨끗하게 나타난 흑백 네거티브 사진이 만들어졌다.

건판 작업의 세부 과정에는 악마 같은 속성이 도사리고 있었다. 코닥이 건판을 다양한 크기로 제조할 수 있더라도, 천문학자들은 자신이 관측에 쓰는 망원경의 카메라 크기에 맞춰 건판을 손수 잘라야만 했다. 카메라 크기도 다양했다. 작은 망원경에서 넓은 시야를 담기 위해 쓰는 가로세로 약 43센티미터 크기의 큰 건판부터 하늘의 좁은 부분을 들여다보는 데 쓰는 망원경이나 특수한 카메라에 들어가는 손톱만 한 건판까지 필요했다. 건판은 빛에 민감했으므로 사진가들이 쓰는 것과 비슷한 암실에서 잘라야만 했는데, 천문학자들은 어둠 속에서 조심스레 코닥 건판을 올려놓고 다이아몬드가 박힌 절단기를 써서 거의 감각에만 의존해 건판을 원하는 크기로 잘랐다. 수십 년 전 건판을 사용했던 많은 관측자는 지금까지도 새 건판을 필요한 크기로 자르던 몸짓을 완

---

* 건판에는 실제로 하늘에서 밝은 부분은 어둡게, 어두운 부분은 밝게 반대로 나타나기 때문이다.

벽하게 흉내 낼 수 있으며, 대부분이 그 순간 손끝의 감각을 재현하려면 눈을 감는다.

절단 과정에서 사고가 일어나기도 했다. 경험 많은 관측자는 소리만으로 작업 상태를 가늠할 수 있었는데, 부드럽게 '쉬쉬쉬' 하는 소리는 깔끔하게 절단되었다는 뜻이었고 다른 이상한 소리는 거친 모서리가 남거나 뜯겨 나간 건판 덩어리를 암시했다. 관측자가 건판을 다루다가 '으드득' 하고 으스러지는 소리를 듣고 학생이나 야간 조수에게 "불 좀 켜줘!"라고 소리치는 일도 있었는데, 방의 불을 밝히면 부서진 건판과 피가 흐르는 손이 보이곤 했다.

로런스 앨러Lawrence Aller는 굉장히 똑똑하고 존경받는 천문학자였지만, 그의 다양한 능력 중에 세심함은 없었던 것 같다. 어느 날 점심, 로런스는 흥분해서 작업이 끝난 건판을 동료들에게 보여주려 들고 나왔다. 그는 인상적인 행성상 성운(아름다운 색깔의 이온화된 가스 방울이 수명을 다한 태양 질량 크기의 별을 둘러싸고 있는) 사진을 자신 있게 내보였다. 테이블에서 건판을 여러 사람이 볼 수 있도록 건네주자 관측자들은 예의 바르게 사진을 칭찬했다. 그러다 마침내 한 사람이 모두의 머릿속에 있던 질문을 입 밖으로 꺼냈다. 왜 건판이 일반적인 경우처럼 완벽한 작은 정사각형이 아니라 들쭉날쭉 이상하게 생긴 데다가 귀퉁이는 깨져 있으며 측면은 날카롭고 깔쭉깔쭉한지 물은 것이다. 대체 무슨 일이 일어났던 걸까? 앨러는 답했다. 어째서인지 그 망할 건판 절단기를 쓸 수 없었기에 최후의 수단으로 코닥 건판을 암실 테이블에 올려놓고 자기가 원하는 크기의 조각이 나올 때까지 여기저기 더듬거리며 내려쳤기 때문이라고.

암실에 있는 동안 건판을 화학적으로 처리하는 방법도 종종 유용했는데, 건판을 망원경에 설치하기 전 화학 처리를 하면 빛에 민감하게 반응하는 정도를 극대화할 수 있었다. 코닥은 파란색에서 빨간색까지, 심지어 사람 눈으로 볼 수 없는 적외선 영역에서까지 특정 파장 빛에 반응하는 다양한 종류의 감광유제를 제공했지만, 건판의 경우와 마찬가지로 천문학자들이 필요로 하는 수준까지 맞춤 제작한 건 아니었다. 천문학자들은 관심 있는 빛의 파장에 따라 때로 건판을 오븐에서 굽거나 냉동실에 보관하기도 했으며, 짧게 빛에 노출하기도 하고 여러 액체에 담그기도 했다. 대부분은 건판을 증류수에 흠뻑 적시는 데서 그쳤지만, 관측자들은 건판을 '빠르게 하는'* 임무를 위해 끊임없이 더욱 창의로워지고 위험을 덜 회피하게 되었다. 왜냐하면 빛에 대한 신속한 반응은 자료를 더 짧은 노출 시간 동안 얻을 수 있다는 의미였기 때문이다.

적외선 건판은 천문학자들에게 특별한 도전이었다. 조지 월러스타인은 적외선 건판을 암모니아에 담그던 때를 회상하며 이런 이야기를 들려주었다. 증류수를 사용하면 감도가 세 배 정도 좋아질 뿐이었지만 암모니아는 추정하건대 감도를 여섯 배씩이나 끌어올릴 것이었다. 물론 암실에 홀로 암모니아 욕조와 함께 갇혀 있어야 한다는 게 이 방법의 단점이었다. 암모니아로 건판을 처리하던 때에, 조지는 자기가 암모니아 연기에 질식해 쓰러질 상황을 대비해 암실 밖에 있는 누군가를 찾아 "내가 15분 안에 돌아오지 않으면, 암실로 들어와서 나를 끌어내

---

* 망원경 광학계에서도 유사하게 사용하는 표현으로, 여기서 건판이 빠르다는 건 그만큼 민감하게 빛에 반응함을 뜻한다.

도록 해"라고 지시해야만 했다.[1]

마침내 암모니아는 더 효과적인 화학 처방이 등장하면서 물러나게 되었는데, 바로 건판을 순수한 수소 가스로 처리하는 방식이었다. 암모니아가 등장했을 때와 마찬가지로 과학적인 이득은 상당했지만 안전 문제가 대두되었다. 팔로마산 천문대에서는 이 작업을 위해 특별한 방을 만들었는데, 불꽃이 튀지 않는 무섬광 전등 스위치를 꼼꼼하게 설치했고 행여 불을 붙일 수 있는 모든 물건을 치워버렸다.* 그럼에도 팔로마산에서 천문학자들이 그 방을 사용하던 동안 복도에는 '힌덴부르크'**라는 별명이 붙었다. 상대적으로 저차원적인(그리고 덜 위험한) 기술을 선호하던 진영의 입장을 보자면, 윌슨산 선임 천문학자가 건판을 레몬주스에 푹 담그는 것만큼 적외선 건판의 감도를 올리는 데 좋은 방법은 없다고 주장했다.

마침내 준비가 끝나면 건판을 카메라에 설치해야 했다. 이 작업 또한 어둠 속에서 이뤄졌고 설치 과정에서 핵심적인 단계는 건판이 카메라에서 바른 방향을 가리키도록, 즉 감광유제로 처리한 면이 하늘 쪽을 향하도록 설치하는 작업이었다. 만약 건판을 반대로 설치하면 천체에서 오는 빛에 반응해야 할 면이 계속 카메라 뒤편을 보고 있어 관측이 쓸모없게 될 것이었다. 관측자들은 건판에서 감광유제로 처리한 쪽을 찾는 최고의 방법을 널리 배우게 되었는데, 요령은 건판 가장자리를

---

* 수소 기체는 공기 중의 산소와 반응해서 폭발할 수 있기 때문이다.

** 미국 뉴저지에서 폭발 사고를 일으킨 독일의 LZ129 힌덴부르크 여객 참사를 가리킨다. 비행선을 띄우려고 공기보다 가벼운 수소로 상당한 부피를 채웠는데 정전기로 수소 가스에 불이 붙었다는 설이 폭발 이유 중 하나로 거론된다.

입술이나 혀로 가볍게 건드려 어느 쪽이 약간 끈적거리는지를 확인하는 것이었다. 듣자 하니, 할로겐화은은 약간 단맛이 났고 어떤 천문학자들은 자기들이 여러 가지 코닥 감광유제마다 맛의 차이를 구별할 수 있다고 주장하기까지 했다. 현명한 관측자들은 반대로 처리되지 '않은' 쪽을 핥아 확인하는 방법을 터득했다.

건판을 카메라에 밀어 넣는 작업도 쉽지 않았다. 망원경 거울은 별빛을 하나의 점이 아니라 정사각형 모양으로 사진을 찍을 수 있는 평면인 초점면으로 모은다. 어떤 망원경과 기기에서는 이 광학면이 평평하기보다는 살짝 굽어 있어 건판 역시 곡면으로 되어 있을 때 사진에 담고자 하는 영역 모두에서 초점이 맞아 최고의 영상을 포착할 수 있다. 건판을 구부리는 건 코닥에서 제공하는 기능이 아니었기에 많은 관측자는 가끔 골치 아픈 상황에 부닥쳤다. 그들은 얇고 뻿뻿한 데다 정교하게 절단해서 특수 처리도 된, 심지어 한 번 핥기까지 한 사진 건판을 가져다가 조심스럽게 구부려 카메라에 설치하는 과정에서 건판이 부러지지 않기를 간절히 바라야만 했다. 마침내 관측자 대부분이 어느 정도의 힘을 가해야 적당한지 깨닫게 되었지만, 정성스레 준비한 건판이 손에서 부서지는 순간의 고통스러운 감정도 망원경에서 일하는 거의 모든 관측자가 알고 있었다. 그보다 최악인 건 관측 중에 건판이 부서지는 상황이었는데 그들은 이 순간 건판 거치대로부터 들려오는 불길한 소리도 알고 있었다.

그렇긴 하지만 건판을 준비하고 끼우는 과정 자체는 그저 관측의 전주곡에 불과했다. 건판을 제자리에 설치하면, 망원경과 돔이 각자 따로 움직이며 회전해서 관측하려는 대상에 맞춰 놓일 수 있었다. 그리고 바로 그때 카메라가 열리면 노출이 시작되고 빛이 하늘로부터 건판으로 쏟아져 들어왔다.

관측이 끝나면, 관측에 사용한 건판들을 카메라에서 꺼내 암실로 옮겨 현상했다. 건판을 조심스럽게 붓으로 털거나 화학 약품에 담그기도 했다. 밤새 기록한 이미지를 보존하기 위한 과정이었다. 관측자들은 종종 건판을 밤이 끝나갈 무렵 지칠 대로 지친 상태에서 현상하곤 했는데, 어둠 속에서 손을 더듬어 현상하면서 화학 약품에서 나오는 매연을 너무 많이 들이마시지 않으려고 노력했다. 간단히 말해 이 업무는 까다로운 유리 조각들을 다루는 게 적절하지 않을 법한 시각에 이뤄졌다. 몇 시간 분량의 노출을 기록한 건판을 산산조각 내버린 천문학자도 많았다(그리고 어떤 이들은 그 후에도 일말의 자료라도 살릴 수 있기를 바라면서 끈질기게 유리 조각들을 현상하는 작업을 이어갔다).

현상이 덜 된 건판은 수준 이하의 사진을 만들어낼 위험이 있었지만, 현상을 과도하게 해도 건판에 담긴 자료를 망가뜨리기 충분했기에 현상 작업 자체도 아주 정확한 시간에 맞춰 이뤄져야 했다. 보통 관측자가 주의를 기울이는 한 꽤 규칙적인 작업이었지만 가끔 예상치 못한 상황 때문에 힘겨운 일이 되었다. 폴 호지Paul Hodge가 남아프리카의 보이든 천문대에서 관측하던 때 일이다. 관측 마지막 날 밤, 폴은 밤새 관측한 모든 건판을 현상액에 담그고 방에서 잠깐 나왔다. 건판이 과현상되기 전 현상액 용기에서 건져내려고 돌아와 작업실 문을 열었을 때, 아래를 내려다보자 코브라 한 마리가 자기보다 앞서 방으로 미끄러지듯 들어갔다. 폴은 순간 얼어붙었다. 과연 폴은 코브라에게 방을 내어주고 어쩔 수 없이 건판이 과현상되도록 내버려 두었을까? 아니면 불을 켜고 건판을 망쳐버렸을까? 아니면 코브라를 따라 들어가 방 안에 살인적인 뱀이 있는데도 어둠 속에서 현상을 끝냈을까? 그는 세 번째를 택했고, 성공적으로 현상을 마쳤다. 폴이 작업을 마치고 불을 켜자, 일하던 곳 바로 옆 싱크대 파이프 근처에 똬리를 틀고 있던 뱀을 발견했다.

관측자들은 최종적으로 현상이 끝난 건판들을 상자에 포장해 자기가 근무하는 장소로 옮겨가 신중하게 분석했다. 다시 한 번, 이 과정도 실제 행동보다 말이 쉽다. 천문학자들은 산을 운전해 내려오면서 건판을 담은 큰 상자가 트럭 안에서 뒹굴뒹굴 굴러다닐 때마다 움찔하기 일쑤였고, 돌아가는 비행기에서 자신은 이코노미석에 타고 건판은 잘 포장해 일등석 자리에 벨트까지 매어 보내는 경우도 허다했다.

디지털 사진과 자료의 시대만 경험하며 자라난 사람으로서, 나는 사진 건판에 대해 처음으로 들었을 때 상당히 원시적인 방법일 거라고 상상했다. 그때 내 생각에 건판은 최소한의 과학적 가치만을 지닌 구시대 관측 방법의 유물일 뿐이었다. 하지만 친구가 패서디나에 있는 카네기 건판 실험실을 구경시켜 주었을 때 이런 관점은 완전히 바뀌었다. 건판들은 '화려'했다. 소용돌이치는 나선 은하, 섬세한 성운 가닥들, 태양계 행성들을 찍은 매우 정교한 작은 스냅샷들 모두 얇은 유리판에 빽빽하게 보존되어 있었다. 그리고 사진이 흑백 네거티브라는 사실만으로 허블 우주망원경 사진들만큼 사랑스러웠다. 우리가 더 큰 망원경을 사용하고 디지털 자료를 쓸 수 있게 되기까지 상당한 기술적 향상을 이뤄왔음은 알았지만, 그때 내 손에 들고 있던 과학 역시 (부서지기는 쉽지만) 대단하다는 사실을 부정할 수 없었다.

✦ ✦ ✦

건판이 성가신 만큼 관측 부담이 덜어지는 건 아니었다. 관측 임무는 여전히 인간인 천문학자들 몫이었다. 관측자들이 그저 조심스럽게 준비한 건판을 설치해놓고 물러나면 끝인 게 아니었다. 건판을 설치한 카메라는 밤새 노출을 이어가야 했고 그만큼 망원경 자체 가이드도 중요했다. 강력한 망원경으로 확대해 보는 하늘에선 단지 몇 분의 짧은 시간 동안에도 지구 자전이 극명하게 드러나고, 망원경 정중앙에 맞춰 둔 별들이 천천히 밀려 시야 밖으로 사라지기 때문이었다. 천문학자들은 자기가 원하는 영역의 하늘을 망원경이 겨냥하고 있도록, 관심 대상인 천체가 항상 건판 정중앙에 위치하도록 망원경을 조금씩 움직이면서 가이드해야 했다. 건판을 설치하고 꺼내는 사이에 카메라 셔터도 여닫아야 했고, 틈틈이 망원경 가이드도 했다. 그래서 대부분 관측자는 밤새 망원경에 집중하고 있어야 했는데, 이 작업 역시 말처럼 쉽지 않다.

광자는 중간에 가로막히지 않는다면 망원경의 굽은 주경을 때리고 비스듬히 튀어 올라, 주경 멀리 위에 수렴해 초점이 맞은 이미지를 만든다. 이 사진을 얻도록 망원경에는 '프라임 포커스'*로 알려진 곳에 카메라가 설치되어 있고 그에 딸린 작은 케이지가 있었다. 카메라는 지주나 망원경 경통 꼭대기에 고정되어 있었고 케이지는 한 사람이 들어갈 수 있을 만한 크기였다. 카메라를 조작해야 하는 관측자는 보통 사

* 주경에서 반사된 상이 초점을 맺는 '주 초점'을 말한다.

다리나 벽에 매달린 작은 엘리베이터를 타고 돔 꼭대기까지 올라가서 프라임 포커스를 향해 케이지 안으로 길을 찾아 들어가야만 했다. 때로는 두 통로 사이에 강화 널빤지를 올려놓고 걷는 원시적 방식으로 케이지에 건너가기도 했다. 중부 캘리포니아 릭 천문대의 36인치(약 0.9미터) 망원경에서처럼. 36인치에서 관측자는 통로에 도달한 다음 지상에서 9미터쯤 떨어진 돔 중앙으로 서둘러 널빤지를 가로질러 가 프라임 포커스 케이지에 다다랐다(여기에는 곧 '판자 위 걷기'*라는 별명이 붙었다). 캐나다 서부에 있는 다른 천문대에서는 처음 온 천문학자들이 어둠 속에서 좁은 통로를 걸어 프라임 포커스에 도착했다가, 낮에서야 금방이라도 무너질 듯한 그 구조를 보고서는 다시 올라가기를 딱 잘라 거절했다.

관측자들은 돔 건물 바닥과 망원경 거울 모두로부터 위로 높이 매달려 있는 프라임 포커스 케이지에 들어가서 건판을 설치하고 다시 꺼내고 망원경을 조종하는 작업을 했다. 한밤중에 가끔 망원경은 가파른 각도로 기울어졌다. 천문학자들은 안전과 실용성 두 가지 이유로 야간 조수들과 함께 일했다. 천문학자들이 망원경을 가이드하고 건판을 갈아 끼우면서 카메라 뒤에 머물러 있는 동안, 야간 조수는 돔의 열린 틈을 망원경이 가리키는 방향과 정렬하는 일이나 망원경의 큰 움직임(예를 들면 북쪽 하늘의 천체에서 남쪽 하늘의 천체로 망원경을 움직인다든지)을 감독했다. 그리고 지상에서 별다른 일이 없는지 예의주시했다.

꽤 실용적인 분업이었다. 관측자들은 한번 프라임 포커스 케이지로

---

* 판자의 한쪽 끝이 배 밖으로 나가도록 걸쳐 놓고 그 위를 걸어 바다에 빠지게 하던 처형 방식.

들어가면 보통 관측이 끝날 때까지 그 안에 '머물러' 있어야 했다. 물론 내려올 수는 있었지만 그 과정이 엄청난 시련이었기에 여러 관측자는 그냥 쪼그리고 앉아 밤을 지새우는 편이 차라리 낫다고 생각했다. 그리고 어떤 관측자들에게는 이 일이 다른 사람들보다 상대적으로 쉬웠다. 많은 남성 관측자는 관측을 중단하지 않으면서도 자연의 부름에 응답하기 위해 프라임 포커스 케이지에 물통을 가지고 올라가는 습관이 생겼다. 반면 여성들은 주기적으로 (주로 남성이었던) 야간 조수들에게 자신들은 그런 선택이 불가능함을 상기시키며 이따금 짧은 휴식을 취하려고 아래로 내려왔다. 어떤 경우 관측자들은 드라이아이스를 담은 보온병을 가지고 올라가 밤을 시작했다. 드라이아이스를 카메라에 부어 카메라를 가능한 한 차갑게 유지함으로써 부품이 달궈지며 발생할 수 있는 잡음 신호를 최소화하기 위해서였다. 그리고 빈 보온병은 방광 문제를 처리하는 용도로 사용했다(말할 필요도 없이 보온병에 든 드라이아이스를 비우고 나서 자연의 부름에 응답하는 올바른 순서를 지키는 것이 핵심이었지만, 잠이 모자란 천문학자들이 항상 그 순서를 따르지는 않았다).

돔 안에 있는 관측자에게 내려지는 주된 벌은 방광 조절이 아닌 추위였다. 망원경 가이드는 관측자가 몇 시간 동안 미동도 없이 버텨야 하는 섬세하고 연속적인 작업이었다. 분명히 연구를 위해서는 겨울밤이 최고의 관측 조건이었다. 밤이 길고 어두우며 차가운 공기가 상쾌하고 맑기 때문이다. 하지만 프라임 포커스에서 열 시간 동안 추위에 떠는 고통은 부정할 수 없었다. 돔 내부 난방이란 말이 안 되는 이야기였는데, 실내 온도를 높이면 돔에서 떠오르는 열이 망원경 위 공기를 휘저어 관측자들이 얻는 자료의 질을 엉망으로 만들 것이었기 때문이다.

돔 전체 난방은 못 하더라도 천문학자들만을 따뜻하게 하는 건 가능했다. 몇몇 천문대는 전열 비행복을 구입했는데 대개 2차 세계대전 조종사들의 유휴 물품이었다. 전열 비행복은 관측자들이 환영하는 추위 해결책이었지만 나름의 문제도 있었다. 비행복은 자동차 배터리에서 공급하는 것과 같은 12볼트 직류 전원이 필요했다. 하지만 미국의 표준 콘센트는 120볼트 교류 전원이다. 어떤 관측자들은 자기 비행복 전원을 벽에 꽂았다가 얼마 시간이 지나지 않아 이상한 냄새를 맡고 비행복에서 연기가 피어오르고 있음을 깨달았다.

비행복으로도 모든 문제를 해결할 수는 없었다. 관측자들은 가능한 한 가장 두꺼운 장갑을 끼곤 했지만 밤이 끝나갈 무렵이면 손가락에는 감각이 없었다. 가이드를 하려고 몇 시간 동안 접안렌즈에 눈을 대고 있는 동안 눈물이 렌즈에 얼어붙기도 했다. 하워드 본드Howard Bond는 특히 추웠던 킷픽에서의 겨울밤 얘기를 들려주었다. 그는 영하 7도의 추위와 돔으로 매섭게 불어오는 시속 60킬로미터의 바람에 시달리고 있었다. 그런데 망원경이 어느 순간 작동을 멈췄다. 하워드가 사람을 불러 함께 점검해보자, 추위 때문에 망원경 기어의 윤활유가 거의 풍선껌 농도로 엉겨 붙어 있었다. 사실상 망원경이 그 자리에 얼어붙는 중이었으므로 관측을 멈출 수밖에 없었다. 하늘은 아름답도록 맑았고 몇 시간 더 관측해서 얻어야 하는 자료가 남아 있었지만, 하워드는 자기 머리에 처음 떠오른 생각이 '신이시여, 감사합니다'였다고 고백했다.

기술적인 문제가 발생하지 않는다면 관측자들은 노출이 끝나거나 밤이 다할 때까지 망원경에 묶여 있었다. 사진 건판은 실로 아름다운 이미지를 만들어냈지만, 암모니아나 수소로 처리한 건판도 현대의 기

1950년 2월, 팔로마산 천문대의 200인치 망원경 프라임 포커스에서 천문학자 에드윈 허블.

기에 비해서는 훨씬 덜 민감했다. 그래서 건판을 오랜 시간 노출해 좋은 이미지를 얻으려면 몇 시간이나 며칠이 걸리기도 했다. 며칠 동안 노출하는 경우 작업 과정은 이러했다. 관측자는 사진 건판을 설치하고 망원경으로 대상을 겨누어 천체를 시야 한가운데 오게 한 다음 셔터를 열고, 하룻밤 내내 부지런하게 대상을 쫓다가 셔터를 닫는다. 그러고는 건판이 단단히 카메라에 고정되어 있는지 확인하고 해가 떠 있는 동안 잠을 자러 떠난다. 밤이 찾아오면 그들은 돌아와 망원경을 같은 대상으로 움직여 다시 망원경 중앙에 천체를 맞추고 건판을 노출하기 위해 셔터를 연다. 작업은 며칠이고 계속되었다.

얼Earl이라는 천문학자(이야기를 위해 만들어낸 가명이다)가 어느 날 그런 관측을 하고 있었다. 얼은 너무 조용해서 어떤 동료들이 거의 반사회적인 수준이라고 묘사할 정도였다. 그는 관측 전에 테이블에 다 같이 앉아서 식사할 때도 조용했다. 야간 조수에게도 관측에 관련한 기본적인 사항 이외에는 좀처럼 말을 하지 않았다. 어느 날 밤, 얼은 릭 천문대 3미터 망원경 프라임 포커스에 편안하게 앉아 있었다. 그는 끈기 있게(그리고 조용하게) 망원경을 가이드하며 동일한 건판을 가지고 며칠 밤에 걸친 노출의 마지막 밤을 보내는 중이었다. 한밤중 어느 무렵이었을까, 추측하건대 이 과묵한 관측자가 잘 있는지 보려고 얼의 야간 조수가 돔 안으로 걸어 들어갔다. 조수가 문으로 다가간 순간, 그의 코트 주머니가 돔의 전등 스위치에 걸렸다. 불이 켜지며 돔 안은 대낮처럼 환해졌고 망원경에 빛이 홍수처럼 쏟아지면서 건판을 망쳐버렸다.

프라임 포커스 케이지에서는 격분을 누르지 못하는 울부짖음이 울려퍼졌고, 얼은 과감하게 침묵을 깨고 야간 조수에게 욕을 퍼붓기 시작했다. 그는 조수를 죽이는 데에서 나아가 사지를 절단해버리겠다고 소리쳤다. 그리고 난폭하게 분노를 표출하며 망원경을 돌리기 시작했다. 프라임 포커스 케이지를 빙 돌려 돔 측면에 매달린 엘리베이터 위로 향했는데, 아마 망원경 아래로 내려와 자신이 조수에게 쏟아부은 협박을 행동으로 옮기려는 계획이었을 것이다.

야간 조수는 얼빠진 모습으로 있다가, 문득 자기 위에서 천천히 회전하고 있는 천문학자가 정말로 살인을 저지를 법해 보였다. 다행히 관측자가 망원경을 움직이는 동안 야간 조수는 돔을 조종할 수 있었다. 얼이 엘리베이터에 가까워지려 하면 조수가 돔을 회전시켜 다가오는 프라임 포커스 케이지에서 벗어나게 했으므로 엘리베이터에 접근할 수 없었다. 기이한 슬로모션 꼬리잡기 놀이가 30분쯤 계속되었다. 그 와중에 얼은 계속 고함을 쳤고 야간 조수는 살인의 분위기가 누그러지지 않는 한 땅에 내려오도록 하지 않겠다고 주장했다. 천문대에서 관측하던 다른 천문학자들은 꽤 놀랐을 것이다. 갑자기 산에서 가장 큰 망원경이 불빛이 번쩍이는 채로 돔을 열고 몇 바퀴를 도는 모습을 목격했을 테니 말이다.

꼭 사람을 죽이려 하지 않더라도, 높고 어두운 공간에서 수면 부족에 시달리며 한밤중에 일하는 건 위태로운 시나리오가 될 수 있다. 조지 프레스턴George Preston은 어느 날 밤 윌슨산 천문대 100인치 망원경에서 관측하고 있었다. 그는 '뉴터니안 케이지'라고 알려진 다른 관측 구조를 사용했다. 이 구조는 프라임 포커스에 카메라를 직접 설치하는 대신 평면거울을 놓았다. 거울이 비스듬하게 기울어져 주경에서 반사된 빛을 프라임 포커스 부근에서 한 번 더 반사해 망원경 바깥으로 내보냈다. 그래서 케이지가 망원경 옆면에 매달려 있었고 관측자가 사용하고 싶은 어떤 카메라든 여기에 가져다 붙여 쓰는 설계였다. 관측자는 작업에 따라 평면거울이 기울어진 각도를 조절하고 뉴터니안 케이지 위치를 바꾸면서 원하는 대로 플랫폼에 앉거나 설 수 있었다. 플랫폼은 돔 벽 높은 곳에 걸려 있었고 관측자는 플랫폼에 자리 잡은 채 뉴터니안 케이지 끝부분에서 건판을 설치하거나 노출이 이뤄지는 동안 접안렌즈를 들여다보며 망원경을 가이드했다. 플랫폼 자체도 높이를 조절

할 수 있었고 길이를 늘이거나 줄일 수도 있었는데, 이 모든 구성은 망원경을 기울임에 따라 관측자가 편한 위치에서 작업하도록 돕기 위함이었다.

그렇긴 하지만 망원경 위치를 고려해서 적당한 곳에 케이지를 두어야 모든 기기를 작동하기 가장 수월했다. 조지는 관측하려던 별들의 위치에 알맞게 케이지를 조정해 두었는데, 동료의 부탁으로 자기 관측 일정에 더해 다른 별 하나를 관측하기로 했다. 나중에서야 알게 되었지만 동료의 별은 몇 시간짜리 노출이 필요했고 하늘에서 조지의 별들과는 조금 다른 부분에 있었다. 사실 그 별은 머리 위를 거의 똑바로 지나갈 예정이었다.

이미 그즈음엔 경험 많은 관측자였던 조지는 노출을 시작한 후 야간 조수에게 몇 시간 동안 근처 집에 다녀와도 좋다고 말했다. 망원경은 한 천체를 계속 관측할 예정이었고 돔도 거의 움직일 필요가 없었기 때문에 야간 조수는 망원경이 다음 별로 넘어가기 전에 돌아오기만 하면 되었다. 조수가 떠나고 돔에 혼자 남은 조지는 건판을 설치해놓고 셔터를 연 채 뉴터니안 관측의 리듬을 이어나갔다. 가이드를 하려 접안렌즈를 들여다보고 망원경을 조금 조정하고, 물러서서 기다리다가 접안렌즈를 들여다보고 다시 조정하고…. 망원경이 하늘의 높은 부분을 가리킬수록 천천히 기울어지면서 플랫폼이 설치된 돔 벽에서 멀어졌기에 조지는 플랫폼을 높이고 늘려서 접안렌즈와 자신과의 거리를 유지했다. 노출이 계속될수록 접안렌즈로의 접근은 어려워지기만 했다. 플랫폼은 최대한 늘어날 수 있을 만큼 늘어났고 조지는 한 손을 망원경에 짚은 채(하지만 그의 무게는 100톤의 거대 괴물을 밀어낼 수 있을 수준이 아니었

다) 몸을 구부려 접안렌즈에 가까이 가려고 했다. 몇 번의 움직임이 있은 다음 그는 상체를 구부려 망원경에 자기 무게를 지탱하고 있다가 다시 망원경을 밀어 몸을 플랫폼 위로 돌려놓고 있었다.

카메라 노출이 이어지면서, 그리고 별이 하늘에서 머리 꼭대기 바로 위에 있는 점인 천정으로 움직이면서 망원경은 서서히 더 높이 올라갔다. 뉴터니안 케이지를 매단 망원경은 기울어지며 관측 플랫폼에서 더 멀어졌다. 조지는 접안렌즈에 닿기 위해 뉴터니안 케이지를 망원경 받침 구조에 고정되어 있도록 하는 케이지 바닥의 작은 금속 테두리에 한 발을 디딘 채로 몸을 숙여 손을 뻗었다. 이 방법은 조지가 접안렌즈를 들여다보려고 다시 몸을 기울였을 때까지는 유효했지만, 아래를 내려다본 조지는 금세 자기가 어디 있는지 깨달았다. 그는 돔 콘크리트 바닥으로부터 12~15미터 높이에서 뉴터니안 케이지와 플랫폼 사이를 왔다 갔다 하던 중이었다.

벌써 한 발을 디딘 채 케이지를 붙잡고 있었기에 조지는 본능적으로 행동했다. 망원경을 밀쳐서 플랫폼으로 돌아가는 대신, 나머지 한 발을 앞으로 내디뎌 두 발 모두를 케이지 테두리에 올려놓았다. 조지는 어두운 돔 안에서 뉴터니안 케이지에 매달린 겁먹은 코알라 같은 모습이 되었다.

그가 처음 한 생각은 '야간 조수가 돌아와 이런 자기 모습을 발견해서는 안 된다'는 것이었고, 이내 자신이 돔 바닥으로 떨어질 수 있다는 현실적인 생각이 들자 겁에 질리고 말았다. 망원경 한쪽에 매달려 얼어붙어 있던 긴 시간 뒤에, 그는 마침내 멀리뛰기를 해서 플랫폼으로 돌아올 수 있었다(고작 몇 미터였지만 사실 위기일발의 거리였다). 그리고 자기 커리어와 야간 조수에게서의 평판 모두를 지켜냈다.

이렇게 설계된 망원경들은 인간을 성가신 존재처럼 보이게 만들었다. 망원경들이 정교하게 연마한 거울과 최첨단 이미징 장비로 무장하고 있었을지 모르지만, 관측자에 관한 한 문제가 발생했을 때의 해결책이라고는 "여기, 흔들리는 판자 위에서 균형을 맞추면서 나무 상자 위에 앉아봐"처럼 허술하기 짝이 없었다.

천문학자들은 공들여 건판을 준비하고, 자료를 얻게 해줄 귀하신 망원경을 어르고 달랜 다음, 망원경 꼭대기나 차가운 콘크리트 바닥 또는 카세그레인 초점의 플랫폼에 자리를 잡았다. 카세그레인 초점은 현대 아마추어 천문가들에게 가장 익숙한 망원경 초점 위치인데, 주경에서 반사된 빛이 볼록하게 굽은 부경에 반사된 다음 주경 한가운데에 뚫린 구멍을 통해 돌아 나와 망원경 아랫부분에 초점을 맺는다. 여기에 접안렌즈나 카메라를 갖다 대고 맺힌 상을 포착한다. 주경 뒤에 자리 잡을 수 있는 이 상황에서조차, 큰 망원경에서는 실제로 땅에 머무르며 관측하기가 쉽지 않았다. 카세그레인 초점에 이르려면 망원경이 움직이고 위아래로 기울여짐에 따라 불안정한 플랫폼을 올리거나 내려 관측자가 초점과 같은 높이를 유지하도록 조정해야 했다.

윌슨산 100인치 망원경 플랫폼에는 '다이빙 보드'라는 별명이 붙었다. 그 플랫폼은 체인 구동 장치로 높이를 조절했는데, 가끔 체인이 빠져 관측자가 걸터앉은 채로 바닥까지 자유낙하하곤 했다. 이런 사고는 드물게 일어났어야 하지만 실제로는 '그 보드 타기'라는 별명이 붙을 만큼 자주 일어났다. 에리카 엘링슨Erica Ellingson이 관측을 하던 언젠가는 카세그레인 플랫폼에 바퀴가 달린 사무용 의자가 놓여 있었다. 관측자가 편하게 앉아 있기 위한 의자였지만 가끔은 오히려 불편해지기도 했다. 망원경을 가이드하던 도중, 에리카의 의자가 플랫폼 가장자리까지 미끄러져 지상으로 5미터의 낙하를 시작할 뻔했던 것이다(다행히 에리카는 첫 번째 바퀴가 플랫폼 끝자락을 가로지르자 훌륭한 반사신경을 발휘해 벌떡 의자에서 일어섰다).

플랫폼이 아니라 바닥에서 관측하는 일조차도 이상적이지 않았다. 겨울이면 콘크리트 바닥의 냉기는 뼛속을 파고들었고, 이동의 자유가 주어졌을 때 천문학자들은 자주 자기 상태를 망각하고 전원이 연결된 비행복을 입은 채 돔을 가로지르려 했다. 가끔 관측자들은 접안렌즈 높이에 이르려고 사다리를 사용했는데, 사다리에서 떨어지거나 사다리가 넘어진 일화도 흔했다. 어느 날 딕 조이스Dick Joyce라는 천문학자는 접안렌즈를 들여다보려 높이 4미터의 사다리를 올라 망원경은 건드리지 않고 조심스럽게 계속 사다리를 붙잡고 있었다. 왜냐하면 작은 망원경의 경우 만지거나 구조에 기대면 망원경이 흔들려 시야를 바꿔놓을 것이었기 때문이다. 어느 춥고 건조했던 밤, 그는 금속 사다리를 올라 접안렌즈를 보려고 몸을 기울였다. 그리고 단번에 말 그대로 눈앞이 번쩍하는 고통이 몰려왔다. 전기 쇼크가 3센티미터의 거리를 뛰어넘어 (접지된) 망원경으로부터 떨어져 있던 그의 (접지되지 않은) 눈알을 강타했기 때문이다. 그는 돌이켜 생각해 보면 자기가 전자기 공격으로 비틀거리면서도 사다리 위에 서 있을 수 있었다는 사실에 놀랐다고 한다.

과거 일화들을 다 듣고 난 당신은, 당시 천문학자들이 이런 식의 관측에서 비참한 기억들만 얻었을 거라 상상할지 모른다. 얼음장같이 춥던 돔과 성가신 유리 건판, 망원경 수동 가이드, 눈알에 가해지는 전기 충격의 시대로 돌아가야 한다고 강력히 주장하는 사람이 없음은 사실이다. 동시에 이런 관측 경험이 있는 사람들은 거의 다 변함없이 그 시대를 그들이 가장 좋아하는 천문 관측의 기억으로 회상한다.

높은 위치와 추위, 방광 조절에 익숙해지고 나면 돔 안에서 망원경을 가지고 직접 관측하는 건 놀랍도록 평온하고 낭만적이기까지 한 경험이 될 수 있다. 관측자들은 오랜 시간 앉아서 접안렌즈를 들여다보며 가이드를 하고, 건판을 갈아 끼우고, 음악을 틀기도 했다. 엘리자베스 그리핀Elizabeth Griffin은 프랑스 남부 오트-프로방스 천문대에서의 여름밤을 묘사했다. 천문대의 열네 개 돔 사이를 걷고 있노라면 자정의 맑은 공기 사이로 각각의 돔에서 서로 다른 음악이 퍼져 나왔고, 관측자들이 노출을 마칠 때마다 야간 조수들에게 "끝났어! 가자!"라고 외치며 관측 종료를 알리는 소리가 간간이 들려왔다. 어둡고 시원한 밤, 고요한 웅얼거림과 망원경의 움직임, 머리 위로 별이 쏟아지는 밤하늘을 배경으로 이 모든 관측이 이어졌다.

✦ ✦ ✦

돔 안에서 벌어지는 험난한 일은 여러 관측자가 망원경에 있지 않을 때 지내던 공간과 극명한 대조를 이루었다. 다른 문명 시설들로부터 얼마나 떨어져 있는지를 생각하면, 산꼭대기 천문대들은 천문학자들이 숙식을 해결할 환경을 갖추고 있어야 했다. 관측자들은 마라톤 관측이 이어지면 몇 주씩 산에서 지내기도 했고, 짧게 방문하더라도 야간 업무를 마치면 낮에 재충전할 공간이 필요했다. 보통 뼈대만 갖춘, 하지만 편안한 기숙사가 그 역할을 했다.

윌슨산과 팔로마산 모두에 기숙사가 있었다. 이 기숙사 두 곳에는 금세 '수도원'이라는 별명이 붙었는데, 그 배경에는 분명한 이유가 있었다. 두 산에서 1960년대 중반까지 이어진 정책에 따라 여성들은 공식적으로 기숙사에 머무르거나 대표 관측자로 일하는 것이 금지되었다. 물론 당시의 여성 천문학자들은 애초부터 비공식적으로 망원경에서 일할 수 있는 방법을 찾아 투쟁하고 있었다. 1940년대 후반에 바버라 체리 슈바르츠실트Barbara Cherry Schwarzschild는 남편 마틴과 함께 관측하곤 했다. 그녀는 건판을 현상하고 망원경을 가이드하는 등 기술적인 일을 맡았는데 야간 점심 때에도 천문대 안전 규정을 공개적으로 어겨가며 온전히 홀로 관측을 이어나갔다. 그녀는 수도원에서의 식사에 참석이 금지되었기 때문이다. 다른 저명한 천문학자인 마거릿 버비지Margaret Burbidge, 베라 루빈Vera Rubin, 앤 보스가드Ann Boesgaard, 엘리자베스 그리핀은 관측자 숙소 출입이 불가능했음에도 여성들이 '공식적으로' 망원경 시간을 할당받게 되기 훨씬 이전부터 천문대에서 일했다.

두 수도원에서의 저녁은 의식처럼 신중하게 진행되었다. 산에서 가장 크고 권위 있는 망원경의 대표 관측자에게는 테이블 상석에 앉는 영예가 주어졌고, 순서대로 다른 작은 망원경 관측자들이 옆에 둘러앉았다. 모두가 가끔은 만찬에 어울리는 옷까지 차려입고 수도원에 도착하면 테이블 상석의 관측자는 작은 종을 울렸고 요리사가 코스의 첫 번째 요리를 들고 등장했다. 코스의 다음 요리가 등장할 때마다 또 다른 종소리가 울렸는데, 그룹 모두가 외딴 산꼭대기에서 철저히 문명화된 식사의 경험을 즐길 때까지 종소리가 이어졌다(윌슨산에서는 관측자들이 긴 관측 중간에 대충 빨래를 하기도 했다. 그래서 관측자들의 속옷이 현관 울타리에 널려 있는 모습을 배경으로 만찬이 이뤄지는 경우도 적지 않았다). 계급에 의한 좌석 배치와 종소리에 따른 코스 요리의 만찬 의식이 끝나면, 관측자들은 각자의 망원경으로 흩어져 다시 케이지 속으로 기어올랐다. 그들은 손을 유리 건판에 베여가며, 오래된 비행복 안에서 몇 시간을 떨고 보온병에 오줌을 누면서 밤을 보냈다.

당시 사람들은 종종 한밤중에 야간 점심을 위해 생활 구역에 모여 한 시간 동안 휴식을 취했다. 야간 점심 시간은 관측자들이 다리를 뻗고, 관측 노트를 비교하고, 한숨 돌릴 수 있는 때였다. 전설적인 천문학자 마르텐 슈미트Maarten Schmidt는 팔로마산에서 야간 점심 때마다 조수와 당구를 치곤 했는데, 당시 망원경에서 1년에 스무 밤 이상을 보냈다. 한 젊은 연구자는 마르텐이 당구에 스무 시간 넘게 써버리지만 않았더라면 젊고 유망한 천문학자들에게 매년 사흘 밤의 관측 시간을 나눠줄 수 있었을 것이라며 불평했다. 다른 천문학자인 프랑수아 슈바이저François Schweizer는 다음 노출을 위해 고생하는 대신 휴식을 취하며 생각에 잠긴 시간이 슈미트의 위대한 과학적 업적인 퀘이사 발견의 열쇠였다고 주장했다(퀘이사는 중심에 있는 태양 질량의 10억 배 이상 되는 블랙홀 때문에 큰 에너지를 방출하는 엄청나게 밝은 은하다). 나는 젊은 연구자의 의견에 동의함을 고백한다. 우주의 수수께끼에 대해 고민하는 일은 중요하다. 그러나 관측을 할 수 있는 맑은 밤 중간에 굳이 그럴 이유는 없다. 열정적인 새로운 관측자가 당구 게임이 끝나기를 기다리는 망원경을 가지고 어떤 새로운 발견을 했을지 모르는 일 아닌가.

그렇긴 해도, 다른 천문대들에서 사람들은 야간 점심을 망원경으로 들고 가 일하며 먹는 습관을 일찍부터 들였다. 이미 어떤 관측자들은 자료를 얻을 수 있는 완벽하게 좋은 날 밤에 한 시간을 쉰다는 게 자기 철학에 매우 어긋난다고 생각했다. 조지 프레스턴의 지도 교수였던 조지 허빅George Herbig(그렇다. 열심히 읽고 있는 사람들이라면 눈치챘겠지만, 여기까지 조지라는 이름은 월러스타인, 헤일, 프레스턴, 허빅으로 네 번이나 등장했다)은 누구든 어둠 속에서 잠재적 관측 시간을 1초라도 낭비해서는 안 된다는 생각을 지지했다. 이는 또한 망원경을 작동하기 위한 사전 지식을 익히고 관측 일정을 신중하게 준비해 천문대에 도착해야 한다는 뜻으로 해석할 수도 있었다. 어쨌든 놀고 있는 망원경이란 광자를 낭비하면서 우주를 조금이라도 더 바라볼 기회를 버린다는 뜻이었기 때문이다.

✦ ✦ ✦

사진 건판을 다루고, 망원경에 기어오르고, 우주 저편에서 날아오는 광자를 모으기 위해 추위에 떨며 긴긴 밤을 보내는 관측이 모험적이고 낭만적이었을지 모른다. 하지만 이런 방식은 체력 부담이 큰 데다 시간도 오래 걸렸다. 최고의 관측자들은 당시 기술에 대해서는 전문가들이었지만 동시에 관측을 개선할 방법을 지속적으로 모색해왔다.

1970년대 전하결합소자CCD의 등장으로 커다란 변화가 찾아왔다. 이 실리콘 칩은 사진 건판보다 훨씬 빛에 민감했으며 받아들인 빛을 디지털 신호로 변환해 더 상세한 자료를 얻어낼 수 있었다. 또한 자료를 저장하는 방식에도 굉장한 변화를 불러왔다. 디지털 자료는 한 장의 유리 건판에 국한되지 않고 손쉽게 테이프나 디스크 또는 서버에 저장할 수 있는 데다가 필요하다면 복사도 가능했고 천문학자들이 컴퓨터만 있다면 편리하게 자료에 접근할 수 있었다.

여러 기술 개선이 이뤄지는 동시에 새로 활용하기 시작한 CCD 칩 때문에 망원경에서 전자공학 기술은 필수적인 부분이 되었다. 곧 천문학자들은 관측 중에 더 이상 카메라 옆에 앉아 있을 필요가 없었다. 이제 '다른 곳'에서 망원경을 가이드하고 이미지를 얻을 수 있었다. 컴퓨터와 밝은 빛, 감사하게도 온기까지 갖춘 돔 부근의 작고 따뜻한 방이 머지않아 그 '다른 곳'이 되었다. 컴퓨터가 천천히 그러나 확실하게 천문대를 장악해 나가면서 천문학자들은 더 많은 시간을 따뜻한 방에서 보내고 돔 이곳저곳을 덜 누비게 되었다. 오늘날 거의 누구도 관측 중에 돔 안을 기웃거리지 않는다. 망원경 오퍼레이터의 피상적인 확인 절차가 있을 수는 있지만(과거 야간 조수의 현대판인 오퍼레이터는 보통 망원경 기술 이모저모를 천문학자들보다도 잘 안다), '다른 곳'에서 명령어와 자료가 오가는 동안 망원경은 거의 모든 시간 동안 홀로 열린 돔 안에 남겨진다.

기술이 발전하면서 망원경 또한 크기를 키워나갔다. 팔로마산 200인치 망원경은 거의 30년 동안 세계에서 가장 큰 망원경의 지위를 누렸지만 1975년에 (문제가 있었던) 러시아 6미터 망원경에 추월당했고 1993년에는 하와이 마우나케아산에 쌍둥이 10미터 망원경 중 첫 번째가 세워지면서 확실하게 자리에서 물러났다. 그로부터 지구상에서 최상의 천체 관측 조건을 갖춘 지역에, 예를 들면 애리조나주나 하와이, 칠레 같은 곳에 6미터 크기가 넘는 망원경들이 우후죽순으로 등장했다. 새 망원경들은 이전보다 더 어둡고 더 멀리 떨어진 천체를 관측하면서 우주의 새로운 구석구석을 탐험할 수 있는 엄청난 능력을 갖추고 있었다. 다만 단점이라면 이런 망원경이 그리 '많지' 않다는 것뿐이다. 망원경에서 관측 시간을 얻는 것도 지독한 경쟁이 되었고, 운 좋게 시간을 따낸 천문학자들은 더 이상 한밤중에 당구를 치며 쉬지 않는다. 대신 컴퓨터 앞에서 야간 점심을 급하게 해치우며 한밤중 몇 분의 관측 시간이라도 더 쥐어짜내려고 노력한다. 맑은 하늘에 망원경이 작동하는 한 1초라도 낭비해서는 안 된다던, 망원경에서 보내는 매 순간의 가치와 절박함을 형언하던 조지 허빅의 관측 철학은 업계의 핵심 관행이 되었다.

천문학계의 노장들이 여전히 아날로그적인 방법을 고수하며 과거 세대로부터의 기술 변화를 한탄하고 있으리라 상상할지도 모른다. 하지만 조지들(헤일, 허빅, 프레스턴, 월러스타인)이나 그들과 과학을 해온 동시대인들은 대개 열정적으로 새로운 기술에 빠져 있으며 건판을 핥고 프라임 포커스 케이지에서 일하던 습관을 따뜻한 방의 컴퓨터로 대체할 수 있어 꽤 행복해한다. 회의론자들조차 선명한 CCD 감도나 자동 가이드를 보고서는, 게다가 자기 자료를 바로 분석하는 경험을 하고서는 대부분 빠르게 돌아섰다. 누구도 부정하지 못하는 간단한 이유 때문이었다. 더 나은 과학 연구를 할 수 있으니까.

✦ ✦ ✦

오늘날, 성가신 데다 정확한 측정도 어려운 사진 건판, 추운 돔에서의 얼어붙을 듯한 시간, 남성 전용 천문대 기숙사의 퇴장을 슬퍼하는 사람은 거의 없다. 모두가 동의하는 중요한 사실은, 현재까지 관측의 진화가 천문학 연구를 위해 유익했다는 것이다. 우리는 여전히 정신없이 빠른 속도로 발전해나가는 현장을 목격한다. 그렇지만 프라임 포커스 관측 시절의 습관 중 슬프게 잊혀가는 모습이 하나 있다.

프라임 포커스 케이지에서 일하던 관측자들은 거의 말 그대로 망원경 초점에 서 있었다. 하늘에서 모인 빛은 그 공간에 초점을 맺었다. 완벽하게 반사된, 때 묻지 않은 확대된 이미지가 초점에 만들어지면 어떤 방식의 검출기를 사용해서든 저장할 준비가 되었다. 오늘날 이 검출기는 보통 CCD고 과거에는 사진 건판이었지만, 가끔 인간의 눈이 이미지를 포착하기도 했다.

아비 사하Abi Saha는 팔로마산 60인치(약 1.5미터) 망원경에서 관측하던 어느 날 밤, 조금 늦게 도착하는 바람에 해가 지고 나서야 망원경 꼭대기에 올라가 낮 동안 망원경 거울을 보호하고 있던 기계식 덮개를 벗겼다. 돔은 벌써 열렸고 덮개를 걷어내던 순간 그의 등 뒤로는 어두운 밤하늘이 펼쳐져 있었다. 60인치 주경을 똑바로 내려다보던 아비는 순간 바로 앞에 나타나 맴도는 빛줄기들을 마주했다. 그는 아주 작고 눈부신 점들을 바라보고 있다가 이상하게도 떠 있던 빛 알갱이들이 커다란 무리로 움직이며 자기 시야를 천천히 가로질러 가는 걸 깨달았다.

아비가 자기 등 뒤의 별들을 보고 있다는 사실을 깨닫는 데는 잠깐 시간이 걸렸다. 별빛 떼가 60인치 거울에 반사되어 그의 눈앞에서 초점을 맺었고 지구가 자전함에 따라 천천히 흘러가던 것이다. 작가 리처드 프레스턴Richard Preston은 그의 책 《오레오 쿠키를 먹는 사람들First Light: The Search for the Edge of the Universe》에서 자신이 경험했던 비슷한 일화를 묘사한다. 그는 팔로마산 200인치 망원경 프라임 포커스에서 "손을 펼쳐 내

밀면 별들을 한 움큼 담을 수 있는 것처럼 느껴졌다"[2]고 말했다.

앞으로 더는 프라임 포커스에 인간의 눈을 가져다 댈 필요가 없을지 모른다. 과학을 예전보다 훌륭하고 신속하게, 풍족하게 할 수 있게 되었고, 우리가 대신 사용하는 최첨단의 기술은 그 나름의 방식으로 아름답다. 마법처럼 눈앞을 완전히 별로 가득 채우던 프라임 포커스 케이지에 앉던 시대는 확실히 끝났다(이 책을 쓰며 조사를 하는 동안, 나는 직접 경험해보고 싶은 마음에 아직도 관측자들이 밤에 프라임 포커스 케이지에 들어갈 수 있도록 해주는 천문대가 있는지 찾으려고 애썼지만 끝내 찾지 못했다). 그러나 잊힌 시대이든 지금이든, 망원경을 직접 다뤄 관측하고 말 그대로 손을 뻗으면 닿을 듯하던 별들은 상상만으로도 황홀하며 누군가에게 들려주기에도 멋진 이야기다.

03

오늘 콘도르 본 사람?

덜커덩.

이상한 소리에 놀라 왼쪽을 쳐다보았다. 그때까지 내 눈은 망원경 컴퓨터의 풍속 상태 창과 인터넷의 웃긴 고양이 사진들 사이를 번갈아 보는 중요한 임무를 수행하고 있었다. 새벽 두 시였고 나는 라스 캄파나스 천문대의 6.5미터 마젤란 망원경 두 개 중 하나의 제어실에 앉아 있었다. 풍속계와 인터넷 창에서 내가 여닫으며 시간을 낭비한 탭 수가 말해주듯 우리는 밤새 망원경을 열지 못했다. 오래전에 관측 계획을 몇 번이고 따져 마무리했고 구름이 덮여 있을 경우를 대비한 다양한 관측 시나리오도 부지런히 준비해두었으며 과거 자료를 검토하기까지 했지만, 자정 즈음 머릿속은 엉망이 되었다. '학위 논문 쓰기'에서 시작한 계획은 '망원경 기기 매뉴얼을 바라보면서 읽는 척하기'로 옮겨 가다가 마침내 '인터넷에 아직 못 본 재미있는 동물 사진이 있을 거야'에 이르렀다. 머릿속이 흐려진 천문학자의 전형적인 모습이었다.

하지만 밤하늘까지 내 머릿속처럼 흐리지는 않았다. 나는 조금 전 쌍둥이 마젤란 망원경 사이 좁은 통로에 서 있었고, 수정같이 맑은 하늘이 정말 아름다웠다. 머리 위로 반짝이는 별빛이 모래알처럼 쏟아지는 바다 같았다. 정확히 모든 천문학자가 망원경에서 일할 때 꿈꾸는 종류의 하늘이었다.

적색초거성을 다시 관측할 계획이었고, 이 작업은 킷픽에서 필과 시작했던 연구의 직접적인 연장선에 놓여 있었다. 그러나 이번에는 망원경이 세 배나 컸고 관측하려는 적색초거성은 우리은하로부터 200만 광년 떨어진 다른 은하에 훨씬 멀리 위치했다. 1,000만 년 전에(천문학적인 규모에서 생각한다면 사실상 어제) 태어난 적색초거성은 아직도 자기가 사는 은하에서 자기를 둘러싸고 있던 가스와 비슷한 화학 조성을 띠었다. 나는 우리의 이전 연구를 다른 은하로 확장해, 화학 성분의 차이가 어떻게 별의 물리적인 특성과 죽음에 이르는 고통에 영향을 주는지 알아내고 싶었다. 그것은 내 학위 논문의 핵심 질문인 '어떻게 거대한 별이 죽고, 별의 죽음과 화학 조성이 어떤 관계가 있는지'와 근본적으로 동일한 물음이었다.

만약 적색초거성을 하늘로부터 끄집어 내려 실험실에서 땜질할 수 있었다거나 남는 부품들로 적색초거성을 만들 수 있었다면, 내 관측 연구는 실험 두 개를 나란히 놓고 비교하는 방식과 같을 것이었다. 적색초거성 하나는 우리은하의 가스와 같은 성분으로 이뤄져 있고, 다른 하나는 근처의 다른 은하와 성분이 비슷해 조금 더 많은 수소와 헬륨을 포함하고 있기에 그저 별을 만든 다음 그것들이 폭발할 때까지 시간을 빠르게 감아 무슨 일이 일어나는지 비교하면 되었다.

하지만 지구의 마지막 빙하기에 별의 표면을 떠난 빛을 관측할 수 밖에 없는 한계에 가로막혀 있었기에, 나는 안데스산맥 산꼭대기에 왔다. 망원경 관측 제안서를 써 제출했고 시간을 받았기에 이 산에 왔고, 관측하려는 별의 목록을 세심하게 작성했으며, 망원경도 관측할 준비가 되어 있었다. 모든 게 문제없이 작동했고, 스물여섯 시간의 여행에 이어 갑작스레 야간 일정을 소화해야 하는 상황에서도 가능한 한 깨어 있으려 노력했다. 칠레의 8월, 차고 상쾌한 겨울 밤하늘은 훌륭한 천문 관측 자료를 얻을 수 있는 절대적으로 완벽한 조건이었다.

그리고 바람이 '거세게' 몰아쳤다.

마젤란 망원경은 천문대 정책에 따라 풍속이 시속 56킬로미터를 넘어가면 돔을 닫았다. 휘날리는 먼지와 다른 파편들로부터 거울을 보호하고 열린 돔 안을 강타할 돌풍을 막기 위해서였다. 또한 바람이 최소 몇 분간 시속 48킬로미터 이하로 유지되는지 확인하고 나서야 돔을 다시 열기에 안전하다고 판단할 수 있었다. 망원경을 열고 바람이 불쑥 심해지는 일이 벌어지지 않도록 하기 위해서였다. 바람이 잦아들 때까지 망원경은 굳게 닫힌 돔 안에서 윙윙거리며 한결같이 벽 한구석을 향했다. 오퍼레이터와 나는 각자의 컴퓨터 스크린에 떠 있는 망원경 풍속 상태 창을 밤새 쳐다보았다. 해가 진 뒤로 바람은 꾸준하게 시속 64킬로미터나 그 이상으로 불었으나, 지난 한 시간 동안 우리는 바람이 약해지는 희망적인 신호를 목격했다. 58… 53… 50… 47!

하지만 풍속계가 다시 시속 68킬로미터를 가리켰고 망원경 오퍼레이터는 자기 앞 책상에 머리를 강하게 찧었다. 그 쿵 하는 소리가 혼미한 상태에 있던 나를 깨웠다. 스페인어를 할 줄 몰라도 그의 행동은 이해하기 쉬웠다.

나는 정신이 나가 있었고 일반적인 사람의 수면 주기에서 어디쯤 와 있는지 알 수 없었다. 내게는 망원경에서의 단 이틀 밤이 주어졌지만 둘째 날 밤이 시작된 지 여섯 시간이 지난 순간까지도 돔을 열지 못했다. 더 상황이 나아지지 않는다면 닫힌 망원경에 앉아 인터넷 서핑이나 하려고 8,000킬로미터를 비행한 셈이었다. 밤이 끝나갈 무렵 몇 시간 쪽잠을 자고 별에서 오는 단 하나의 광자도 관측하지 못한 채 집으로 돌아갈 운명이었다.

나는 이 별들의 관측으로 학위 논문의 한 장章을 통째로 채울 예정이었다. 그때로부터 1년 안에 학위를 마칠 계획이었기 때문에 이 장이 영원히 사라질지도 모를 일이었다. 물론 학위를 마친다는 건 학위 논문 심사위원들에게 보여줄 충분한 자료가 있음을 가정했을 때 이야기였다. 한 번 운이 나쁘게 구름 낀 하늘 탓에 졸업 계획, 직업 계획, 개인 생활까지도 1년씩 미뤄야 했던 사람들이 떠올랐다.

나는 고향, 가족, MIT 대학원생이었던 남자친구 데이브로부터 1만 킬로미터 떨어진 하와이대학의 대학원생이었다. 데이브와 나는 학부 4년간의 연애를 지나, 태평양을 가로지르는 몇 년간의 장거리 연애를 성공적으로 견디고 있었다. 하지만 이제 우리는 다시 같은 시간대에서 생활할 준비가 되었다. 세계에서 가장 훌륭한 관측천문학 대학원 프로그램 중 한 곳에서 공부했기에 행복했지만, 동시에 보통 사람들이 6년에서 7년에 걸려 마치는 박사 학위를 4년 만에 끝내는 등 장거리 연애를 정리하기 위해 할 수 있는 모든 일을 하며 애썼다. 바람이 심하게 불던 안데스에서의 하룻밤이 그 많은 계획과 노력을 어긋나게 할 수 있다는 사실이 터무니없게 느껴졌다.

"사람들이 그랬어, 천문학자가 되면 재미있을 거라고. 사람들이 그랬어." 나는 관측 목록의 별들이 순식간에 몇 개씩 줄어드는 걸 확인하며 중얼거렸다. 돌풍이 몰아쳐 건물이 덜컹거리자 이 진로를 선택했을 때 무슨 생각이었는지 스스로 묻지 않을 수 없었다.

"어쩌다 이 지경이 되었지?"

✦ ✦ ✦

천문대에 오기까지 여정을 문자 그대로 이야기하자면, 나는 미국을 떠나 칠레의 라 세레나까지 공항 네 개에 걸쳐 온종일 걸린 비행을 마치고 천문대까지 두 시간 운전한 끝에 안데스산맥 고원에 어울리지 않는 최첨단 제어실에 앉아 있었다. 천문학자가 실제로 천문대에 가서 밤새 관측을 감독하는 이런 '고전적인' 관측 런의 경우에는 관측 시작 며칠 전 천문대에 도착하는 일정이 일반적이었다. 오늘날 세계 최고의 천문대들은 필연적으로 외딴 곳에 있고 외딴 곳이란 종종 그곳에 이르는 여정만도 시련이 될 수 있는 장소들을 뜻한다.

공항에서 몇 시간 거리에 있는 주요 천문대들 대부분은 비행기로 닿을 수 있다. 애리조나의 투손, 칠레의 라 세레나, 하와이의 빅 아일랜드 같은 공항에 자주 방문하는 사람들은 주의 깊게 살펴보면 끊이지 않는 천문학자 행렬이 천문대로 가거나 천문대에서 오는 모습을 볼 수 있다. 망원경으로 향하는 천문학자들을 확인할 수 있는 결정적인 증거들이 있다. 바로 NASA, 천문대, 학회 로고가 새겨진 옷이나 컴퓨터 가방이다. 날씨에 어울리지 않게 따뜻한 옷을 들고 가는 사람들, 수상쩍게 밤늦게까지 깨어 있을 것처럼 보이는 사람들도 천문학자일 가능성이 크다(특히 라 세레나나 하와이 같은 여름 휴양지에서 출장을 마치고 돌아가는 천문학자는 더 찾기 쉽다. 오후 비행기를 기다리는 활기차고 햇볕에 그을린 관광객들 사이에서 천문학자들은 대개 창백하고, 반쯤 잠들어 있으며 이상한 시간대에 주입된 카페인에 찌들어 있고 노숙자처럼 그늘진 구석에 널브러져 있기도 하다).

천문대들은 보통 가장 가까운 공항으로부터 차로 몇 시간 거리에 떨어져 있기에 어떤 때에는 공항에서 천문대까지 가는 길이 여행에서 최고로 인상적인 구간이 되기도 한다. 천문대에서 자동차 사고를 겪은 천문학자들 이야기만으로 다른 책 한 권을 쓸 수 있을 정도다. 대부분 여러 개의 학위와 물리학이나 공학 박사 학위 수준의 능력을 갖춘 똑똑한 동료들이 수많은 타이어에 펑크를 냈고 배수로나 높은 돌부리로 차를 몰고 가기 일쑤였으며 어쩌다가는 뒤집어지고 구르고 부서진 차량 때문에 뼈가 부러지거나 응급실 신세를 지기도 했다. 사실 수면 부족 상태의 운전자, 렌터카라는 점, 도로 상태를 생각하면 이 모든 사건이 별로 놀랍지는 않다.

망원경은 대체로 천문대 접근용으로만 만들어진 구불구불하고 거친 산길을 통해 갈 수 있다. 광공해를 최소한으로 유지하기 위해 길에서 전등이나 가로등은 보기 어렵다. 대부분의 천문대 산꼭대기 부근에 이르면 밤에 주행하는 차들은 헤드라이트를 꺼야 한다고까지 쓰인 경고 표지들이 있다. 헤드라이트가 뿜는 빛이 열려 있는 망원경 돔으로 새어 들어가는 사고를 막으려는 노력인데, 따라서 운전자들은 어둠 속에서 급한 커브 길이나 지그재그식 도로를 조심스레 지나야 한다. 게다가 도로는 최소한으로 구색을 갖췄다. 어떤 구간은 포장이 되어 있지만 다른 곳들은 자갈, 흙, 통행 흔적을 남긴 바퀴 자국으로 뒤덮여 있을 뿐이다.

게다가 산악 운전 경험이 거의 없는 사람들이 관측 때문에 가파른 산꼭대기 도로로 가게 된다. 망원경들은 보통 기숙사나 지원 시설로부터 약간 떨어져 있기에 어떤 천문대들에서는 천문대 차량을 몇 대 보유하고 있어 관측자들이 건물 사이를 이동할 수 있게 한다. 그런데도 기계공들의 표현을 빌려 '좌석과 핸들 사이의 문제'에 대해서는 어떻게 할 방법이 없다. 특히 남반구에 있는 몇몇 천문대에서는 이따금 차를 바꿔야 했는데, 방문해서 차를 운전하는 관측자들이 주차 브레이크를 걸어두길 깜빡하는 바람에 주차된 차가 건물이나 산등성이로 굴러가 버렸기 때문이다. 특히 점차 수동 변속기를 다룰 일이 없어진 미국인들이 그러했다(칠레 세로 토롤로에서 쓰던 유명한 폭스바겐 비틀 몇 대가 이런 이유로 사라졌다). 천문대 도로를 운전할 때는 브레이크 사용도 중요하다. 꼭대기에서부터 가파른 내리막길을 달린 운전자들이 과열된 브레이크와 함께 기숙사 주차장(또는 기숙사 건물)으로 곤두박질치는 경우도 있었다.

때로 건물 자체도 장애물이었다. 애리조나의 망원경 하나는 특이한 돔 디자인 형태로 잘 알려져 있다. 건물 안의 망원경이 회전함에 따라 돔 상부를 돌려 망원경이 가리키는 방향과 정렬하는 대신, 이 천문대에서는 새로운 천체를 향해야 할 때면 '건물 전체'가 통째로 회전한다. 그리고 건물 밖에는 분명히 눈에 띄는 흰색 페인트로 원이 그려져 있고 방문자들이 원 안에 주차해서는 안 된다고 강력히 경고한다. 그럴 만한 이유가 있는 것이, 그 원은 건물이 회전하면서 바깥쪽으로 돌출된 계단이 움직이는 경계를 나타내기 때문이다. 경고를 무시하고 건물에 너무 가까이 차를 세웠던 어떤 사람은 나중에 '망원경이 차를 쳤습니다'라고 기록한 사고 보고서를 접수해야 했다.

신중하지 못하고, 무모하고, 산악 도로 경험이 없는 운전자거나 그저 단순히 자기 차를 공격하는 망원경에 놀란 천문학자는 많다. 그래도 관측하러 가서 나만큼 멍청한 차량 충돌 사고를 냈던 사람은 없을 것이다.

대학원 시절 관측하러 갔을 때, 하와이 마우나케아산으로 향하는 (일종의) 도로에 오른 적이 있다. 나는 천문학과가 있는 오아후섬에서 빅 아일랜드까지 비행기를 타고 이동한 다음 작고 빨간 렌터카를 빌려 동료 대학원생이었던 티안티안Tiantian을 태우고 산으로 향할 예정이었다. 마우나케아는 빅 아일랜드 동쪽 해안에 있는 도시 힐로에서 한 시간밖에 안 되는 거리였지만 운전하는 내내 머리카락이 쭈뼛해지는 길을 달려야 했다. 구불구불하게 섬 한가운데를 가로지르는 이 길을 달리면 마치 롤러코스터를 타는 듯했는데, 작은 언덕들과 비스듬한 회전 구간들을 지나며 해발 1,800미터 높이까지 천천히 그러나 꾸준히 올라가기 때문이었다. 우거진 열대 풍경은 듬성듬성 우스꽝스러운 나무들과 낮은 구름에 덮인 검은 용암의 행렬로 서서히 변해갔다.

스물네 살의 나는 젊은 운전자로서 추가 요금과 비싼 보험료를 치렀다는 사실을 아주 잘 인지하고 있었다. 따라서 기이한 풍경에 둘러싸이자 매우 조심스레 운전대를 잡고 곧바로 천문대 전용 도로에 올라 구름 속을 오르기 시작했다. 동시에 마우나케아 산기슭에서 자주 등장하는 소들이 나타나지 않을까 주의 깊게 살폈다. 이 산에는 '보이지 않는 소를 조심하세요'라고 경고하는 유명한 표지판이 있는데, 그럴 만한 이유가 있다. 이 고도에서 산을 뒤덮은 안개 속의 옅은 대기 중에서 소들이 나타날 수 있기 때문이었다.

다행히 우리는 산꼭대기까지 올라갈 필요 없이, 마우나케아를 올라가는 중간쯤인 해발 2,700미터 고도의 방문자 센터와 천문대 기숙사로 향했다. 일단 이곳 기숙사에서 하루를 머무르며 고도에 적응한 뒤에, 거의 4,200미터 높이까지 올라가 며칠 밤을 지낼 예정이었다. 그리고 산꼭대기로 향할 때는 천문대 직원들의 차를 타고 함께 올라가면 되었다. 마우나케아 꼭대기까지 이르는 도로의 마지막 구간은 어렵기로 유명하다. 기숙사 바로 위에서부터 시작되는 비좁고 먼지와 자갈로 가득한 도로는 사륜구동 차가 아니면 원칙적으로 통행이 금지되어 있다. 우리는 매년 몇몇 관광객들이 이를 어기고 운전에 도전한다는 사실, 또한 매년 몇몇 관광객들이 도랑에 처박힌 포드 피에스타 렌터카를 끄집어내기 위해 큰돈을 들여 힐로에서부터 오는 견인차를 부르느라 곤경에 처한다는 사실을 알고 있었다.

안개를 헤치고 방문자 센터와 기숙사 건물이 드러날 즈음, 나는 자신에 차 있었다. 작고 빨간 렌터카는 잘 견뎌주었고(비록 옅은 대기 때문에 작은 엔진이 굉장히 신음했으나) 티안티안과 나는 자동차 스테레오 시스템에 연결한 MP3 플레이어에서 음악을 바꿔가며 수다를 떠느라 즐거웠다. 우리는 당시 출장에서 지도 교수 없이 관측할 예정이었고 그때까지는 모든 것이 문제없이 돌아가는 듯 보였다. 어쨌든 벌써 네 번째 마우나케아 출장이었고 안개와 보이지 않는 소의 위험을 성공적으로 지나왔다는 생각에 스스로 숙련된 전문가라 여기고 있었다.

주차장에 들어서면서 MP3 플레이어를 끄려고 고개를 숙였고, 그렇게 잠시 한눈을 판 순간 주차 공간 옆에 있는 커다란 삼각형 경계석에 바로 차를 들이받았다. '으드득' 으스러지는 소리가 났다.

이런, 젠장.

아무도 다치지 않았지만 티안티안은 확실히 내가 무슨 짓을 저질렀는지 궁금한 눈치였다. 엔진을 끄고 비상 브레이크를 채우고 차에서 조심조심 뛰어내려 보니 어떤 일이 벌어졌는지 명확했다. 근방 몇 킬로미터 이내에 말 그대로 단 하나뿐인 경계석 위로 차를 몬 것이다. 바퀴 한쪽이 공중에서 맴돌고 있었다. 차에 대해 잘 아는 건 아니었지만, 차를 다시 돌려 내려오려는 시도가 결코 좋은 생각이 아니라는 정도는 알 수 있었다.

마우나케아산 위쪽에서 매일 일어나는 일을 감독하는 경비 대원들도 이 소리를 듣고 달려왔다. 그들은 차를 한 번 살펴보더니, 차에 더 손상을 주지 않고 경계석 위에서 내리려면 비싸기로 유명한 견인차를 힐로에서부터 불러야 할 것이라고 말했다. 나는 끙 하고 앓는 소리를 내며 반쯤 날고 있는 차를 마지막으로 희망 없이 바라보았다. 그리고 전화기를 들었다. 당황스러웠다. 렌터카 업체, 예약을 잡아주었던 하와이대학 천문학과, 어쩌면 천문대 사이에서 곤경에 처할 상황이었다. 처리 비용도 엄청 비쌀 테고 이번 사고가 우리 관측을 다 망쳐버릴지도 몰랐다. 차 사고를 낸 천문학자들 얘기를 이전부터 분명히 들어오기는 했지만, 확실히 이렇게 되면 내가 '졸업을 못 하는' 건 아닐까 싶었다.

간신히 전화 연결이 되었을 때, 놀랍게도 갑자기 안개를 뚫고 견인차 한 대가 나타났다. 빨간 렌터카를 보고 주차장으로 들어온 것이다. 예상치 못한 행운이었다. 견인차 기사는 불법으로 산꼭대기 도로에 오른 멍청한 관광객의 차를 처리하려고 이미 산에 와 있었고, 보너스로 멍청한 천문학자까지 돕게 되었던 것이다. 티안티안은 갑자기 나타나 우리 차를 경계석 위에서 꺼내주겠다는 견인차 기사에게 '슈퍼맨'이라는 별명을 붙였다. 슈퍼맨은 어디선지 불쑥 나타나 차를 들어 올릴 수 있기 때문이라면서.

나는 가격이 얼마인지 물어볼 엄두도 내지 못했다(비싸다고 해서 다른 선택권이 있지도 않았으므로). 안개가 짙어지고 해가 떨어지기 시작할 무렵 슈퍼맨이 일에 착수했다. 마침내 작고 빨간 차의 네 바퀴 모두 땅에 안전하게 내려졌고, 나와 티안티안과 경비 대원들과 슈퍼맨은 피해를 파악하려 차 아래를 유심히 보았다. 믿기 힘들게도 오일 팬과 엔진은 온전했고 프레임과 범퍼 밑에 약간 긁힌 상처밖에 없었다. 나는 여전히 렌터카 업체에 어떤 말을 해야 할지 걱정하면서 어떤 사고 보고서 따위를 작성해야 할지 사람들에게 물었다.

내가 미처 생각하지 못한 건 우리가 태평스러운 섬인 하와이에 있다는 사실이었다. 슈퍼맨은 질문을 듣고 잠깐 진지하게 생각하더니 천천히 대답했다. "흠, 결국 문제는 차 앞에 약간 긁힌 상처뿐이잖아? 만약 업체에서 물어보면, 나라면 말이야…. 경계석에 꽤 가까이 갔을 뿐이라고 말할 거야, 그렇지?"

경비 대원들을 돌아보자 그들이 점잖게 고개를 끄덕였다. 좋아, '꽤 가까이'가 틀린 표현은 아니지, 그렇고말고. 경계석 '위로'는 너무 가깝고. 슈퍼맨이 말을 이어나가자 나도 고개를 끄덕이기 시작했다. "사실 모든 렌터카는 범퍼가 긁혀 있으니 그들은 아무 말도 안 할 거야. 혹시 물어보면 너는 그저 경계석 때문이라고만 답하면 되는 거야, 알겠지?"

알겠어.

슈퍼맨은 이미 산에 올라와 있었기에 친절하게도 견인에 겨우 65달러를 청구한 뒤 안개 속으로 사라졌다. 나는 작고 빨간 차를 경계석이 없는 근처 공간에 세우면서 인생 최고로 조심스러운 주차를 했다. 그리고 저녁을 먹으러 안으로 들어갔다. 다음 며칠 밤 동안 동료 천문학자들로부터 우리 사고에 관해 묻는 말을(대개 "어떻게 된 거야?!"의 변형) 들었고 나는 이 이야기가 나를 따라 학과까지 돌아갈 것을 알았다. 그러나 이야기 중 가장 당황했던 부분은 결국 자랑이 되었다. 동시에 천문대 꼭대기로 향하는 길에 사고를 당했던 길고 저명한 천문학자들의 대열에 합류해 약간 기뻤다. 이 이야기는 다행히 "내가 차를 마우나케아에 단 하나뿐이던 경계석에 부딪혀 망가뜨린 다음 대학원생 봉급의 몇 달 치를 써버렸어"에서 "경계석이 있었어. 그리고 긁힌 범퍼도"로 진화했다.

✦ ✦ ✦

바람이 심하게 불던 라스 캄파나스 천문대로의 출장은 훨씬 쉬웠다. 라 세레나 공항에서 천문대 셔틀에 올랐고, 칠레 사막에 닿기까지 두 시간 동안 한쪽 창밖으로는 태평양을, 다른 쪽 창문으로는 작은 선인장들 사이로 군데군데 드러난 사막을 바라보았다. 또한 라스 캄파나스의 정상은 산꼭대기치고 꽤 오밀조밀 모여 있었는데, 기숙사에서 15분을 걸어 올라가면 망원경에 도착할 수 있었다. 나는 그때까지 수동 차량을 운전하는 법을 배운 적이 없었기 때문에 망원경과 간소하지만 편안한 기숙사 사이를 걸어 오르내리는 것만 해도 충분히 행복했다.

그날 밤은 천문대에 도착해서 관측자의 수면 일정에 맞추려는 노력을 시작한 참이었다. 관측자의 일정이란 정오 즈음 일어나기(도저히 고칠 수 없는 아침형 인간인 내게 가장 힘든 부분이다), 천문대 본관 식당에서 거의 점심에 가까운 아침 먹기, 망원경에 가져가 제어실에서 저녁으로 먹을 야간 점심 주문하기 등이었다. 산에 있는 천문학자들이 낮에 할 일이라고는 그날 밤을 위한 관측 일정 준비와 휴식 이외에 별로 없다. 천문대에서의 낮이란 주간 직원들인 기술자와 엔지니어의 시간이다. 그들은 늦은 아침과 이른 오후에 걸쳐 부산하게 산꼭대기마다 돌아다니며 망원경과 기기를 점검하고 카메라를 교체한다든지, 검출기를 냉각한다든지, 고약한 기기를 수리한다든지 하는 작업 따위로 새로운 밤을 맞을 준비를 하느라 바쁘다.

라스 캄파나스에는 쌍둥이 6.5미터 마젤란 망원경과 2.5미터 망원경 그리고 1미터 망원경 고작 네 대가 서 있었지만, 산꼭대기만큼은 항상 천문학자, 망원경 오퍼레이터, 천문대 직원들로 가득해 저녁 시간마다 수다스러운 사교 모임의 장이었다. 수도원 시절의 계급에 따른 지정 좌석이라든지 코스 요리를 부르는 종은 과거의 유물이 되었지만 말이다. 다른 천문대 식당과 비슷하게, 음식은 대개 기본적이지만 알찬 식사였다. 고기, 곡물이나 감자, 수프, 가끔 파스타나 특정한 식이 요법을 고집하는 이들을 위해 채소 모둠 같은 요리가 나왔다. 라스 캄파나스에서 특별했던 메뉴는 엠파나다Empanada*였다. 일요일이면

* 만두와 유사한 스페인, 남미 요리.

주방에서 황갈색의 맛있는 엠파나다를 잔뜩 내었고, 미리 주방에 귀띔한다면 몇 개를 야간 점심과 같이 받을 수도 있었다.

식당 풍경은 주변과 전혀 어울리지 않아 웃음을 자아내곤 했다. 소금 통과 케첩, 냅킨이 어두운 색 나무 테이블에 줄지어 올라와 있고, 주름이 한껏 잡힌 창문 커튼 사이로 황량한 사막의 작은 갈색 언덕들이 사방으로 넓게 펼쳐져 있었다. 북쪽 창문으로 산 위를 쳐다보면 육각형 금속 돔에 햇빛을 받아 빛나는 마젤란 망원경들이 보였다. 동쪽을 보면 언덕은 높아지고 꼭대기가 눈에 덮인 산봉우리들이 멀리 보였다. 서쪽으로는 낮은 언덕들 너머로 멀리에 태평양이 있었다. 남쪽으로는 멀찍이 텅 빈 언덕들이 둘러싼 라 시야La Silla 천문대가 있었다. 유럽 남방 천문대 연구 기구의 전초 기지 역할을 하는 라 시야 천문대에는 하얀 돔 열세 개가 산등성이를 따라 놓여 있었는데 작은 진주 목걸이 같은 모습이었다. 칠레는 이론의 여지 없는 전 세계 망원경의 수도였다. 안데스 산맥 서쪽 기슭으로 여러 천문대가 흩어져 있어 천문대 각각의 산꼭대기에 서면 서로를 볼 수 있을 정도였다.

테이블에 둘러앉은 다른 천문학자들과 나는 따뜻한 음식을 먹으며 즐거운 저녁 시간을 보냈다. 우리는 각자의 과학 연구 이야기를 나눴고 함께 알고 있는 동료나 대학 이야기를 하거나 가끔 일어나는 관측 일화를 서로에게 들려주었다. 해가 떨어지고 하늘이 어두워지자, 테이블 주위에는 뚜렷한 흥분의 기운이 감돌았다. 하나둘씩, 마침내는 테이블에 앉았던 모두가 가방과 야간 점심을 챙겨 각자의 망원경으로 떠났다. 쌍둥이 마젤란 망원경의 관측자들은 돔 두 개로 향하는 샛길을 함께 걸으며 망원경이 우리 뒤에서 천천히 회전하며 웅웅거리는 동안 자주색으로 물든 언덕 너머 태평양으로 지는 해를 보았다. 뒤퐁du Pont과 스워프Swope 망원경은 산 아래쪽 더 먼 곳에 있었다. 보통 해가 지는 동안에는 기분 좋은 고요의 순간이 있었다. 멀리 떨어진 건물들부터 온 사막까지 어떤 움직임도 없어 보였다. 동시에 정적을 파고드는 망원경 소리가 들렸다. 망원경에서 일하는 모든 사람의 하루는 이 시각으로부터 시작되었고, 하늘이 더 어두워질수록 바쁜 밤을 눈앞에 두고 있다는 사실이 강렬하게 다가왔다.

날씨가 도와주기만 한다면 말이다.

✦ ✦ ✦

당신이 관측천문학자라면, 일기예보에 죽고 살게 된다. 망원경 일정은 경쟁적이고 빽빽하게 들어차 있어 만약 날씨 운이 없더라도 하룻밤을 더 기다릴 여유는 주어지지 않는다. 당신은 망원경을 쓰게 될 정확한 날짜를 받고 그게 끝이다. 나쁜 날씨를 고려해 망원경 관측 제안서를 추가할 수도 없다. "제게 사흘 밤을 주세요. 사실 딱 하루만 필요하지만 이 계절엔 날씨가 언제나 좋지 않단 말이에요"라는 투정은 통하지 않는다. 제안서 작성의 오랜 전통으로 당신은 깨끗한 밤, 좋은 날씨를 가정하고 제안서를 써야 한다. 또한 언제쯤 관측을 하는지 선택권도 없는 경우가 많다. 밤하늘에선 1년 중 어느 때냐에 따라 다른 부분이 보이기 때문에 연구하고자 하는 천체에 따라 망원경으로 향하는 때가 정해진다. 만약 연구 대상이 여름밤에 떠 있는 천체라면 밤이 짧을 수밖에 없거나, 우기일 가능성이나 어쩌면 질이 좋지 않은 이미지를 각오해야 한다(여름에 달궈진 땅은 밤이 되면 열을 배출하며 대기를 일렁이게 한다). 반대로 겨울에 뜨는 천체를 관측한다면 훌륭한 길고 차가운 밤을 얻게 되겠지만 눈보라나 진눈깨비의 위험이 커진다.

달의 위상도 문제가 된다. 아름답고 '밝기'까지 한 보름달은 태양 빛을 표면에서 반사해 밤하늘을 옅은 청색으로 물들인다. 만약 어둡고 푸른 천체를 관측한다면, 보름달은 연구하고자 하는 대상을 무색하게 만들어 관측자에겐 원수나 다름없다. 반면에 상대적으로 밝거나 꽤 붉은 천체를 연구한다면, 또는 적외선을 보려 한다면 달은 큰 걱정거리가 아니다. 달은 그 파장에서 많은 빛을 발하지 않기 때문이다. 달의 위상은 관측 시간을 다시 밝은bright밤, 회색gray밤, 짙은dark밤으로 나눈다. 달이 꽉 차 빛나는 밝은 밤은 거의 언제나 적외선이나 특히 밝은 천체를 관측하는 사람들에게 주어지고, 짙은 밤은 꼭 달 없는 하늘이 필요한 어두운 천체나 푸른빛을 연구하는 프로그램에 배정된다.

게다가 모든 관측자는 관측 시간을 자유롭게 정하지 못하게 하는 각자의 개인 일정이 있다. 예를 들면 대학에서 하는 강의라든지 학회 출장, 휴가나 가족 관련 계획 따위 말이다. 이런 모든 요구 조건을 맞춰가며 관측을 계획하는 건 천문대를 운영하는 이들에겐 엄청난 과업이다. 설상가상으로 날씨를 예측하는 건 완전히 불가능하다. 결국 당신이 할 수 있는 일이란 제안서를 제출하고, 운이 좋으면 할당된 밤을 받고, 좋은 밤이기를 간절히 희망하며 망원경으로 향하는 것뿐이다.

좋은 밤이란 그저 맑은 하늘 이상을 뜻한다. 조건이 충분히 좋아 망원경을 안전하게 열 수 있어야 한다. 이때 골칫거리 중 하나는 바람이다. 흩날리는 먼지나 모래, 눈을 비롯해 돔으로 들이닥칠 수 있는 모든 잔해가 위협이 되기 때문이다. 젖은 공기나 안개 역시 치명적이다. 망원경은 조금이라도 거울에 물방울이 맺힐 위험이 있다면 절대 돔을 열지 않는다. 두껍고 낮은 구름이야 밤하늘로의 시야를 완전히 가려버리기 때문에 당연하지만, 군데군데 있는 구름이나 높은 털구름도 문제를 일으킬 수 있다. 이런 구름이 있다면 별들은 시야에서 등장했다가 사라지거나 실제보다 어둡게 보여 흐릿해질 것이다.

좋은 밤을 가리키는 표현으로 '측광 가능한photometric'이란 말을 쓴다. 눈에 보이는 구름이 없고 별빛에 대기가 투명한 정도만 조금씩 변하며 관측자가 대기 너머 실제 하늘에 있는 천체에 대한 정확한 정보를 추론할 이미지를 얻을 수 있는 조건을 말한다. 좋은 관측의 밤이란 또한 좋은 '시상seeing'을 보여주어야 하는데, 이 용어는 이미지가 얼마나 선명한지를 뜻한다. 대기의 작은 난기류나 소용돌이가 별을 반짝이게 하는 경우 별이 흐릿해지기 때문에 천문학자들에게 큰 문제로 이어진다. 시상은 별이 매 순간 얼마나 흐려지는지를 크기로 측정한 값이며 관측천문학자들에게 가장 중요한 수치 중 하나다. 관측자들은 별빛이 공기의 영향을 가능한 한 덜 받기를 기대하며 낮은 시상 값에 매달린다.

달의 위상, 이미 계획한 출장 일정, 천체를 관측 가능한 계절에 근거해 망원경에서의 밤을 배정받은 다음(물론 운이 좋다는 가정하에), 당신은 그날 밤에 바람이 없고, 비가 오지 않고, 안개도 끼지 않고, 낮은 구름도 없고, 높은 구름도 없기를 희망할 뿐이다. 만약 산꼭대기 위의 지구 대기가 가능한 한 고요하다면 금상첨화다.

이런 모든 조건을 고려한다면 사람들은 대부분의 천문학자가 아마추어 기상학자가 되는 건 아닐까 생각할지도 모른다. 어떤 사람들은 실제로 일기예보 전문가가 되지만, 나를 포함한 많은 천문학자는 단순히 사전 기상 정보를 반쯤 무시하면서 좀 더 운명론적인 접근을 받아들인다. 왜냐하면 일기예보와 관련해 우리가 '할 수 있는' 일이 거의 없기 때문이다. 사람들은 종종 예비 관측 대상을 정리하거나 완전히 다른 연구 프로젝트를 구상하거나, 최적이 아닌 상황에서도 효과적으로 관측할 수 있는 밝은 대상을 준비하면서 구름 낀 밤의 계획을 세운다. 그러나 천문학자들은 대개 원래 계획한 자료를 얻을 수 있을 만큼 날씨가 맑기를 바라면서 꼼짝 못 하고 기다린다.

천문학자들의 예보 방식이란 언제나 꼭 과학적이지도 않다. 내가 알고 있는 칠레 세로 토롤로의 관측자들은 안데스 콘도르가 있고 없음으로 날씨를 판단한다. 칠레 천문대 대부분에서 꼭대기에 서면 눈높이로 날아오르는 이 어마어마한 새의 모습을 주기적으로 목격하게 된다. 관측자들에 따르면 오후에 콘도르가 발견되는 건 그날 밤 시상이 좋지 않으리란 뜻이다. 이 주장은 콘도르가 타고 나는 열적 흐름에 대한 정교하지만 불필요한 설명으로 완성되었다. 그러나 내가 아는 한, 이 현상에 대한 자료를 수집한 사람은 지금까지 아무도 없다.

천문학자들이 이렇게 날씨에 대해서만큼은 무력한 의존을 보이기 때문에, 그처럼 과학적 사고를 하는 이들에게 상당히 어울리지 않는 괴짜 같은 요령이나 미신의 혼종들이 생겨났다. 한 동료는 매 관측 런마다 신는 행운의 관측 양말이 있고, 다른 동료는 매일 오후 거의 같은 시각에 바나나를 먹으면 구름이 물러간다고 믿는다. 행운의 쿠키, 행운의 과자, 심지어 식당에서 관측 전에 앉는 행운의 테이블까지 있다. 나는 관측 당일 전까지 날씨를 확인하지 않는 엄격한 습관이 생겼다. 그러면 언제나 맑고 생산적인 밤을 준비하게 된다고 스스로 다짐했지만, 본심은 다른 모든 미신과 마찬가지로 날씨 확인이 징크스로 작용해 밤에 불행이 닥치지 않기를 바라는 것이었다. 어떤 천문학자들은 관측 때마다 특히 운이 없기로 유명한 듯 보였다. 심지어 산 위의 동료들은 관측 일정에서 저주받은 몇몇 사람의 이름을 보면 앓는 소리를 내는 지경에 이르렀다. 이 사람들의 등장이 구름이나 비, 거친 바람을 불러와 근처에 있는 모든 망원경까지 재수 없게 될 거라는 믿음 때문이었다.

망원경에서 하루 이틀 관측하는 동안, 밤이 시작될 때 날씨가 좋지 않다고 해서 낙담할 필요는 없다. 전반에는 구름이 끼어 있더라도, 자정 즈음 구름이 사라져 깨끗한 하늘이 드러날 수도 있다. 좋은 관측 시간을 1분이라도 낭비하면 범죄와 다름없다는 가르침에 따라 천문학자들은 갇힌 돔에서 몇 시간씩 야영하며 행운의 프레첼을 씹고 주기적으로 문밖에 머리를 내밀어 하늘 상태가 나아지는지 확인한다.

천문학자들에게 '사기꾼 구멍sucker hole'이라고 불리는 영역은 재앙이다. 관측자가 망원경을 열면서도 크게 기대되지 않는, 구름 사이에 좁게 드러난 맑은 하늘 영역을 가리키는 말이다. 여기서 문제는 망원경을 여는 과정이 단순히 카메라 렌즈 캡을 벗길 때보다는 꽤 복잡하다는 것이다. 실내로 들어가 돔을 열고 망원경 초점을 맞춘 다음 준비를 마쳐 위치로 향했을 때, 구름 사이의 구멍은 이미 사라져 관측이 원점으로 되돌아가는 일이 잦다. 구름 끼거나 비 오는 많은 밤, 산 곳곳에는 돔 안에 편히 앉은 천문학자들이 있는데, 그들은 끈기 있게 기다리면서 비록 한 시간이라도 망원경이 열려 '온 스카이on sky'가 되면 그날 밤을 비참한 실패에서 자료의 잭폿으로 바꿔놓을 수 있음을 알고 있다.

✦ ✦ ✦

맑은 날 밤, 해가 지면 동료들과 나는 각자의 망원경으로 돌아갈 것이다. 컴퓨터 여러 대가 돔을 열고 회전할 준비를 마친 따뜻한 제어실 안에 앉아 망원경을 움직이고 거울 초점을 조정한 다음, 자료를 얻을 카메라의 설정과 셔터를 컨트롤할 것이다. 자료 자체는 CCD 덕분에 디지털 형태로 수집되고 촬영이 끝나자마자 제어실 컴퓨터에 등장하는 동시에 하드디스크 드라이브에 저장된다. 그러면 곧바로 기분 좋게 자료에 접근할 수 있다.

망원경을 다루는 작업은 거의 언제나 천문학자와 하룻밤 내내 협력하는 망원경 오퍼레이터의 일이다. 천문대와 업무 특성에 따라 다르지만 천문학이나 공학 학위, 혹은 둘 다 갖고 있을 수 있는 모든 망원경 오퍼레이터는 망원경을 가동해 운용하는 법을 두루 훈련받는다. 라스 캄파나스의 몇몇 오퍼레이터는 그곳에서 수십 년간 일했다. 오퍼레이터 에르만 올리바레스Herman Olivares는 또한 프로 만화가로 일한다. 그의 작품들은 전국지에 실렸고 식당 벽을 장식했다.

망원경을 어디로 향할지 정하고, 도착할 자료를 분석하는 사람은 천문학자다. 하지만 이 모든 일이 이뤄지도록 하는 건 망원경 오퍼레이터의 몫이다. 오퍼레이터는 돔, 망원경, 거울, 기기 관리에 대한 책임을 진다. 그리고 이들은 모든 장비의 상태가 괜찮은지, 돔을 열 준비가 되었는지(또는 되지 않았는지) 확인하고 밤의 관측을 준비한다. 천문학자들이 학교에서 망원경의 기본 원리에 대해 배웠거나 미리 특정한 기능에 관해 읽어보고 왔을 수도 있다. 기기 배열을 조정하거나 노출을 시작하

에르만 올리바레스의 만화. 칠레 라스 캄파나스 천문대에서의 바람 부는 날을 그렸다. 말풍선에는 이처럼 쓰여 있다. "안녕하세요! 저는 캐나다 관측자인데 지금 풍속을 알려줄 수 있나요?" ©에르만 올리바레스.

고 끝내는 따위의 업무를 맡기도 한다. 하지만 망원경을 매 순간 실제로 다루는 사람들은 기술 전문가인 오퍼레이터다.

기술적인 어려움을 오퍼레이터의 숙련된 솜씨에 맡겨두고, 천문학자들은 그날의 관측 계획을 지휘하는 역할을 담당한다. 대개 관측 계획은 엄청 상세하다. 관측을 몇 번 다녀오자, 가족과 친구들은 내게 "어젯밤 그 천체를 발견했어!"라고 외쳤던 순간이 있었는지 물었다. 사람들은 천문학자를 주기적으로 망원경에 가서 커다란 단안경을 꺼내 하늘

곳곳을 감시하며 극적인 별의 폭발이나 새로운 혜성의 발견처럼 새롭고 흥미진진한 천체의 첫 흔적을 찾길 기다리는 종류의 일을 하는 사람으로 생각하는 것 같았다. 깜짝 놀랄 만한 일이 가끔 일어나긴 한다. 하지만 천문대에 도착할 때 천문학자가 그날 밤 여덟 시간 즈음의 시간을 어떻게 쓸지 신중하게 계획한 일정을 가지고 있는 것이 훨씬 더 일반적인 관측의 모습이다. 천문학자들은 중요도나 밝기에 따라, 또는 하늘에서 고도에 따라 정렬한 관측 대상 목록을 들고 언제 어떻게 하나하나의 천체를 관측할지 매 단계의 절차까지를 구상해 천문대에 나타난다.

망원경을 특정 대상으로 겨누려면 보통 천문학자들이 미리 준비한 천체의 천구 좌표를 입력해야 한다. 그러면 오퍼레이터는 돔이 회전하고 망원경이 돌아가도록 명령을 내려, 두 거대한 괴물이 천문대 컴퓨터로 보기에 하늘에서 정확한 위치를 가리킬 때까지 조종을 계속한다. 좌표를 입력해서 망원경이 대상을 찾도록 하는 이 방법 때문에 천문학자들이 실제로 아는 지식과 우리 친구들이 생각하기에 천문학자들이 알 것으로 기대하는 지식 사이의 가장 실망스러운 단절이 생겼다. 천문학자들은 밤하늘에서 직접 천체를 찾는 데 '정말 형편없다.'

천문학자 중 일부가 다른 사람들보다 조금 더 천체를 잘 찾기는 한다(교양천문학 과목의 실습 수업을 가르치거나 어린 시절부터 천체 관측에 푹 빠져 있던 사람들은 괜찮은 편이다). 그러나 보통 우리가 할 수 있는 최대한이란 잘 알려진 별자리를 찾거나, 여름 별자리와 겨울 별자리의 차이를 기억하거나, 어떤 행성이 하늘에서 보일지 적당한 추측을 하는 정도다. 불행히도 '천문학자'는 '우리가 하늘에서 보는 모든 현상에 대한 백과사전 수준의 지식을 보유한 사람'과 동의어라는 광범위한 인식이 퍼져 있다. 나도 사람들을 여럿 실망시켰다. 어떤 별 이름을 물은 사람에게 "으음…"이라는 대답을 하거나 "야, 저 행성은 뭐야?"라고 물은 친구에게 "에… 모르겠는데… 아마 목성 아닐까?"라고 답했다. 천문학자들을 옹호하자면, 망원경의 컴퓨터들은 우리보다 말 그대로 광년 이상 뛰어나기 때문에 궤도역학과 긴 수식을 합쳐 우리가 눈으로 구분할 수 있는 것보다 훨씬 뛰어난 정확도로 하늘에서 천체의 위치를 계산한다. 맨눈으로 밤하늘에서 찾을 줄 아는 천체가 별로 없는 천문학자가 여전히 많다는 사실을 알면 사람들은 보통 의외라고 생각한다.

망원경이 하늘에서 특정한 지점에 얼마나 정확히 도착할 수 있는지를 말하는 '포인팅pointing'은 보통 완벽에 가깝다. 하지만 여전히 자료 기록을 시작하기 전 우리가 원하는 곳으로 정밀하게 망원경을 움직이기 위해선 약간의 미세 조정이 필요하다. 망원경이 하늘에서 바른 영역을 가리키면 보통 가이드 카메라를 통해 이미지를 보내기 시작한다. 망원경에 달린 작은 가이드 카메라는 짧게 반복적으로 스냅숏을 찍어 오퍼레이터와 천문학자가 망원경이 어디를 겨누고 있는지 확인할 수 있게 한다.

천문학자는 보통 온라인 디지털 보관소에서 자료를 내려받아 컴퓨터에 저장하거나, 별자리 지도를 인쇄해두고 그들이 '보고 있는' 모습과 하늘에서 '보여야 하는' 모습이 일치하는지 비교한다. 이 작업은 곧 그림 맞추기가 되고 호기심 가득한 모습의 천문학자는 끊임없이 고개를 기울인다. 나도 하늘에서 망원경이 회전한 방향을 맞추느라 인쇄물이나 노트북 컴퓨터를 우스꽝스러운 각도로 기울인 적이 여러 번 있다.

화면에 나타난 '특정한' 삼각형 별 무리가 과연 내 연구 대상이 가까이 있음을 뜻하는지 판단하기 위해서였다. 어두운 천체는 특히 가이드 카메라의 짧고 빠른 노출에서는 보이지 않고 훨씬 긴 노출로 실제 자료를 얻었을 때야 나타나는 경우가 많다. 이런 식으로 망원경이 어디를 향하고 있는지 재확인하고 미세 조정하는 작업을 하다 보면 관측이 몇 분씩 지연되지만, 뜻하지 않게 하늘에서 잘못된 장소에 망원경을 두 시간 동안 세워두는 것보다야 훨씬 낫다. 망원경 시간의 낭비가 사실상 범죄나 다름없다면, 관측하지 않는 일보다 나쁜 단 한 가지는 '잘못된' 천체를 관측하는 일이다.

망원경 시간을 현명하게 사용하는 건 좋은 과학을 위해서뿐만 아니라 재정 면에서도 사려 깊은 행동이다. 망원경을 짓는 데는 큰돈이 들어간다. 외딴 곳에 관측 장소를 개발하고, 산에 건물 하나하나를 세우는 데는 물론 망원경 자체를 구성하는 거대하고 정밀하게 연마한 거울과 최첨단 과학 기기를 제작하는 비용까지 포함하면 비용이 수천억 원에 이를 수 있다. 시설을 준비한 다음에도 직원들 월급부터 전기세까지 모두 포함하는 운영 비용이 매년 필요하다. 대부분 천문대는 연구비, 대학으로부터의 지원, 연구 컨소시엄, NASA나 미국 국립과학재단과 같은 기구를 통해 운영비를 충당한다. 관측일을 배정받은 천문학자가 보통 그 특권의 대가로 직접 사용료를 지불하지는 않지만, 금전적으로 하룻밤 망원경 사용료를 계산해보면 천문학계에서 망원경 시간이 얼마나 귀중한지 구체적으로 알 수 있다. 초기 개발 비용과 지속적인 운영 비용을 모두 고려했을 때, 세계 최고 망원경들의 하룻밤 사용료는 약 2,000만 원에서 6,000만 원에 이른다. 그리고 망원경에서 얻는 유일한 이익이란 엄청난 관측 역량으로 이뤄내는 과학적 진보다.

관측 날 밤의 실제 비용인 째깍거리며 흘러가는 시간, 맑고 투명한 밤하늘의 소중함 그리고 관측 대상 목록을 생각하면 모든 과정에서 거의 손에 잡힐 듯한 절박함이 생겨난다. 가능한 한 신속하게 다음 천체로 망원경을 움직여 다시 자료를 얻기 시작하는 것이 중요하지만, 우리는 조금의 정확도도 포기해서는 안 된다. 그렇기 때문에 관측천문학자는 망원경 위치를 할 수 있는 한 빠르게 확인하면서 자주 마음을 졸인다. 마침내 시간은 흘러가고 가슴은 뛰고, 우리는 넓은 우주에서 아마 거의 확실하게 정확한 공간을 겨누고 있다고 믿으며 카메라 셔터를 열어 자료 수집을 시작한다. 셔터를 열면 망원경은 자리에 고정되어 지구가 자전함에 따라 조심스럽게 관측 대상을 추적하고, 우리는 기다린다. 노출이 끝나면 이 모든 과정을 다시 시작한다.

✦ ✦ ✦

노출이 끝나면 망원경으로부터 목이 빠져라 기다리던 자료가 화면에 나타난다, 음, 보기에는… 엉망이다. 우리가 모두 동경했던 화려하고 다채로운 색의 은하나 반짝이는 별, 가스 거품의 이미지는 엄청난 노력을 쏟은 후에나 볼 수 있다. 특히 과학 영화들 때문에 과학 연구 자료를 보는 방식에 대해 엄청난 실망감이 생겼다. 실제 천문학자는 컴퓨터 화면에서 밝고 붉은 화살표 옆으로 "새 별이 발견되었습니다!", "기록적인 수준의 플루토늄을 측정했어!", "맙소사, 우리는 모두 죽을 거야!" 같은 깜빡이는 메시지를 받지 않는다. 기획력이 있는 과학자가 어떤 컴퓨터 코드와 편리한 사용자 인터페이스를 짜서 원 자료raw data를 얻을 때마다 자동으로 이런 문구들이 나타나도록 한 게 아니라면 말이다.

천문학자들이 얻는 관측 자료는 크게 두 가지로 구분한다. 이미징 자료와 분광 자료다. 이미징은 정확히 말 그대로 밤하늘의 사진을 찍는 작업이다. 우리는 보통 필터를 사용해서 사진을 찍는데, 필터는 우리가 받는 빛의 파장 대역을 정확하게 제어한다. 예를 들면 오직 파란색, 녹색, 빨간색만 망원경의 카메라를 지나 검출기에 도착하도록 한다. 필터는 어느 정도의 별빛이 특수하고 좁은 파장 대역마다 방출되고 있는지를 극히 정밀하게 기록하도록 한다. 서로 다른 몇몇 파장 영역에서 사진을 찍은 다음 합성하면 아름다운 색깔 이미지를 만들 수 있고 그 자료로 연구하려는 대상에 대해 다양하게 배울 수 있다. 이미징 자료는 은하의 형태, 성운 안에서 가스 분포, 별이 얼마나 밝은지를 드러내고 이런 천체들이 정확히 하늘 어디에 있는지 알게 해준다.

분광은 이미징만큼 인상적이지는 않지만, 그렇다고 해서 과학적으로 덜 유용하지는 않다. 분광 자료에선 미세한 줄이 그어진 반사면이나 프리즘을 활용해서 천체에서 온 빛이 자동으로 나뉘어 파장에 따라 정렬된다(DVD 뒷면에서 빛이 반사되며 만드는 무지개 효과가 당신이 쉽게 주변에서 찾을 수 있는 예다). 가장 짧은 파장인 파란 빛이 CCD의 맨 왼쪽 끝으로, 가장 긴 파장이 오른쪽으로 향하고 그 사이의 파장은 가운데에 늘어선다.

빛을 잘게 쪼개 각 파장에서 얼마만큼의 빛을 받는지 확인하면 천체의 스펙트럼을 결정할 수 있고, 이런 기능을 하는 기기는 분광기라는 적절한 이름이 붙었다. 분광기는 본질적으로 빛을 쪼갠 스펙트럼을 사진으로 찍는 장비다. 스펙트럼은 천체의 화학 조성을 분석하는 훌륭한 도구인데, 특정한 분자나 원자가 흡수하거나 방출하는 빛의 파장이 아주 정확히 알려져 있기 때문이다. 수소에서 나오는 가장 밝은 빛은 노란색에 가깝게 나타나고, 이온화*된 수소는 파란색으로, 이온화된 칼슘은 세 개의 빨간 선으로 나타난다. 천체의 종합적인 스펙트럼은 마치 고유의 지문처럼 읽을 수 있어 우리가 관측하는 현상 뒤에 어떤 물리적, 화학적 작용이 관여하는지 이해하는 단서를 제공한다. 또한 스펙트럼을 이용하면 천체가 공간에서 얼마나 빠르게 움직이는지, 얼마나 빠르게 회전하는지, 심지어 우리에게서 얼마나 멀리 떨어져 있는지까지 측정할 수 있다.

이미징과 분광 자료 모두 과학적으로 의미 있는 결과를 끄집어내기 전에 광범위한 후처리 작업이 필요하다. CCD 칩이 뱉어내는 원 자료는 쓸데없는 자료들의 소음에 가려져 있다. 검출기에서 발생하는 전기 잡음, 망원경이 관측 대상과 함께 받아들인 달빛이나 지구 대기의 빛 그리고 지엽적이기는 하지만 온도 변화라든가 상대적으로 더 또는 덜 민감한 CCD 픽셀 같은 요소들은 마치 실제 자료를 뒤덮는 안개처럼 나쁜 신호로 작용한다. 이런 신호를 다루는 작업이 '자료 처리'다. 천체에 대해 정말로 원하는 과학 자료를 얻으려고 꼼꼼하게 오염 물질들을 제거하는 노력을 생각하면 '자료 처리'라는 단어가 적절한 표현이다.**

---

* 원자나 분자가 중성 상태에서 전자를 얻거나 잃은 상태를 말한다.

** 영어 단어 data reduction을 '자료 처리'로 옮겼다. Reduction이라는 단어에 줄이다, 낮춘다라는 의미가 있기에 적절한 표현이라고 저자는 말한다.

자료 처리는 믿을 수 없을 만큼 섬세한 예술의 영역이다. 실제 신호를 없애버리지 않는 동시에 쓸데없는 잡음은 조금이라도 남기고 싶지 않기 때문이다. 특히 자료의 진실성을 훼손하지 않으려 끊임없이 힘쓴다. 아름다운 천체 사진들을 대중들에게 공개할 때면, "하지만 자료가 조작됐어!"라고 불평하는 반응이 빈번하게 나온다. 실제로는 전혀 사실이 아니다. 자료 처리는 마치 고생물학자들이 화석을 찾아내는 과정과 유사하다. 그들은 부서지기 쉬운, 갓 발굴한 공룡 표본 위로 등을 구부린 채 작은 붓을 들고 먼지와 모래를 털어낸다. 근본적인 과학은 손이 닿지 않은 채로, 원래 모습대로 놓여 있다. 우리는 그걸 선명하게 볼 수 있도록 마지막 남은 한 톨의 전기적인 모래를 붓으로 털어낼 뿐이다. 이 말은 곧 망원경에서 "유레카!"라고 외치는 순간이 드물다는 뜻이다. 관측한 대상에 대해 자세한 이야기를 할 수 있기까지 자료는 조심스레 다뤄진다.

그렇지만 실제로 오늘날 대부분 천문학자는 자료 처리 작업에 익숙해서, 망원경 앞에 앉아 있는 동안 빠르게 기초적인 처리를 수행하고 즉시 자료를 대충이라도 훑어볼 수 있다. 디지털 자료의 속성이 귀중한 지점이다. 특별한 유리 사진 건판이나 연약한 공룡 뼈를 다루느라 애쓰는 대신, 천문학자들은 사치를 부린다. 손쉽게 새로운 자료 파일을 복사해 컴퓨터로 처리하는 것이다. 고생물학자들이 공룡 뼈를 낙엽 청소기로 훅 불어내는 작업에 해당하는 단계다. 기본적인 처리 소프트웨어에 자료를 넣고 돌려 최소한의 불필요한 건더기를 털어내 우리가 어떤 자료를 들고 있는지 재빨리 엿볼 수 있다. 이렇게 자료를 확인하는 작업은 정말 중요하다. 자료가 들어올 때마다 점검하면서 필요한 조치를 취할 수 있기 때문이다. 예를 들면 노출 시간이라든지 망원경 설정을 바꿔 가능한 한 최고의 관측을, 따라서 최고의 과학을 얻어내고자 하는 과정이다.

✦ ✦ ✦

만약 당신이 날씨 좋은 밤, 문제없이 작동하는 망원경에 앉아 관측하는 천문학자라면, 관측 목록을 따라 내려가며 대상 사이로 망원경을 움직이고 사이사이에 자료가 들어올 때마다 낙엽 청소기를 돌리는 식의 자료 처리를 하면서 모든 것이 잘 돌아가고 있는지 확인하는 단순하고 행복한 리듬을 즐기게 될 것이다. 천문학자 마이크 브라운Mike Brown은 이런 작업을 "세계에서 가장 흥분되는 지루한 일"이라고 분명하게 표현했다.[3] 놀랍도록 정확한 묘사다. 모든 것이 계획한 대로 이뤄진다면, 좋은 관측날 밤은 완전히 따분하다.

그래도 당신이 '천문학'을 하고 있다는 사실을 완전히 잊어버리기는 힘들다. 침착하게 노트북 컴퓨터로 복사하며 만지고 있는 파일들은, 외딴 사막 한가운데 머리 위층에서 웅웅거리는 거대한 망원경 뒤에 매달린 CCD를 때린 광자가 만들어낸 0과 1의 집합이다. 광자들은 수백만 년 전에 은하의 변두리나 별의 바깥 대기를 벗어나 오랜 시간 우주를 여행해 왔다. 은하 사이 공간을 날아서, 먼 성운을 지나서 그리고 다른 별처럼 큰 천체나 성간 먼지 티끌처럼 작은 물체와의 충돌을 가까스로 피해서 말이다. 여행의 마지막에 광자들은 지구 대기와 땅을 때리기로 하고, 지구상 모든 공간 중에서도 당신의 망원경에 도착해 몇 번을

튕긴 끝에 카메라로 흘러들어온다. 우리는 이런 과정으로 그들이 출발한 장소에 대해 조금 더 배울 수 있다.

다음에 하늘을 올려다본다면, 별에서 출발해 우리 눈에 도달한 모든 빛이 그런 여행을 해왔다는 사실을 기억하길 바란다. 우리가 연구하는 광자의 여정과 별들이 비추는 우주의 엄청난 신비 속에서 짜릿하고 드넓은 이야기가 태어난다. 관측하는 밤에 적응해갈수록 머릿속이 낭만으로 가득 찬다.

이런 생각에 빠져들다 보면 새벽 세 시가 된다. 그때쯤이면 우주의 아름다움은 지긋지긋하고 대부분의 관측자는 천국의 빛이 진짜 베개만큼 아름다울까 상상하는 지경에 이른다.

관측 마지막 몇 시간은 비몽사몽 흘러간다. 특히 첫째 날 밤이 그렇다(정확히 첫날 밤 새벽 세 시는 모든 첫 관측을 하러 온 학생들의 반짝반짝하던 눈빛이 사라지는 시각이고 그들은 가장 가까운 평평한 표면에 갈망의 눈길을 보내기 시작한다). 비장하게 관측 계획을 헤쳐나가는 동안 밤은 마치 반복되는 긴 쳇바퀴처럼 느껴지고, 우주는 우리 머리 위에서 매우 크고 좀 무겁게 느껴진다. 자료를 확인하는 일이 어려워지고 책을 읽거나 인터넷을 헤매거나 동료와 어떤 소재로든 수다를 떠는 일이 즐거워진다. 많은 관측자는 작은 그룹이나 팀 단위로 일을 하는데 새벽 세 시 망원경에서의 대화는 세계 어디에서든 반쯤 취해 잠이 부족한 사람들 사이에 오가는 대화와 다르지 않다. 덜 여과되고, 더 솔직하고, 무작위 주제를 오가며 흐릿하게 깜빡이는 과학 사이사이에 징검다리를 놓는 대화가 될 것이다.

새벽 세 시의 몽롱한 상태가 찾아오는 순간에는 특히 선곡이 관측에

전적으로 중요해진다. 천문학자들에게 묻는다면 거의 모두가 관측 중에 적절한 음악을 틀어두는 것이 신비한 힘을 가져올 만큼 대단히 중요한 요소라고 대답할 것이다. 망원경에서만 트는 음악이나 밤의 여러 단계마다 맞춘 선곡표를 가진 관측자가 많다. 보통 대부분의 관측자는 밤이 지날수록 힘찬 음악을 선호하는 경향이 있다. 밤이 시작할 때는 밥 딜런Bob Dylan의 음악을 선곡표에 올려두었던 사람이라도 이른 아침이 가까워지면 록 밴드 AC/DC의 음악을 듣고 있을 것이다.

어떤 사람들은 그냥 음원 스트리밍 서비스인 스포티파이에 접속해 헤드폰을 쓰고 있을 것이다. 특히 혼자 관측하는 사람이라면. 그러나 선곡표를 조합해 모든 사람이 들을 수 있도록 따뜻한 방 안에 음악을 틀어두는 편이 더 일반적인 전통이다. 여럿이 관측하다 보면 언제나 각자의 음악 취향 사이에서 균형을 맞추는 데 어려움을 겪는다. 다 같이 즐길 수 있는 음악의 적절한 배합을 찾아 '서로의 음악적 지평을 넓혀줄' 곡들로 선곡표를 채우는 건 보통 일이 아니다.

만약 누구나 좋아하는 음악이 나오면 온갖 광경이 펼쳐진다. 관측자들이 길버트와 설리번Gilbert and Sullivan 콤비의 오페레타 구절마다 끼어들고, 오퍼레이터들이 모타운Motown 레코드 레이블이나 싱어송라이터 브루스 스프링스틴Bruce Springsteen의 음악에 맞춰 기쁘게 발을 구른다. 돔이 열리는 순간엔 그룹 모두가 의기양양하여 밴드 라디오헤드Radiohead의 노래나 영화 〈스타워즈〉의 배경 음악을 크게 틀기도 한다. 나는 처음 관측하던 시절에 그렇게 음악 지평이 넓어지는 경험을 하며 포크록 듀오 인디고 걸스Indigo Girls나 가수 유타 필립스Utah Phillips의 음악에 눈을 떴고, 내 친구는 루이 암스트롱Louis Armstrong이 속한 재즈 밴드 핫 파이브Hot

Five와 핫 세븐Hot Seven의 음악을 관측 때마다 반복해서 틀어두었던 지도 교수 덕분에 그 앨범들을 거의 외울 정도가 되었다.

반면 어떤 천문학자는 거칠고 빠른 음악을 정말 좋아하는 자기 망원경 오퍼레이터 친구를 골려주려고 모리스 앨버트Morris Albert의 부드러운 곡 〈필링스Feelings〉를 관측마다 틀고 다른 관측자들에게도 밤마다 똑같이 해달라고 주문했다. 천문학자 다라 노먼Dara Norman은 몇몇 천문학자와 같이 관측하던 밤 이야기를 내게 들려주었다. 각자 순서대로 음악을 골랐던 그날 밤, 다라는 분위기를 조금 바꿔보려고 스크리밍 제이 호킨스Screamin' Jay Hawkins(쇼크 록의 선구자로 음악이 섬뜩하고 주술적인 색채를 띤다)의 곡들을 넣어두었다. 첫 곡이 재생될 때 그녀는 방 밖에 있었는데, 돌아오자마자 당혹스러운 천문학자들의 표정을 보았다.

음악적 미신도 있다. 천문학자들은 스스로 생각하기에 좋은 날씨를 불러올 것만 같은 특정한 곡이나 장르로 관측을 시작하고 밤이 끝나갈 무렵 같은 음악으로 마무리한다. 천문학자들의 음악적 취향의 폭은 인상적일 정도로 넓다(또한 일정 수준의 음악적 트레이닝을 받은 천문학자들이 놀라울 만큼 많다는 사실을 기억할 필요가 있는데, 취미로 즐기는 사람들부터 천문학자이자 밴드 퀸의 기타리스트인 록 스타 브라이언 메이Brian May까지 이른다). 다른 천문학자들에게 관측 음악에 관해 물었을 때 일반적으로 모두 동의하는 사실은 밤새 온화한 클래식 음악(너무 부드럽기에)을 트는 사람이나 음악 없이 관측하는 사람은 신뢰하기 어렵다는 것이었다.

커피와 흥미로운 자료 몇 조각, 신중하게 고른 헤비메탈이 조화를 이루면 우리는 대개 밤이 끝나고 해가 떠오르는 순간까지 힘을 내 달릴 수 있다. 천문대 기숙사로 돌아가는 길엔 언제나 약간 꿈속에 있는 느낌이 든다. 밤이 끝나기 전 몇 시간 동안은 몸이 얼마나 지쳤든 항상 약간의 긴장이 남아 있다. 성공적인 밤을 보냈고 흥미로운 새 자료가 당신을 기다리고 있다. 당신이 기숙사로 걷거나 차를 타고 돌아가는 때에 당신을 둘러싼 세상은 깨어나기 시작한다. 기숙사에 도착하면 정말 중요한 암막 커튼(창문 전체를 가려 낮의 어떤 햇빛 파편도 파고들 수 없게 하는 순수한 금속판이 최고다)을 치고 침대에 쓰러진다. 이제 자야 할 시간이라고 뇌를 납득시키면서 말이다. 대여섯 시간이 지나고 정오쯤 깨어나면 산을 내려가 공항으로 향하는 셔틀을 타러 가거나 앞의 모든 과정을 다시 시작한다.

✦ ✦ ✦

물론 그것이 내가 라스 캄파나스에서 보내던, 바람이 많이 불던 밤에 '일어났어야' 하는 과정이다. 하지만 나는 여전히 닫힌 돔에 앉아 있었고, 관측 대상들 사이를 이리저리 건너뛰고 있지도 않았으며 자료를 다운받아 제임스 테일러James Taylor의 감미로운 음악에 맞춰 분석하고 있지도 않았다. 풍속계를 노려보고 있을 뿐이었다.

나는 아직도 어둠이 밖을 덮고 있을 때 천문대를 떠났다. 해가 뜨기 전에 돔을 나서는 건 언제나 좋지 않은 신호다. 새벽 4시 30분, 오퍼레이터와 나는 관측을 접기로 했다. 바람은 수그러들 기미를 보이지 않았고 비록 그런다고 해도 해가 뜨기 전에 돔을 열어 망원경 캘리브레이션을 마치고 대상으로 움직여 어떤 유용한 자료라도 얻을 만한 시간이 없었다. 그렇게 관측이 끝났다. 칠레 안데스산맥의 바람 덕분에 나는

8,000킬로미터를 날아 이틀 밤 동안 닫힌 돔 안에 앉아 시작도 못 한 관측 목록을 앞에 두고 1년 중 내게 허락된 유일한 시간이 멀리 사라져가는 광경을 목격하고 있었다.

나는 발을 쿵쿵 구르며 길을 내려가기 시작했다. 어깨 너머로 여전히 굳게 닫힌 돔을 향해, 그토록 섬세한 망원경을 향해 마지막 한 번 반항적인 눈빛을 보냈다. 재킷과 청바지를 잡아끄는 바람에도 입을 다문 조개처럼 평온해 보이는 그 망원경. 나는 이 먼 길을 와서 '아무것도' 얻지 못했다.

몇 발자국 더 걷고 나서 내가 어디에 있는지 깨달았다. 달도 이미 져버렸다. 나는 관측을 위해 이틀 밤을 얻었고, 다시 잃었다. 내 뒤로 어렴풋하게 돔이 그림자를 드리웠다. 그러나 발아래 길은 흐릿하게라도 볼 수 있었다. 저 멀리 식당과 기숙사는 칠흑 같은 어둠 속에 있었다. 사람들의 밤눈을 해치지 않으면서 건물 사이를 걸어 다닐 수 있도록 도보에 깔린 어두운 붉은 빛을 보려면 훨씬 더 가까이 다가가야 했다. 그렇지만 흐릿하게 건물과 주변 산들의 곡선과 더 어렴풋했으나 동쪽으로 높은 언덕들의 형체가 보였다. 빛이 없는 밤인데도 어떻게 주위가 눈에 들어올 수 있을까. 시간이 조금 걸렸지만 그 이유를 알아차리고 나자 나는 길에 멈춰 섰다.

별빛이었다.

특히 북반구 밤하늘에 익숙한 우리에게, 머리 위로 펼쳐진 남반구 밤하늘에서 벌어지는 별의 소요는 환상적이다. 지구 자전축이 기울어진 덕분에 북반구 거주자들은 우리은하 변두리만을 보지만, 운 좋게 남반구에 사는 사람들은 별로 가득 찬 우리은하 한가운데를 직접 들여다볼 수 있다. 눈부신 빛의 띠가 뻗어 남반구 하늘을 길게 덮고 호를 그린다. 우리은하에는 별들이 너무 빽빽하게 들어차 있고 밝은 나머지 성간 구름에 가린 부분까지도 선명하게 보인다. 성간 구름은 뿌연 방울들로 별 수백만 개의 빛을 가릴 수 있을 정도로 어두워서, 잉카 천문학자들은 '검은 별자리'라는 이름을 붙였다. 그것들은 동물의 모습을 닮아 두꺼비, 사냥하는 여우, 엄마와 아기 라마 같은 이름들로 불린다.

가장 가까운 고속도로나 도시로부터 멀찍이 떨어져 산꼭대기 천문대에서 과학 연구를 위해 필요한 완전한 어둠이 더해지면, 남반구 하늘은 아름다움에서 가슴이 멎는 감격으로 발전한다. 은하수의 밝은 물결 바깥으로도 너무 많은 별이 있어 하늘은 별로 가득해 보인다. 광공해가 조금 더 있는 곳에서는 눈에 보이는 별들 사이를 연결해 별자리를 그리고, 비어 있는 별 사이 공간을 본다. 하지만 밤하늘이 어두울수록 더 많은 별이 나타나 공간을 채운다. 라스 캄파나스처럼 어두운 장소에서는 결과적으로 별이 너무 많은 하늘이 되어 거의 3차원으로 느껴지기까지 한다. 밝은 별들은 우리에게 광자를 쏟아내며 눈에 확실히 띄고, 더 어두운 별들과 가장 어두운 별들이 층을 이룬 듯 보인다. 마치 가장 어두운 부분에도 겨우 우리 눈에만 안 보이는 별들이 더 많이 숨어 있는 듯하다. 별들은 다른 곳에서는 거의 보기 힘든 색깔까지 드러낸다. 쏟아진 보석 상자를 올려다보듯, 차가운 희고 파란색부터 희미한 노란색, 창백한 주홍색까지 별은 뚜렷한 색색깔로 빛난다.

눈앞에 펼쳐진 우주에 숨이 막히고 얼어붙은 채, 내가 그 자리에서 얼마나 오래 고개를 젖히고 서 있었는지 모르겠다. 1분이었을 수도 있고, 한 시간이었을 수도 있다. 바람이 계속 몸을 뒤흔들었지만 머리 위의 별들이 나를 붙잡고 있었다.

그래, 이것 때문에 내가 여기 있는 거였지.

관측 손실 이유는 화산 폭발

천문학자에게 아침형 인간이 된다는 건 생소하다. 하지만 2006년 10월 15일 아침, 나는 참지 못하고 일찍 눈을 떴다. 너무 들떠 잠을 잘 수 없었기 때문이다. 나는 하와이 대학에서 갓 학위 공부를 시작한 대학원생이었고 빅 아일랜드로 향하는 비행기에 오르려고 공항으로 떠날 준비를 하고 있었다. 마우나케아산 천문대에서의 생애 첫 관측이 예정되어 있었고 지도 교수인 앤 보스가드Ann Boesgaard와 함께 우리은하에 있는 별들을 관측할 계획이었다. 앤은 유명한 천문학자였고, 나는 앤의 지도를 받아 별 바깥층에 베릴륨이 얼마나 존재하는지 알아낼 수 있기를 바랐다. 베릴륨은 주기율표에서 네 번째로 등장하는 원소인데, 우주의 화학 조성과 빅뱅을 연구하는 천문학자들에게 수수께끼 같은 성분이다. 베릴륨은 만들어지기도 어렵고 별 내부에서 쉽게 파괴되기 때문에 상대적으로 희귀하다. 우리는 별 바깥층에 남아 있을 적은 양의 베릴륨을 측정해서 별의 일대기와 별 내부 깊숙한 곳에서 일어나는 특이한 화학 반응을 새롭게 이해할 수 있기를 기대했다.

우리는 아주 고분해능의 분광 관측을 할 계획이었다. 분광 관측을 하면 별에서 오는 빛의 세기가 파장에 따라 어떻게 변하는지 알아낼 수 있다. 또한 우리는 원자물리를 통해 베릴륨이 정확히 빛 스펙트럼의 어느 지점에서 에너지를 흡수하는지 알고 있다. 따라서 분광 관측에서 분해능이 높으면 파장을 매우 작은 간격으로 나누어 보게 되어 베릴륨 원자가 만드는 흡수선의 세기를 측정할 수 있다. 이런 관측을 하려면 쌍둥이 켁 망원경 중 하나에 설치된 분광기를 사용해야 했는데, 켁 망원경은 세계에서 두 번째로 큰 망원경으로 지름 10미터 거울을 자랑한다 (카나리아제도의 로크 데 로스 무차초스 천문대에 있는 스페인의 그랑 텔레스코피오 카나리스만이 지름 10.4미터로 가장 크다).

'전설적인' 켁 망원경은 거울 크기와 마우나케아 산꼭대기에 자리 잡은 이점 덕분에 아주 훌륭하고 과학적으로 중요한 역할을 하는 유명한 지상 망원경이다. 켁 망원경은 처음으로 태양이 아닌 별 주변을 공전하는 행성의 사진을 찍었고, 역사상 관측한 가장 멀리 떨어진 은하의 기록을 몇 번씩 갈아치웠으며, 우리은하 중심에 있는 별들의 운동을 추적해 거대한 블랙홀이 존재한다는 사실도 밝혀냈다.* 오늘 밤, 나는 유명하고 숙련된 관측자인 앤과 함께 쌍둥이 켁 망원경 중 하나를 사용할 기회를 얻은 것이다.

해도 거의 뜨지 않았지만, 베릴륨과 빅 아일랜드와 10미터 거울에

* 켁 망원경 관측으로 우리은하 한가운데에 태양 질량의 400만 배에 이르는 초대질량블랙홀이 있다는 사실을 밝혀낸 앤드리아 게즈Andrea Ghez는 라인하르트 겐첼Reinhard Genzel, 로저 펜로즈Roger Penrose와 함께 2020년 노벨 물리학상을 받았다.

잔뜩 들뜬 나머지 다시 눈을 붙일 수 없었다. 밤샘 관측을 대비해 휴식을 취하는 대신 짐이나 싸기로 했다. 호놀룰루의 조그만 원룸 아파트에서, TV 소리를 배경 잡음으로 틀어두고 작은 캠핑 배낭에 밤에 껴입을 옷을 던져 넣었다 꺼냈다 하면서 아침 일곱 시까지 주체할 수 없는 흥분을 즐겼다.

접이식 침대에 책상다리하고 앉아 카메라를 챙겨야 할지 고민하던 때였다. 침대가 덜컹거리기 시작했다. 꼿꼿이 앉아 겁먹은 프레리도그처럼 집 안을 둘러보았다. 아파트 전체가 몇 초간 떨리다가 이내 멈추었다.

'뭐지?' 매사추세츠주에서 사는 22년 동안 지진을 한 번도 경험한 적이 없었는데, 하와이에서의 겨우 두 달 동안 약한 떨림을 여러 번 겪었다. 하지만 이번 흔들림은 꽤 확실하게 느껴졌다. '지금 지진이었나 봐!'

그런 생각을 하자마자 지구가 내게 신호를 보냈다. "아니, '이게' 지진이지." 나중에 구글 검색창에 '이럴 수가, 나 지금 지진을 겪었어'라고 검색해보고 나서야(왜냐하면 과학자가 할 만한 다른 행동이 뭐가 있겠는가?) 처음의 떨림이 빠르게 전파되는 P파였으며, 가벼운 진동으로 그것보다 훨씬 어마어마한 S파의 도착을 알리고 있었다는 사실을 알았다.*

아파트 전체가 흔들리기 시작했다. 바닥이 아래위로 떨렸고, 천장에 달린 선풍기는 앞뒤로 덜렁거렸으며 벽장 미닫이문도 덜거덕거렸다. 겪어본 적 없는 진귀한 광경에 잠시 얼어붙었지만, 진동이 계속되자 아드레날린이 약간 분출되었는지 뛰어다니며 뭔가 해야 할 듯한 기분에

* P파와 S파는 각각 지구 내부를 통해 전달되는 지진파의 종류다. P파의 전파 속력이 S파의 전파 속력보다 빠르므로 P파가 먼저 도착하지만, 진동 특성 때문에 S파가 더 큰 피해를 준다.

휩싸였다. 하지만 나는 건물 5층에 살았고, 아파트가 구조적으로 안전하기를 빌고 원을 그리며 발을 동동 구르는 것 이외에 상황을 나아지게 할 수 있는 행동이라곤 없었다. 결국 우비와 열쇠, 휴대전화와 캠핑용 응급처치키트, 칼, 헤드램프 그리고 슬리퍼를 챙기는 데 만족했다(돌이켜 생각해보면 어떻게 그리 훌륭한 선택을 했던 건지 전혀 알 수가 없다. 왜냐하면 머릿속이 온통 '맙소사', '이런', '어쩌지', '젠장'밖에 없는 다급한 외침으로 가득 차 있었기 때문이다). 그러고 나서 허둥지둥 문을 열고 문설주를 꽉 움켜쥐고 섰다. 지진이 일어나면 출입구 부근에 있어야 한다고 누군가가 말했던 걸 들은 적이 있기 때문이었다. 건물은 계속 흔들리고 있었다. 원래 지진은 이렇게 오래 지속되는 걸까, 아니면 지구가 고장 났나?

문 앞에 놓여 있던 우편물을 집어 들자 떨림이 잦아들었다. 복도 아래위를 살펴보았지만 누구도 집 밖으로 나오지 않았다. '글쎄, 흠, 아마 별일 아니었나 보다.' 다시 집으로 들어갔다. '꽤 격렬한 지진이었지만, 내가 그냥 과민 반응을 보였던 거로군'이라 짐작했다. 침착해지려고 애쓰며 다시 관측용 행운의 양말을 고르기 시작했다. '아직 케이블TV 신호가 들어오고 있으니 괜찮은 거고 아까 그건 그저… 어라? 지역방송 뉴스 채널이 안 나오네. 아마 대수롭지 않은 일이겠지.' 충전이 완료된 노트북 컴퓨터 전원 선을 뽑았고, 화면이 어두워지고 전원이 꺼지자 태연하게 배낭에 넣었다. '지극히 정상이야.' 하지만 창문 밖으로 들려오는 소리에 사람들이 거리로 모여들고 있다는 걸 깨달았다. 지갑과 관측 노트 묶음을 배낭에 넣었을 때, 여진이 밀려오며 바닥이 다시 흔들리기 시작했다. '이런.'

배낭과 급하게 마련한 지진 키트를 들고 허겁지겁 아래층으로 달려 내려갔다. 관측하러 가는 천문학자와 보이스카우트 훈련 비디오에 등장하는 대원 중간의 어디쯤처럼 채비한 모습이었을 것이다. 모여 있는 건물 입주자들을 마주쳤는데, 그들은 휴대용 라디오를 들고 채널을 돌려가며 뉴스 신호를 잡으려 하고 있었다. 라디오에서는 거의 우쿨렐레 연주나 잡음만이 들려왔다. 기다리는 동안 마침내 이런 생각이 떠올랐다. '공항은 열려 있을까?' '빅 아일랜드로 갈 수는 있는 걸까?' '우리는 예정대로 오늘 밤 관측을 하는 걸까?'

드디어 라디오가 방송국 뉴스 신호를 잡았다. 우리가 느낀 건 규모 6.7짜리 지진의 여진이었다. 지진은 빅 아일랜드에서 발생했다.

호놀룰루에서는 전기가 끊어졌고 휴대전화 기지국 신호도 나가버렸지만 결국 천문학과의 동료 대학원생 친구들과 연락이 닿아 천문대 소식을 들었다. 앤과 내 관측뿐 아니라, 마우나케아에서 그날 밤 관측 자료를 얻기를 희망하던 모든 천문학자의 관측이 정말 취소되었다. 그날 밤은 가을 시즌 동안 우리가 켁 망원경을 사용할 수 있던 단 하룻밤이었으므로 더 할 수 있는 일이라곤 없었다. 분광 관측을 해서 베릴륨의 미스터리에 대한 해답을 얻으려면 다음 해를 기다려야 했다. 밤이 깊어지자 친구들과 나는 과자와 손전등을 들고 천문학과 사람들이 항상 모이던 장소로 향했다. 대학원생 여덟 명이 북적대며 살던, 학과 건물 근처에 있는 집이었다. 우리는 얼마나 지진이 심각했었는지를 서로에게 시끄럽게 물었다. "빅 아일랜드에서 다친 사람들은 없대?" "물에 잠긴 곳이나 도로가 심하게 부서진 곳은 없대?" "망원경이 고장 날 수도 있었던 거 아니야?"

다음 날 천문학과 전체에 이메일이 돌았다. 다행히 심각하게 다친 사람은 없었지만, 마우나케아로 향하는 도로 몇 개가 폐쇄되었고 쌍둥이 켁 망원경을 포함한 몇몇 망원경이 피해를 입었다. 다행히 돔과 망원경 구조는 지진과 같은 충격에 견디도록 설계되어 손상이 심하지는 않았다. 커다란 유리 거울과 건물은 온전했다. 그런데도 건물 손상에 대한 초기 보고에 따르면 망원경은 한동안 작동을 멈출 것이었고 최소 다음 며칠간은 관측이 이뤄지지 않을 예정이었다.

이메일은 "여러분에게 조금이라도 위안이 될까 싶어 말하자면, 지금 이곳의 날씨는 형편없습니다"*라는 문장으로 끝을 맺었다.

✦ ✦ ✦

천문대들은 흥미로운 난제를 던진다. 그곳은 정교한 장비를 갖췄고 첨단 과학 활동의 중심이며 우주에서 가장 거대하고 기술적으로 매우 훌륭한 시설 중 일부다. 동시에, 외떨어져 인적이 끊긴 곳에 고립되어야만 가장 뛰어나게 역할을 다한다. 필연적으로 망원경과 그곳에서 일하는 사람들은 잔혹할 만큼 극단적인 상황에 시달리는 경우가 있다. 망원경 기기 개발 연구를 하는 천문학자 세라 터틀Sarah Tuttle은 이런 상황을 그럴싸하게 요약한다. "우리는 높은 정밀도의 과학 기기를 가져다가 그저 고문할 뿐이야."[4]

천문대가 들어선 산꼭대기들은 대개 외지고, 노출되어 있고, 상황이 좋은 때에도 접근이 어렵다. 극한의 날씨까지 가세하면 산악 환경은 가

* 날씨가 좋지 않아 어차피 그날 밤 관측이 어려웠으리라는 뜻이다.

끔 망원경에 엄청난 피해를 끼친다. 메이어-윔블 천문대는 콜로라도 주 로키산맥 에반스 산꼭대기 부근, 해발 4,300미터 높이에 위치한다. 2011년 겨울, 시속 150킬로미터에 달하는 돌풍이 이 천문대를 강타했다. 10월부터 5월까지 산길 통행이 금지되어 있기 때문에, 덴버 대학 천문학자들은 천문대 웹캠을 보다가 뭔가 잘못되었음을 깨달았다. 바람에 날린 웹캠이 삐뚤어져 이상한 곳을 가리키고 있었다. 추가 조사가 진행되었고 인근 산을 오르던 현지 등반가가 찍은 사진도 도움이 되었다. 그는 에베레스트산을 오를 예행연습으로 에반스산에서 겨울 산악 등반 중이었다. 마침내 망원경을 보호하고 있던 7미터 크기의 돔이 돌풍에 허물어졌다는 사실이 밝혀졌다(이 이야기는 슬픈 결말로 끝났다. 덴버 대학이 돔을 교체하려고 몇 년간 노력했고 건설업자들과의 투쟁을 이어나갔지만 돔을 복구하기에 충분한 자금을 모으지 못했다. 최근에 대학은 돔을 허물고 망원경을 치워버리기로 결정했다).

그보다 약한 바람도 말썽을 일으킨다. 아파치 포인트 천문대는 뉴멕시코주 남부 평원에 높게 솟은 새크라멘토산에 있으며 화이트 샌즈 국립공원으로부터 고작 30여 킬로미터밖에 떨어져 있지 않다. 화이트 샌즈에는 벌거벗은 하얀 모래 언덕이 드넓게 펼쳐져 있다. 아름답고 하얀 석고 모래가 강풍을 타고 망원경 돔까지 날아가는데, 사실상 공들여 연마한 망원경 거울에 모래를 뿌리는 것과 마찬가지다. 모로코 해변에서 160킬로미터 떨어진 카나리섬에 있는 망원경은 '캘리마'라는 이름으로 알려진 바람 때문에 비슷한 문제를 겪는데, 동쪽에서 불어오는 이 거센 바람이 두꺼운 먼지와 모래를 사하라 사막에서부터 섬까지 실어 나른다.

높은 산꼭대기에서는 가혹한 겨울 날씨와 격렬한 눈보라 역시 위험 요소다. 갑작스러운 폭풍 때문에 서둘러 산에서 내려가지 못한 천문학자들의 발이 산꼭대기에 묶일 수도 있다. 돔 위에 내려앉은 눈과 얼음이 돔을 빈틈없이 덮어 그 자체로 위험 요소가 되기도 하는데, 얼어붙은 돔을 열면 깨진 얼음 조각들이 망원경 거울 위로 떨어질 것을 각오해야 하기 때문이다. 아파치 포인트 천문대의 오퍼레이터인 캔더스 그레이Candace Gray는 눈보라가 치는 중에 3.5미터 망원경 돔을 회전시켜, 불어오는 바람이 쌓인 눈을 쓸어내도록 했던 경험을 회상했다. 물론 손이 더 가는 일도 있다. 앤 보스가드는 동료들과 사륜구동 차를 타고 마우나케아산 정상의 88인치(약 2.2미터) 망원경까지 가서 눈삽과 얼음 깨는 송곳을 들고 돔을 기어올라 눈과 얼음을 치웠던 이야기를 들려주었다.

주위에서 가장 높게 솟아 있는 천문대 건물은 폭풍 중에 또 다른 위험에 처할 수 있다. 번개의 우려다. 산꼭대기에 높게 세운 구조물이 벼락을 맞는 훌륭한 레시피라는 사실이 전혀 놀랍지도 않다. 몇몇 동료들은 천문대 기숙사나 다른 건물에 내리치는 벼락을 겪었던 일화를 들려주었다. 수도원이라는 이름으로 잘 알려진 윌슨산 관측자 숙소도 예외가 아니었다. 엘리자베스 그리핀은 폭풍이 몰아치던 밤 수도원에서 저녁을 먹다가 번개가 내리쳐 인근의 전나무를 산산이 조각내는 걸 목격했다. 번개 가닥은 호를 그리며 건물로 향했고, 강력한 힘으로 모든 창문을 빨아들이며 박살내 버렸다.

데이브 실바Dave Silva는 어느 날 밤 킷픽 2.4미터 망원경에서 관측하고 있었다. 뇌우가 쏟아지던 그날 밤, 망원경 돔 역시 벼락을 맞았다. 벼락 자체도 매우 무서웠지만(돔에 벼락이 내리치는 일은 꽤 흔하지만, 그것을 경험한 천문학자는 모두 자기들이 살면서 들어본 가장 큰 소리였다고 묘사한다) 설상가상으로 전기가 끊겨버렸다. 데이브는 돔의 전기실로 달려가 힘껏 문을 열어젖혔는데 눈앞에는 거대한 연기구름이 소용돌이치며 나가는 광경이 펼쳐졌다. 건물이 불타고 있다고 확신한 그는 산 반대편으로 건너가 간신히 야간 조 직원들을 찾았다. 커피를 홀짝이던 직원들은 벼락이 아니었으면 밤을 따분하게 보낼 참이었기에 할 일이 생겼다는 데 기뻐하며 서둘러 채비했다. 다행히 돔에 불이 붙지는 않았지만 50센티미터가량 되는 전원 케이블이 벼락에 타 사라져버리고 전기실에서 퍼져 나오는 연기로 흔적만 남아 있었다.

한편 루디 실드Rudy Schild는 1976년 어느 날 오후 애리조나주 홉킨스산에서 관측을 하고 있었다. 루디는 폭풍이 밀려오던 즈음 산에 있던 단 두 명 중 하나였기 때문에, 다른 동료가 그에게 전화를 걸어 한 건물의 전기를 주 전력망으로부터 끊어줄 수 있는지 물었다. 혹시 건물이 벼락을 맞으면 전체 시스템에 걸릴 수 있는 과부하를 피하려는 조치였다. 루디는 기꺼이 일을 돕고자 분리 스위치가 있던 작은 야외 철창으로 발길을 옮겼다. 폭풍의 중심이 아직 5킬로미터나 멀리 떨어져 있어 안심해도 괜찮았지만, 벼락에 대비할 필요는 있었다. 그러나 그날 밤 홉킨스산에 번쩍하고 떨어진 번개는 천문대 건물이나 주 전력망에 연결되어 있던 무언가에 내려치지 않았다. 대신 '루디'가 벼락을 맞고 말았다.

루디의 동료는 작업이 끝났다는 확인 전화를 받지 못해 걱정스러웠다. 그가 루디와 같이 산에 있던 다른 사람에게 전화를 걸자마자 경보가 내려졌다. 수색을 시작했고 전기 스위치 철창 안에서 안경과 손전등이 발견되었다. 루디는 신발이 벗겨진 채 3미터쯤 떨어진 곳에 쓰러져 있었다.

정말 운이 좋게도, 산에 막 도착한 관측자는 미 공군에서 헌병으로 일했던 경력이 있었고 응급처치를 할 줄 알았다. 관측자는 루디의 손목에서 약하고 불규칙한 맥박을 느꼈고 재빨리 산에 보관하던 산소통을 가져왔다. 산림청 헬리콥터를 호출했고 조종사가 마침내 산의 유일하게 열린 공간이던 땅에 헬리콥터를 착륙시켰다. 세찬 바람과 안개, 다가오는 폭풍이 주변을 감쌌고 착륙 지점에서 헬리콥터의 프로펠러 주위로는 고작 2미터의 여유밖에 없었다. 루디는 인근 병원으로 옮겨져 다리와 발에 입은 화상을 치료받아야만 했지만 며칠 뒤 업무에 복귀할 수 있었다. 루디는 홈페이지에 당시 사고에 관해 묘사해두었는데, 천문대 직원들이 "이후 며칠 동안 나를 굉장히 조심스레 지켜보았지만, 내 하찮은 노력에도 불구하고 누구도 내가 평소보다 얼빠진 상태라는 걸 발견하지 못했다"라고 말했다.[5]

바람, 눈, 번개가 망원경을 아수라장으로 만들지는 몰라도, 많은 천문대에서 진정한 공포의 대상은 산불이다. 많은 망원경이 위치한 장소인 건조한 산의 언덕은 말 그대로 산불의 온상이다. 비록 천문대들이 대개 산에서 가장 높은 꼭대기나 그 부근에 있지만, 그렇다고 해도 여전히 불이 붙기에 충분한 나무와 덤불로 둘러싸여 있다. 캘리포니아주 남부와 애리조나주의 불은 팔로마산과 바티칸 첨단 기술 망원경VATT* 을 포함한 천문대를 위험에 빠뜨리곤 한다(팔로마산에서 관측하던 천문학

---

* 애리조나주 그레이엄산에는 교황청 바티칸 천문대에서 운영하는 1.8미터 망원경이 있다. 이 산에는 VATT와 10미터 전파 망원경인 서브밀리미터 망원경Submillimeter Telescope, SMT, 두 개의 8.4미터 거울을 갖춘 광학 망원경인 거대 쌍안 망원경Large Binocular Telescope, LBT이 모여 있다. 가장 최근에는 2017년 산불이 VATT 건물 몇 미터 거리까지 근접했다.

자들이 200인치 망원경 돔으로 대피한 다음 산불이 건물에 더 가까이 번질 경우 헬리콥터로 대피할 준비를 한 적도 있다).

호주 천문학은 특히 산불 때문에 심각한 피해를 보아왔다. 19세기까지 거슬러 올라가는 역사적인 망원경들뿐만 아니라 최신의 현대적 시설들로 훌륭한 연구 성과를 내는 스트롬로산 천문대는 2003년 캔버라 산불로 폐허가 되었다. 천문대의 망원경 다섯 대와 작업장, 관리실, 집 등이 소실되었다(후에 호주 미술가인 팀 웨더렐Tim Wetherell이 〈천문학자〉라는 제목의 조각을 제작했다. 망원경 잔해를 이용해 만든 이 작품은 캔버라에 있으며 '퀘스타콘'이라고도 불리는 국립 과학기술센터 밖에 서 있다). 2013년에는 워럼벙글 국립공원의 엄청난 산불 때문에 망원경 십여 개가 자리 잡은 사이딩 스프링Siding Spring 천문대에서 대피 소동이 일어났다. 산에 있는 건물들이 파괴되었지만 망원경은 다행히 살아남아 운영이 재개될 수 있었다.

건조한 산에 닥치는 폭풍과 산불의 위험에 더해, 망원경들은 캘리포니아, 하와이, 칠레처럼 단층선을 따라 자리 잡은 경향이 있어 지진도 낯설지 않다. 칠레에서 관측해본 천문학자들은 최소한 작은 지진 한 번은 겪어봤을 것이다.

이런 떨림에 관해서라면 흥미로운 점이 있다. 망원경은 믿을 수 없을 정도로 정밀하게 천체를 조준하고 미동조차 없는 상태를 유지하기에, 지진 초기의 아주 작은 떨림조차 망원경의 시야에서 극적으로 드러난다. 나는 망원경에 앉아 있다가 오퍼레이터가 갑자기 "오! 곧 지진이 있을 거야!"라고 소리쳤던 기억이 있다. 짧지만 건물의 흔들림을 충분히 느낄 수 있던 지진이 일어나기 1, 2초 전 상황이었다. 당시 오퍼레이터는 망원경 가이드를 위해 밝은 별을 보고 있다가 컴퓨터 화면에서 빠르게 달아나는 별을 목격했다. 아주 민감한 관측 기기가 거칠게 떠밀릴 조짐을 보였던 것이다. 망원경은 특별히 이런 식의 떨림에 견디도록 설계하기 때문에 지진이 멈추자마자 별이 카메라 정중앙으로 돌아왔고 아무 일 없었던 듯 관측도 재개되었다. 프라임 포커스 관측을 하던 시대에, 캘리포니아에서 관측하던 천문학자들은 지진이 일어나면 프라임 포커스 케이지에 몇 시간 동안 갇히기도 했다. 조지 월러스타인에 따르면 천문대에서는 일반적으로 연락이 닿을 만큼 가까운 캘리포니아 소방관들을 가장 큰 망원경부터 순서대로 보내는 것이 관례였고, 이는 모두 과학을 위한 봉사였다.

마지막으로, 어떤 천문대들에서는 화산이 골칫거리로 등장한다. 마우나케아산의 망원경들은 가끔 '보그vog'라는 현상을 겪는데 보그는 '화산volcano'과 '스모그smog'의 합성어다. 하와이 화산 국립공원에서 일어나는 화산 폭발이 때때로 꽤 많은 아황산가스를 대기로 내뿜는데, 아황산가스가 수증기와 섞이면 약한 산성을 띠는 안개를 만들어 망원경 작동이 어려워진다.* 2018년 5월, 하와이의 가장 활동적인 화산인 킬라우에아산에서 커다란 폭발이 있었다. 마우나케아산 정상의 웹캠으로도 폭발을 확인할 수 있을 정도였다. 분출된 재는 다행히 마우나케아산에서 먼 방향으로 밀려 날아갔고, 보그 현상이 일어날 우려에도 불구하고

* 망원경은 습도, 풍속 등을 고려해 관측 진행을 결정한다. 습도가 너무 높으면 거울에 물방울이 맺힐 수 있어 관측이 어려워지기 때문이다. 보그 현상이 일어나면 산성의 물방울이 거울에 들러붙는 걸 방지하기 위해 천문대에서 습도 한계를 낮추므로, 평소보다 낮은 습도인데도 망원경 돔을 열지 못한다.

관측은 거의 일정대로 진행되었다.

마우나케아산은 하와이 화산 국립공원으로부터 채 50킬로미터도 떨어져 있지 않기 때문에 그곳에서 일하는 사람들이 '최고의 화산 일화'를 들려주리라 생각할 수도 있다. 하지만 나는 화산에 관련된 정말 최고의 이야기를 들려줄 수 있는 사람은 더그 가이슬러Doug Geisler라고 장담한다.

워싱턴 대학의 대학원생이었던 더그는 1980년 5월 17일, 워싱턴주 중부 마나스태시 릿지Manastash Ridge 천문대에서 관측하며 훌륭한 밤을 보내고 있었다. 더그는 산에 홀로 있었고 박사학위 논문을 쓰기 위한 자료를 얻으려고 우리은하에 있는 10억 살 먹은 별들을 관측하며 첫날 밤을 보냈다. 다음 날 이른 아침, 그는 관측을 끝낸 후 평소처럼 망원경을 덮고 돔을 닫았다. 그리고 또 다른 생산적인 다음날 밤을 기약하며 관측자 숙소에 도착해 푹 쉴 준비를 마쳤다.

오전 8시 30분경, 천문학자 기준의 '밤'이 찾아온 지 몇 시간이 지났을 때 더그는 어떤 소리를 들었음을 확신하며 잠에서 깼다. '쿵.' 멀리서 들려오는 낮은 소음이었다. 하지만 잘못된 게 없어 보이자 그는 다시 잠자리에 들었다. 그리고 세상이 멸망하는 꿈을 꾸었다.

어느 정도 시간이 흐른 후, 더그는 다시 일어나 일반적인 천문학자의 '아침'을 준비하기 시작했다. 한낮에 먹는 조식과 맑게 갠 화창한 산에서 맞는 고요한 오후였다. 그는 곧 뭔가 평소와 다르다는 걸 깨달았다. 방에서 햇빛을 가리려 쳐놓은 커튼 사이로 빛이 새어들지 않았다. 살짝 놀란 더그는 혹시 자기가 잠을 너무 오래 자서 밤이 되어버린 건지 아니면 날씨가 갑자기 안 좋아진 건지 궁금해하며 시계를 확인했다.

정오였다. 바깥을 내다보기로 했다.

기숙사 문을 열자, 한낮은 온데간데없고 칠흑 같은 어둠과 멀리서 풍겨오는 시큼한 유황 냄새가 공기 중에 가득했다. 손전등을 비춰도 3미터 너머를 볼 수가 없었다. 따뜻하고, 고요한, 정적이 흐르는 낮이었다. 햇빛이 사라졌다는 사실만 빼고. 더그는 핵 공격이나 비슷한 종류의 엄청난 재해가 발생한 게 아닐까 짐작했다. 그는 반은 맞고 반은 틀렸다.

그날 아침, 마나스태시 릿지에서 서쪽으로 150킬로미터쯤 떨어진 세인트헬렌스산이 폭발했고 잿더미가 상공으로 25킬로미터 이상 솟구쳤다. 미국 역사상 가장 파괴적인 화산 폭발이었다. 더그가 아침 일찍 들었던 멀리에서 들려온 소리는 초반의 26메가톤짜리 폭발이었거나, 화산에서 나온 과열된 물질들이 즉시 주변의 물을 기화시키는 과정에서 발생한 2차 폭발 중 하나였다. 분출 몇 시간 후 바람이 화산재 뭉치를 동쪽으로 실어 날랐고, 천문대와 더그가 그쪽에 있었다.

잘 훈련받은 다른 관측자처럼, 더그는 산에서의 관측 경험을 세심하게 야간 로그에 남겼다. 로그에는 매일 밤 망원경이 어떻게 움직였는지, 날씨나 기술적인 문제 때문에 얼마만큼의 시간을 버렸는지, 온도나 구름, 하늘 상태 같은 세부 사항을 기록한다. 보통 이런 로그는 천문학자들이 관측하던 날 밤의 세부 사항을 상기하고, 천문대 직원들이 차후 발생할 수 있는 문제들을 파악하는 데 도움을 준다. 그날 밤 산에서 더그가 남긴 로그 기록[6]의 여섯 번째 항목은 일종의 전설이 되었다.

관측 손실: 여섯 시간

이유: 화산 폭발 (좋은 핑계이지 않은가?)

하늘 상태: 검음 + 지독한 냄새

나는 전쟁의 마지막 생존자다. '쿵' 하는 소리를 기억한다. 서둘러 라디오를 켰더니 대부분의 방송국이 여전히 '차차차' 음악을 내보냈다. 세상이 끝나가는데 + 차차차를 튼다고! 마침내 야키마시의 KATS 방송국에서 세인트헬렌스산이 폭발했다고 한다. 어느 정도 안심했다. 오후 두 시 즈음까지 온통 어둠이 뒤덮고 있었다. 결국 해질녘에 0.8킬로미터쯤의 시야가 확보되었다. 망원경과 기기를 덮었다. 미세한 재가 돔의 틈 사이로 내려앉고 있지만 내 생각에는 손상이 거의 없을 것이다. 암흑 속에서의 관측 런에 대해 들어보긴 했지만, 이건 황당하기 짝이 없는 일이다.

✦ ✦ ✦

화산과 번개는 천문학자들에게 우리가 분주하고 가끔은 변덕스러운 행성에서 일한다는 사실을 꽤 극적으로 상기시키는 역할을 한다. 관측과 과학 연구에 파묻혀 있다 보면 우리가 관측하는 모든 천체와 함께 지구도 우주 속을 질주한다는 사실을 잊기 일쑤다. 종종 일어나는 화산 폭발이나 뇌우가 그저 우리가 사는 공간의 지질과 날씨의 일부라는 것까지도. 우리는 또한 이따금 이곳 우리의 터전을 다양한 종류의 다른 생물들과 공유하고 있다는 사실까지도 깜빡하곤 한다.

천문대가 있는 산에 사는 우리 동료들 여럿은 대체로 무해하다. 다람쥐, 여우, 너구리, 작은 새와 같은 흔한 출연자들은 사람들과도 어울려 노는 법을 배웠다. 이들이 아닌 다른 동물의 등장은 큰 기쁨이 되곤 하는데 대부분 천문학자들이 처음으로 보는 동물들이기 때문이다. 애리조나주 남부에 사는 코아티는 크기가 고양이만 한데, 너구리의 먼 친척쯤 된다. 말린 꼬리와 장난기 넘쳐 보이는 들창코가 특징이다. 종종 코아티가 천문대에 들렀다 갈 때면 몇몇은 돔 안을 돌아다니다가 먼지 묻은 발자국을 거울 위에 남기기까지 한다. 칠레의 천문대에는 과나코(라마의 친척)와 올빼미가 정기적으로 방문한다. 천문대에는 하늘 상태를 관찰하려고 어안 렌즈를 장착한 전천 카메라가 하늘을 똑바로 올려다보며 낮은 탑처럼 솟아 있는데, 어떤 올빼미들은 사냥 목적으로 걸터앉아 있기에 이만한 곳이 없음을 알아차렸다. 구름을 확인하려고 카메라를 주기적으로 체크하는 천문학자들은 종종 올빼미의 털북숭이 엉덩이나 눈을 동그랗게 뜨고 호기심 가득한 눈빛을 보내는 얼굴을 본다.

처음으로 칠레에 방문하는 사람들 대부분은 베테랑에게서 타란툴라에 대한 자세하고 유쾌한 묘사를 듣곤 한다. 높은 안데스 사막에 사는 타란툴라는 큰 몸집에도 불구하고 어디든 파고드는 능력을 갖췄다. 다 자란 타란툴라는 딱 손바닥 크기쯤 되는데 검은 회색빛을 띠는 두꺼운 몸통과 특히 털이 많고 무릎이 높은 다리가 특징이다. 타란툴라의 다리는 거미 공포증 환자들에겐 최악의 악몽일 것이다. 게다가 타란툴라는 아주 흔하게 널려 있어서 칠레 천문대의 시원하고 어두운 구석이나 틈에서 자주 나타나고 야간에 더 활동적으로 변하면서 문제를 복잡하게 만든다. 이놈들이 어디에나 있기에 천문학자들은 어둠 속에서 계단 난간에 손을 올리다가 자신도 모르게 타란툴라를 움켜쥐기도 하고, 화장실에 다녀와 제어실로 돌아왔을 때 자기 의자에 대자로 누워 있는 녀석들을 발견하며, 기숙사 침대 위 천장에 타란툴라가 붙어 있는 걸 알면서도 애써 잠을 청한다.

나는 칠레에서 첫 관측을 하기 전 타란툴라에 대해 너무 많이 들은 나머지 모든 이야기가 신입을 놀려먹으려는 장난이라고 받아들이게 되었다. 그러나 천문대 기숙사 방 손잡이에 떡하니 앉아 있는 타란툴라를 마주쳤다. 우리는 짧은 대치 상태에 빠졌고(도저히 손잡이에 손을 뻗을 수가 없었다) 이내 타란툴라는 제자리에서 뛰어오르더니(이때 나는 뒤로 2미터쯤 뒷걸음질 쳤다) 급히 사막 어딘가로 사라졌다.

사실 타란툴라는 꽤 부끄럼을 타고 겁이 많은 데다 잘못 다루면 쉽게 다칠 수 있는 연약한 생물체다. 칠레의 천문대를 정기적으로 방문하는 이들은 보통 제어실 구석에서 놀고 있다가 놀라면 겁먹고 사라져버리는 다리 여덟 개의 천문대 주민과 평화로운 공존까지는 아니더라도 최소한 불편한 휴전 상태에 이르게 되었다. 그렇긴 하지만 첫 방문자에게 여전히 타란툴라의 등장은 두려운 일이다.

거대한 타란툴라에 비하면 사랑스러워 보일지 모르겠지만, 사실 밀러 나방이 미국 서부 천문대들에서 이론의 여지 없이 가장 짜증 나고 끈질긴 골칫거리다. 밀러 나방 역시 '어디든' 숨어드는 능력을 갖췄는데, 대개 이 점이 문제가 된다.

어느 겁 없는 나방은 천문학자들을 혼란에 빠뜨리기도 했다. 어느 날 밤 천문학자들이 망원경을 정확히 밝은 별로 겨누었는데 시야에는 아무것도 보이지 않은 것이다. 그들은 상황을 전혀 이해할 수 없었다. 결국 나방 한 마리가 망원경 초점 면에 설치한 검출기 바로 위에 앉아 있다는 걸 알아냈다. 나방 무리는 어둠 속을 가로질러 천문대 곳곳의 비좁은 구석에 달라붙어 전기 회로를 망쳐놓거나 모터나 구동 장치를 막아버려 오퍼레이터들이 가끔 망원경 안으로 깊숙이 기어 들어가 청소를 해야 한다.

짜증이 치밀어 오른 천문학자들과 천문대 직원들은 수년간 소리, 공기총, 손전등, 형광등, 라벤더 오일, 심한 욕설 등등 다양한 방법을 동원해 나방을 쫓아내고자 노력했다. 그러나 결국 여러 천문대가 '모시네이터mothinator'*라는 별명이 붙은 장치를 쓰게 되었다. 모시네이터는 전등, 선풍기, 공업용 크기의 쓰레기통을 조립해 만든 장치로, 간단하지만 효과만은 확실하다. 나방이 극성인 계절이면 며칠 만에 쓰레기통이 나방 사체로 꽉 찬다. 무당벌레도 비슷한 문제를 일으킨다. 매년 초여름이 되면 미국 남서부를 가로질러 날아가는 무당벌레들이 대규모 이동 중에 높은 산꼭대기에 득시글거리며 건물 벽을 온통 밝은 빨간색으로 가득 메운다.

하지만 이 모든 동물은 전갈 앞에서는 아무것도 아니다. 전갈은 미국 남서부와 호주의 천문대에서 천문학자들에게 '실제로' 위협을 가한다. 새 관측자가 천문대에 도착하면 동료들이 '갈색을 띤 작은 녀석'을 조심하라고 점잖게 주의를 준다. 그리고 수건을 털고, 신발을 거꾸로 탕탕 치고, 눕기 전 베개와 침대 시트를 한번 살펴보라고 경고한다.

세라 터틀은 킷픽에서 관측하던 어느 날 밤 다리가 가려웠고, 곧 청바지 안에서 뭔가가 기어오르고 있음을 느꼈다. 세라는 잠깐 생각한 뒤 무릎 부근을 양손으로 꽉 잡고 발을 굴렀다. 하지만 전갈은 카펫으로

---

* 나방moth + 종결자terminator.

떨어지기 전에 그녀를 쏘는 데 성공했다. 몹시 고통스러운 쓰라림에 산에 상주하던 응급 의료진에게 전화를 걸었지만, 다행히 알레르기 반응이 나타나지 않았기에 진통제, 얼음과 휴식이 처방 전부였다. 세라와 동료들은 관측하는 동안 여전히 다른 전갈 몇 마리를 목격했고 남은 관측 내내 의자에 발을 깔고 앉거나 바지를 양말 속에 밀어 넣었다.

결코 유쾌하지 않은 이 일화 역시 산에서 자주 회자되는 이야기가 되었다. 몇 년이 지난 다음, 킷픽에 다른 관측을 하러 돌아간 세라는 저녁 식사를 하는 동안 '바지 속으로 들어와 다리를 타고 오른' 전갈에게 쏘인 어느 불쌍한 여성의 끔찍한 이야기를 조용히 들어야만 했다(세라의 이야기는 '투손으로 헬리콥터에 실려 간' 버전으로 진화했는데, 내가 킷픽을 처음 방문하던 때 들었던 바로 그 이야기다).

전갈과 곤충 떼는 어느 곳이든 은밀하게 숨어드는 별난 습성이 있지만, 커다란 생물들은 보통 자기도 모르는 초대를 받고 온 경우가 아니라면 천문대의 소음과 냄새와 활동으로부터 멀리 떨어져 있으려고 한다. 어느 아름다웠던 킷픽에서의 여름밤, 누군가가 살랑거리는 산바람이 들어오도록 문을 열어놓았다. 그러나 신선한 공기 대신 스컹크가 어슬렁거리며 들어와 극적인 역효과를 낳았다. 사람들에게 발견되었을 때, 스컹크는 놀라 도망치기에는 (여러 가지 이유로) 너무 건물 깊숙하게 들어와 있었다. 똑똑한 과학자들은 스컹크가 특히 좋아하는 것 같은 빵가루를 복도에 길게 흩뿌려 나가는 길을 찾게 하려는 계획을 세웠다. 계획은 성공했고 스컹크는 건물 안의 빵가루 길을 따라 바깥으로 열린 문에 한 걸음씩 가까워지고 있었다. 하지만 건물 '밖에서부터' 빵가루를 따라 충실하게 건물로 들어온 또 다른 스컹크가 있었고, 둘이 마주치고 말았다.

하지만 아파치 포인트 천문대의 관측자들만큼 극적으로 '문을 열어 두지 마시오'라는 교훈을 배운 사람들은 없을 것이다. 아파치 포인트의 망원경들은 중앙 건물에서 제어할 수 있는데, 이 건물 안에는 망원경별로 방이 나뉘어 있고 라운지와 부엌 공간은 긴 복도를 따라 연결되어 있으며 복도 끝에 건물 밖으로 나가는 문이 있다. 어느 아름다운 아침, 건물은 문이 열린 채 텅 비어 있었고, 잔뜩 지쳤지만 행복한 망원경 오퍼레이터 한 명만이 맑은 공기를 즐기며 마지막으로 남아 있었다. 그는 복도 끝의 3.5미터 망원경 관측실에 있었는데, 이 관측실에는 문이 달려 있지 않았다. 오퍼레이터가 작업을 마무리하고 자리에서 일어나 모서리를 돌아 나가려는 순간… 복도에 서 있던 흑곰과 정면으로 마주쳤다.

대부분의 큰 동물들은 가끔 눈에 띄기는 해도 일반적으로 천문대 주변에서만 머무른다. 흑곰은 미국 본토 산에서 흔하게 볼 수 있지만 보통 천문대와 아무 문제 없이 공존한다. 천문학자들은 그저 손전등을 들고 곰과 충분히 거리를 두어야 한다는 주의를 받을 뿐이다. 이와 비슷하게 호주의 천문대 몇 군데에서 한밤중에 손전등을 들고 문을 나서면 가끔 우리를 향해 반사되어 빛나는 캥거루의 눈을 볼 수 있다. 칠레에서는 어둠 속에서 천문대 주변을 걷다가 정면으로 야생 당나귀와 부딪힐 뻔한 천문학자가 많다. 하지만 이런 일화는 대개 비명을 지르는 천문학자와 거기에 놀란 당나귀가 서로 반대 방향으로 달려 어둠 속으로 사라지며 끝난다.

다행히 아파치 포인트의 곰 이야기도 그와 같이 완결되었다. 오퍼레이터와 곰 모두가 동시에 겁에 질렸다. 운 좋게도 곰이 등을 돌려 야외로 쏜살같이 달려 나갔고 오퍼레이터는 가장 가까운 문 달린 관측실로 뛰어 들어갔다.

✦ ✦ ✦

천문학자 집단이 가장 좋아하는 천문대 동물을 꼽으라면 그건 아마 비스카차일 것이다. 비스카차는 친칠라와 동족인데 큰 귀와 길게 말아 올린 꼬리, 졸린 듯한 눈과 길게 늘어진 수염이 꼭 지혜로운 할아버지 토끼를 닮았다. 비스카차는 칠레의 여러 천문대에 자주 출몰하는데 수년간 꾸준히 등장한 녀석들을 보고 천문학자들은 이 작은 생명체의 희한한 버릇을 알게 되었다. 비스카차는 해넘이 보는 걸 좋아한다.

칠레의 천문대에서 관측하는 천문학자들 무리가 해 지는 걸 보러 산꼭대기에 모일 때면 어김없이 산비탈을 따라 비스카차 한두 마리를 찾을 수 있다(추측건대 천문대 카페테리아에서 남은 음식들을 비스카차의 천적인 안데스 여우에게 던져주면서 이들의 개체 수가 늘어나기 전에는 비스카차가 지금보다 훨씬 많았을 것이다). 비스카차들은 언제나 거기에 꼼짝도 하지 않고 앉아서 지평선 너머로 지는 해를 똑바로 바라본다.

관조적인 비스카차와 산꼭대기에서 일몰을 공유하는 일은 흥미로운 대조를 이룬다. 천문학자는 대부분 해가 지는 장면을 감탄하며 바라보고 밤을 보낼 참이다. 말 그대로 그들의 정신은 수천, 수백만 광년에 이르러 있다. 비스카차들은 아마 풀이나 이끼를 뜯으며 저녁을 보낼 것이다. 하워드 본드는 세로 토롤로에서 자기 바로 아래 차분하게 자리 잡은 비스카차와 나란히 앉아 어두워질 때까지 일몰을 함께 구경하며 저녁을 보낸 적이 있다고 한다. 하워드는 다음과 같이 묘사했다. "여기 이 드넓은 우주 공간에서 두 생명체가 천상의 쇼를 보고 있다. (…) 이 쇼는 우리와 아무 관련이 없는 듯 보일 수 있지만 (…) 사실 관계가 있다."[7] 우주적 관점에서는 천문학자나 비스카차나 아주 작은 생명체들이다. 두 생명체는 함께 산에 걸터앉아 밤을 맞이하며 우리의 터전인 지구가 도는 모습을 지켜본다.

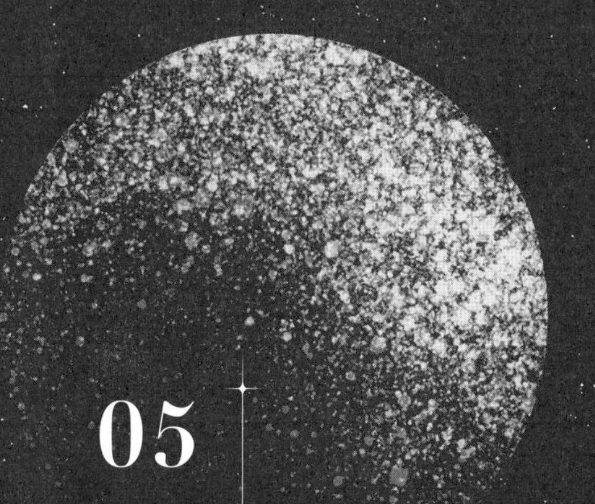

05

총알이 낸 작은 상처

피트 체스트넛Pete Chestnut은 출근길을 반쯤 왔을 때, 망원경이 보이지 않는다는 사실을 깨달았다.

피트는 웨스트 버지니아주의 국립 전파 청정 지역 한가운데에 자리 잡은 그린뱅크 300피트(약 90미터) 전파 망원경 오퍼레이터였다. 전자기파 중에서 가장 긴 파장 대역으로 사람 눈에는 보이지 않는 '전파'를 연구하는 이 지역은 지구의 외딴 암흑 영역 같은 곳이었다. 이 지역에서는 엄격한 규칙에 따라 사용 가능한 장비를 제한해 어떤 형태의 전파 발생이라도 최소화되도록 했다. 오늘날까지도 그린뱅크 천문대로부터 반경 30킬로미터 안에서는 휴대전화나 와이파이 통신망을 사용할 수 없다. 심지어 이 동네에선 모두 디젤 엔진 차량을 사용하는데, 가솔린 엔진 자동차는 시동을 걸 때 점화 플러그에서 튀는 불꽃이 전파와 간섭을 일으키기 때문이다.

그린뱅크 300피트 전파 망원경은 1961년 지어졌을 때 세계에서 가장 큰 단일 망원경이었다. 가시광선이 아니라 훨씬 긴 파장인 전파 영역의 빛을 모아 반사하고 초점을 맞추도록 설계한 300피트는 자기 사촌 격인 광학 망원경들과 하나도 닮지 않아 보였다. 광학 망원경은 모두 정밀하게 연마한 주경을 갖추고 거울을 보호하는 돔 안에 안전하게 들어가 있다. 300피트는 광학 망원경과는 달리 하얀 금속 그물망으로 만든 포물선 형태의 그릇 때문에 거대한 위성 접시나 통신 안테나에 가까워 보였다. 23층 높이에 무게는 600톤이나 되는 거대한 구조물이었지만 피트 같은 오퍼레이터가 망원경을 조종하는 덕분에 하늘에서 정밀한 정확도로 천체를 찾아 초점을 맞출 수 있었다. 300피트 망원경은 새로운 별이 태어나는 곳을 관측했고, 암흑 물질의 존재를 입증하는 데에도 중요한 역할을 했고, 꼼꼼하게 하늘을 탐색하면서 전파를 방출하는 천체 목록을 만들기도 했다. 엄청난 크기와 밝은 흰색으로 이 망원경은 지역의 상징물이 되었다. 28번 국도를 따라 북쪽으로 운전하다 보면 지역 농장 뒤 언덕에서 모습을 드러내는 망원경을 놓칠 수가 없었다. 하지만 피트는 지나온 길에서 망원경을 보지 못했다.

1988년 11월 16일, 그는 300피트 망원경에 출근해 주간 업무를 맡아볼 예정이었다. 워낙 자주 오고 가던 길이라 그날 아침 자기가 무엇을 보았는지(혹은 보지 못했는지) 깨닫는 데 잠시 시간이 걸렸다. 그러나 운전을 계속할수록 이상한 느낌은 머릿속을 떠나지 않았다. 피트는 확신했다. 망원경이 자기 자리에 보이지 않았다. 불가능한 일 같았다.

진짜로 망원경이 없었다.

며칠 전 오퍼레이터들과 기계공들은 망원경에서 이상한 소리가 나는 걸 들었다고 말했다. 종종 툭, 펑 하는 소리나 긁히는 소리였다고 했지만 누구도 여느 때와 특별히 다를 게 없다고 생각했다. 이런 거대한 금속 구조물은 항상 삐걱거리며 부딪치는 소리를 냈기 때문이다. 망원경 운영은 평소처럼 진행됐고 11월 15일 저녁, 망원경은 문제없이 작동하면서 획기적인 하늘 탐사를 위해 새로운 관측을 이어나갔다. 다음 날, 정기 유지 보수 작업이 이뤄질 예정이었다. 수신기를 교체해서 망원경이 관측하는 전파 파장 대역을 변경할 계획이었다. 그리고 오퍼레이터와 기계공이 실제로 망원경을 타고 기어 올라가 작업을 수행할 것이었다.

그날 밤 그린뱅크 300피트 망원경에 어떤 일이 있었는지는 《하지만 재미있었다: 그린뱅크 전파천문학의 초기 40년But It Was Fun: The First Forty Years of Radio Astronomy at Green Bank》이라는 책이 묘사하고 있다. 이 책은 천문대가 운영을 시작하고 40년간의 역사를 연대기 형식으로 기록해 과학 논문과 일화를 담았다.

그날 야간 오퍼레이터로 300피트에 있던 유일한 사람은 그렉 몽크Greg Monk였다. 그렉은 거대한 망원경 바로 아래 건물 제어실에 앉아 있었다. 망원경이 여느 때처럼 관측하고 있는 것을 확인하고 나서, 그는 일어나 제어반에서 나와서 주방에서 음식을 가져오려고 복도를 따라 걷기 시작했다.

그때 시끄럽게 부서지는 소리가 났고 "머리 위로 제트기가 지나가다가 추락하는 듯한 낮은 웅웅거림"이 들렸으며 뭔가가 천장을 박살 냈다.[8] 천장 타일과 조명 기구들이 땅바닥으로 떨어져 나뒹굴었고 건물 전등이 나갔으며 그렉은 복도를 따라 쏟아지는 먼지구름을 볼 수 있었다. 그는 망원경 제어반으로 돌아가 긴급 정지 버튼을 누르고 건물 밖으로 도망쳐 도움을 청하려고 트럭에 올랐다. 차를 몰고 주차장을 돌자 땅바닥에 나뒹구는 잔해들이 눈에 들어왔지만 그렉은 140피트(약 40미터) 망원경으로 서둘러 향하는 것이 우선이었다. 같은 천문대 부지 안에서 도로를 따라가면 작은 140피트 망원경이 있었고 그렉은 그곳에 다른 직원들이 있으리라는 것을 알았다. 운전하는 동안 쨍그랑하고 유리 깨지는 소리와 함께 뒤 창문이 부서졌다. 나중에 어떤 사람이 차 뒷좌석에 떨어져 있던 큰 볼트를 가리키며 "페인트 색깔을 보니 300피트 망원경에서 떨어진 것 같아"라고 말했다.[9]

140피트 망원경 관리자인 조지 립탁George Liptak과 다른 오퍼레이터인 해럴드 크라이스트Harold Crist를 차에 태우고 300피트로 돌아가는 길, 차 헤드라이트가 비추는 불빛에 전체 피해 규모가 나타났다. 망원경 전체가, 접시와 지지대 구조물을 포함한 '전부가' 땅에 쓰러져 혼란의 더미 속에 누워 있었다. 조지는 그 광경을 "무너진 썩은 버섯처럼"[10]이라고 표현했고 해럴드가 받은 인상은 "붕괴하거나 전복된 증기선"[11]의 모습이었다. 이윽고 현장에 도착한 천문학자 론 마달레나Ron Maddalena도 한마디 보탰다. "강철이 그렇게 구부려질 수 있는지 몰랐어요. 철이라기보다는 캐러멜 같아 보였어요."[12]

소문이 삽시간에 퍼졌고, 이 소식을 전해들은 반응은 아주 예측 가능한 형태로 나타났다. 천문대 직원들은 못 믿겠다는 태도를 보이다가('무너졌다'고? 망원경은 그냥 '무너지지' 않아) 현장으로 향해 망원경 잔해를 직접 보고 나서는 그다지 심각하지 않던 불안이 입을 다물지 못할 경악으로, 끝내 애도하는 감정으로 바뀌어갔다. 누구든 현장을 본 사람이라면 망원경이 전혀 복구되지 못할 상태라는 걸 이해할 수 있었다. 그

300피트 그린뱅크 망원경이 역사적인 붕괴 사건을 겪기 전과 후의 모습.
ⓒRichard Porcas, NRAO/AUI/NSF

래도 그날 밤 직원들은 전자 장치들을 보호하기 위한 작업을 했고(건물 지붕에 구멍이 크게 뚫려 있었고 비 예보가 있었다) 더 심각한 일이 벌어지지 않았다는 사실에 가슴을 쓸어내렸다. 거대한 기둥들이 건물 곳곳을 그대로 강타했지만 누구도 다치지 않았으니 다행이었다.

다음 날 아침 출근길에서 망원경이 보이지 않는다는 사실을 깨달은 피트가 오전 8시에 천문대에 도착해서 보니, 망원경이 있던 자리에 남은 건 하얀 잔해 무더기였다. 피트는 자기가 일하던 망원경이 사라졌다는 사실을 전 세계와 거의 비슷한 순간에 알게 되었다. 망원경 붕괴 소식은 이미 빠르게 퍼져 마침내 전국 방송에까지 등장했다. 피트는 집을 사려고 준비하던 터라 사고가 일어나기 바로 전날 은행에서 대출을 신청했었다. 그는 아연실색한 동료들과 함께 무더기를 바라보고 있다가 은행이 여는 시각인 오전 9시가 되자 천문대 건물로 차를 몰면서 전화를 했다. "대출을 보류해주세요." 피트가 은행 직원에게 말했다. "제가 직장을 잃을지도 모르거든요."[13]

면밀한 조사 끝에 무려 112쪽에 이르는 보고서가 완성되었다. 건설

계획과 안전계획을 점검하고 망원경이 무너지기 직전까지, 그리고 심지어 무너지는 동안에도 기록된 망원경 자료를 모아 철저하게 진행한 조사였다. 비극적인 구조물 붕괴 이유는 궁극적으로 망원경의 주요 지지 트러스를 구성하는 필수 요소인 거싯플레이트에 과하게 가해진 힘 때문으로 밝혀졌다. 조사 결과 사고는 누구의 잘못도 아니었다는 결론이 내려졌다. 표준적인 유지 보수와 운영 절차는 적절했고 붕괴를 예측할 수 있었던 어떤 구조적인 문제도 없었기 때문이다. 그리고 다른 전파 망원경에서도 비슷한 사고가 벌어질 수 있다는 사실을 믿어야 할 특별한 이유도 없었다.

간단히 말해, 매우 실망스럽게도, 망원경은 '그냥 넘어졌다.'

✦ ✦ ✦

300피트 망원경 붕괴 사건은 망원경이 어떻게 무너질 수 있는지 보여주는 역사상 가장 극적인 예다. 누구도 다치지 않았지만 이 사고를 통해 우리가 그렇게 커다란 구조물과 복잡한 장비를 세워 조종할 수 있다는 사실이 얼마나 훌륭한지, 동시에 얼마나 쉽게 일이 잘못될 수 있는지 깨닫게 되었다.

망원경은 정교한 광학과 공학 기술의 절정을 보여준다. 산 정상의 가혹한 환경을 견뎌내도록 만든, 집 한 채만큼 커다란 과학 기기지만 우리 지구의 움직임을 완벽하게 따라가려면 또한 대단히 정밀한 움직임이 가능해야 한다.

망원경 거울이나 접시는 빛을 모아 적절히 초점을 맞추도록 수학적 기술에 따라 완벽한 곡면을 이뤄야 하고 허용되는 오차도 몹시 작다. 극한의 정밀도가 필요한 이유는 물리학에 있다. 망원경이 알맞게 빛을 반사하고 모으려면, 거울이나 접시의 형태는 관측 파장의 5퍼센트 이내로 정확해야 한다. 광학 망원경에서 이 정도 정밀도는 사람 머리카락 하나 폭보다도 수천 배 작은 20나노미터에 이른다. 이런 수준의 정밀도에서는 거울 곡면의 아주 작아 보이는 오차조차도 우리가 원하는 훌륭한 자료를 완전 엉망으로 만들어버릴 수 있다. 허블 우주망원경은 잘 알려졌다시피 초점이 어긋난 거울을 싣고 발사되었다. 그리고 결국 우주 비행사를 보내 보정 광학계를 설치하는 서비스 미션을 추가해야만 했다. 그 대단한 실패는 망원경의 2.4미터 주경이 1만분의 1센티미터 정도 더 평평했기 때문에 빚어진 결과였다.

아니나 다를까, 거울 때문에 망원경에서 문제가 발생하는 일이 흔하다. 거울은 커다란 유리 조각이기 때문에 사람들은 당연히 망원경 거울이 부서지기 쉽다고 생각할 것이다. 하지만 꼭 그런 이유만은 아니다. 망원경 거울을 만드는 재료는 진짜 유리이긴 하지만 대부분 실제로 몇 톤에 이르는 두꺼운 붕규산 유리다. 전통적인 유리 베이킹 접시를 만드는 데 사용하는 소재와 같은 단단한 안전유리다. 물론 거울이 깨지는 일이 전혀 불가능하지는 않다.

제이 엘리아스Jay Elias는 불행하게도 그런 사고를 직접 겪은 몇 안 되는 사람 중 하나다. 윌슨산에서 다른 천문학자인 조지 프레스턴George Preston, 아닐라 사전트Anneila Sargent와 한자리에 앉아 아침을 먹던 어느 날 오후, 조지가 각자의 소중한 밤이 어땠는지 물었다. 천문대에서 상대적으로 작은 24인치(약 0.6미터) 망원경으로 관측하던 제이는, "음… 좀 어려웠어, 아마도"라고 대답했다.[14] 추궁하자 제이는 지지판이 잘못 조여져 있어 부경이 망원경에서 떨어졌다고 설명했다. 같은 테이블에 있던 동료들은 놀라서 혹시 거울이 부서졌냐고 물었다.

제이는 잠시 생각한 뒤 대답했다. "글쎄, 조금은."[15]

내가 스바루 망원경에서 겪은 거울 모험은 또 다른 경우다. 나는 그날 밤 운이 좋았다. 망원경이 오류 발생을 보고했는데, 망원경 주간 직원들 말대로 거짓 경보였다. 그래서 장비를 '껐다 다시 켜는' 일이 문제 해결 방법의 전부였다. 지지대가 '이미' 고장 나 180킬로그램에 이르는 부경이 정말 20미터 아래로 떨어졌다면 아마 확실히 거울이 깨졌을 것이다. 어쩌면 콘크리트 바닥에 찌그러진 자국도 만들었을지 모른다.

여전히 천문학자들은 섬세하게 제작되어 반짝이는 거울 표면에 상처가 나는 일을 가장 두려워한다. 이런 우려 때문에 눈과 비가 내리고 모래와 바람이 날릴 때 돔을 닫아 망원경을 보호한다. 현대의 망원경 거울 대부분은 주기적으로 코팅 작업을 거친다. 이 작업은 거울 표면이 손상을 입지 않도록 하는 최고 수준의 대비라고 할 수 있다. 거울을 지지대에서 꺼내 원래 있던 코팅을 벗기고 씻기고 광을 내고 '알루미늄을 다시 씌우는' 과정을 거치는데, 마지막 단계에서 거울 표면을 일상적인 마모로부터 깨끗한 상태로 복구하기 위해 얇은 알루미늄이나 은 코팅을 새로 씌운다. 어떤 천문대들은 재알루미늄화 장비를 직접 갖췄지만 나머지 천문대는 몇 년에 한 번씩 짧게 운영을 중단하고 거울을 다른 장소로 보내 작업을 한다. 망원경에서 거대한 거울을 꺼내 제발 떨어뜨리지 않기만을 바라며 조심스레 들어 옮기는 작업은 거리가 3미터든 10킬로미터든 머리카락을 쭈뼛하게 만든다.

날씨가 거울을 훼손하는 가장 주된 원인이기는 하지만, 유일한 원인은 아니다. 어느 날 저녁 스바루 망원경의 프라임 포커스에 달려 있던 카메라에 새는 곳이 생겨, 밝은 오렌지색 냉각제가 망원경 아랫부분에 있는 다른 카메라들뿐 아니라 주경에까지 흘러버렸다. 냉각제는 차의 부동액으로도 쓰이는 에틸렌글라이콜과 물의 혼합 용액이었다. 평소엔 깨끗한 거울 위로 밝은 오렌지색 액체가 이곳저곳 튀어 처음엔 걱정스럽게 보였지만 유출이 다행히 돔 안에서만 일어났고 냉각제도 거울을 부식시키는 성분은 아니었다. 그러나 다른 어떤 망원경에 있는 천문학자들은 그만큼 운이 좋지 못했다. 부경을 지지하면서 균형을 맞추는 데 쓰이는 액체 수은이 안쪽 튜브로부터 흘러나온 것이다. 누군가 돔 안 카펫에 떨어진 수은 한 방울을 발견했고 재빨리 치운 다음 조사가 시작되었다(직업안전위생관리국에서의 방문도 포함되었다). 거울을 잘 살펴본 사람들은 깜짝 놀라고 말았다. 수은과 알루미늄은 잘 섞이지 않는 것처럼 보이지만 이미 거울에 떨어진 수은 방울이 알루미늄 코팅을 넓게 벗겨버린 상태였다.

✦ ✦ ✦

가동부가 여러 개인 어떤 장비나 그러하듯, 망원경도 스스로 고장 나는 데 놀랄 만큼 능숙하다. 300피트 망원경에서 떨어진 골치 아픈 거싯플레이트는 가장 극적인 사례지만, 이것도 유일한 사례가 아니다. 여러 가지 사소한 고장이 난다고 해서 망원경에 장기적인 피해를 주지는 않으나 하룻밤을 날려버리거나 관측을 지연시킬 수 있다. 내가 세로 토롤로에서 관측하던 초반에 우리가 쓰던 카메라 셔터가 오작동을 일으킨 적이 있다. 카메라를 고치려면 차로 두 시간 거리인 라 세레나로부터 교체 부품을 가져와야 했다. 동료와 나는 세로 토롤로의 돔 밖에 서서 몇 시간을 기다렸다. 감탄하며 아름다운 밤하늘을 바라보는 동시에 한쪽 눈은 아래 언덕에 고정하고 라 세레나에서 셔터를 싣고 오는 차 헤드라이트 한 쌍이 우리 쪽으로 구불거리며 다가오는 것을 보았다.

움직이는 돔 역시 망원경과 비슷하게 쉽사리 고장이 난다. 그리고 돔을 열거나 닫거나 회전하는 과정에서 어떤 오류가 발생하든 관측을 방해할 수 있다. 대부분 관측자는 날씨와 마찬가지로 이런 일에 익숙해져 있으므로 그냥 앉아 기다릴 것이다. 신속하고 창의적인 수리로 귀중한 망원경 시간을 조금이라도 더 살려낼 수 있기를 바라면서. 그러나 가끔은 몇 시간 넘게 손을 놔야 하는 경우도 생긴다.

마이크 브라운은 어느 날 저녁 동료들과 함께 마우나케아 산꼭대기에 있는 켁 망원경을 이용한 관측을 준비하고 있었다. 켁 망원경 관측은 원격으로 이뤄지기에 천문학자들은 산꼭대기 대신 하와이 빅 아일랜드 북쪽에 위치한 와이메아의 제어실에 앉아 지상에서 망원경을 조종하고 마우나케아의 오퍼레이터와 화상 통화로 의견을 주고받는다. 켁 망원경에서는 며칠째 줄지어 관측이 이뤄졌고, 마지막인 마이크의 관측이 있기 전날 밤이었다. 그는 동료에게 인사나 하려고 제어실 안으로 고개를 들이밀었다. 마침 그 순간 화상 연결을 통해 산꼭대기에서 엄청 요란한 소리가 들려왔다.

망원경 셔터에 심각한 문제가 있었다. 셔터는 조개껍데기처럼 열고 닫히는 구조였는데 땅에 떨어져 전선과 전기 회로 일부가 공중에 매달려 있게 되었다. 다행히 망원경이 훼손되지는 않았지만 주간 직원은 기겁해서 바로 돔을 수리하기 시작했다. 확실히 심각한 기계적 결함이었고, 마이크와 그의 팀은 아마 관측하지 못하리라는 연락을 받았다. 어쨌든 사고가 일어난 직후 망원경 돔을 닫을 수조차 없었고 모든 직원이 셔터를 수리하는 일에 매달려 있었으니, 마이크는 관측을 준비할 방법이 없었다.

사실 오랜 관측에 지쳐 집에 갈 준비가 되어 있던 마이크와 그의 팀은 셔터가 고장 났다는 현실을 받아들이고 관측을 포기하기로 했다. 비록 신중하게 계획했던 관측 계획이 불행한 결말을 맞게 되었지만 말이다. 그들은 비행기 티켓을 바꿨고 빅 아일랜드 서부 해안가로 한 시간을 달려 코나에 도착했다. 렌터카를 반납하고, 자기들이 좋아하는 시내 식당에서 피자와 맥주로 기분 전환을 할 셈이었다. 이런 만찬은 대개 관측 마지막 날을 위해 아껴둔다. 분명 관측 전 음주가 끔찍한 생각이라는 데 많은 천문학자가 동의할 것이다.

몇 시간 동안 술로 슬픔을 달랜 뒤, 이들 무리는 택시를 타고 공항에 도착해 집으로 돌아가는 비행기에 오르려 수속을 밟던 중이었다. 그때 마이크에게 메시지가 도착했다. 켁 망원경 직원이었다. 망원경 직원들이 결국 그날 오후에 바로 돔 셔터를 고치기는 어렵겠다는 결론을 내렸고 대신 관측 준비를 시작했다는 것이었다. 직원은 마이크와 동료들이 돌아와 그날 밤 관측을 하면 어떻겠느냐고 말했다. 술기운에 멍한 그들은 당황스러웠지만, 하룻밤 켁 관측을 포기할 수는 없다고 생각했다. 그들은 다른 택시를 불렀고, 아름다운 자료를 얻기 위한 밤샘 관측이 시작되기 전 와이메아로 돌아가는 한 시간 동안 취기를 걷어냈다.

그렇지만 망원경 오작동이 때때로 꽤 확실하게 관측을 끝내버릴 수도 있다. 어떤 천문학자는 세로 토롤로 4미터 망원경에서 관측하고 있었는데, 이상하게 시상이 갈수록 나빠지고 있음을 발견했다. 망원경 위를 덮고 있는 공기가 천천히 그러나 확실하게 일렁이고 떨리면서 이미지를 엉망으로 만들고 있었다. 그는 처음에 왜 이런 일이 일어나는지 도저히 이해할 수 없었다. 밤하늘은 깨끗했고 시상은 보통 이렇게 빠르게, 급속도로 나빠지지 않기 때문이었다. 특이하게도 처음에는 찬 겨울밤이면 볼 수 있는 아름답고 깨끗한 이미지가 나타나다가 뜨거운 여름의 도로나 다른 열원 위로 보일 법한 형편없는 이미지로 바뀌어갔다.

그가 건물 밖으로 머리를 내밀어 대체 무슨 일이 일어나는지 보려고 아래층으로 내려갔을 때, 바로 열원을 확인할 수 있었다. 망원경 벽이 불타고 있었다.

망원경 기기 중 하나에서 누출이 있었고 글라이콜이 벽을 따라 흘러내렸는데, 건물 내부의 전선에서 불꽃이 튀면서 이 가연성 액체와 벽 자체가 화염에 싸인 것이다. 관측자는 별일 아니라는 듯 소화기를 꺼내 불을 진압했다. 그의 동료들이 추측하건대 천문대 운영 팀이 개입하지 않았더라면 그는 다시 올라가 관측을 이어나갔을 것이다. 어쨌든, 그는 시상 문제를 해결했다.

✦ ✦ ✦

천문학은 문제를 해결한다는 명목으로 가능한 모든 방법을 동원해 진정 혁신적인 해법들을 찾아냈다.

이따금 기술적인 문제나 고장 난 장비를 맞닥뜨릴 때면 천문학자들은 무엇이든 손길이 닿는 곳에 있는 이것저것을 가져다가 임시 해결책을 찾곤 했다. 진취적인 관측자들은 야간 점심인 샌드위치를 싸고 있던 플라스틱 랩을 이용해 광 분배기를 만들었고, 면도날 한 쌍을 가져다가 조정 가능한 분광기 부품도 만들었고, 망원경 회전을 돕는 균형추로 쓰려고 사다리나 무게추, 심지어 자기 자신을 지지대 뒤쪽에 갖다 걸기도 했다.

이상하게 들리겠지만 망원경이 너무 커도 문제다. 그래서 이를 임시 해결할 방안이 필요한 때도 있다.

큰 망원경 거울은 두 가지 주요한 장점이 있는데, 작은 거울보다 더 넓은 면적을 이용해 빛을 모으고 더 선명한 이미지를 만들 수 있다. 빛을 모으는 능력인 집광력은 망원경의 중요한 특성인데, 더 큰 거울을 사용하면 집광력이 좋아 더 어둡고 더 멀리 떨어진 천체를 관측할 수 있게 된다. 그런데 가끔 이 훌륭한 집광력이 문제가 된다. 만약 우리가 거대한 지름 8미터 거울로 너무 밝은 천체의 사진을 찍어야 한다면 어떤 일이 일어날지 생각해보라. 마치 한낮에 휴대전화 카메라로 태양을 직접 촬영하는 상황과 비슷하다. 당신은 결국 포화된, 쓸모없는 사진을 얻는다. 실제로 천문학 연구에서 사용하는 어떤 CCD들은 너무 민감한 나머지 포화시키면 지워지지 않는 자국이 남을 수도 있다. 흡사 당신이 밝은 빛을 보고 난 다음 눈에 잔상이 남듯이 말이다.

그래서 천문학자들은 가끔 망원경 거울 중 '일부'만 사용하면서 큰 망원경이 제공하는 선명함과 뛰어난 장비를 동시에 쓰고 싶을 때가 있다. 예를 들면 은하수의 밝은 별을 공부하는 어떤 저자*나 그녀의 지도교수처럼. 이런 경우에 종종 커다란 원형 발포 고무 조각 한가운데 구멍을 뚫어 거울 앞에 밀어 넣는 방법이 가능하다. 그러면 인위적으로 망원경 사용 면적을 줄여 포화의 위험을 걱정하지 않고도 밝은 별을 관측할 수 있다. 거울 위를 고무 조각으로 덮으려면 망원경을 기어올라야 하는데, 천문대에는 정글짐처럼 명확한 안전 수칙이 존재하지 않기에, 가끔 즉흥적인 작업이 필요하다(나에게는 어떤 망원경에서 커다란 폼 조각과 접착테이프를 들고 지지대를 기어오르던 잊을 수 없는 경험이 있다. 매끄럽게 페인트칠한 지지대를 오르기 위해 맨발로 마찰력을 더했고, 올라가면서 망원경에 너무 가까이 다가가지 않되 폼을 붙이기 가장 좋은 위치가 어디인지 파악했다. 그리고 일이 잘못되면 우리가 얼마나 큰 곤경에 처할지도 상상했다. 다행히 그 실험은 순조롭게 진행되었다).

전혀 손쓸 수 없는 경우도 있다. 그럴 때면 천문학자들은 주어진 상황에 만족해야만 한다. 이럴 때 경험 많고 능숙한 관측자의 능력이 빛을 발한다. 베라 루빈이 킷픽에서 관측하던 어느 날 밤, 작동하던 망원경이 고장 나서 멈춰 섰다. 여전히 관측을 이어나가 자료를 얻을 수는 있었지만, 망원경 회전이 불가능했다. 다른 관측자라면 포기하고 관측을 접었겠지만 베라는 그냥 즉시 계획을 바꿨다. 그녀는 시간대별로 망

* 자기 자신을 능청스럽게 이르고 있다.

원경 위를 지나갈 천체들이 무엇인지 계산해서 관측 목록을 정리했고, 남은 밤 동안 성공적으로 관측을 수행했다.

유난히 똑똑한 사람들이 고장 난 망원경을 고치는 멋진 해결책을 생각해내고 있던 반면에, 사람이 문제의 '근원'임을 보여주는 사건들도 그만큼 많다.

생각해보면 천문대에서 간혹 일어나는 실수는 특별히 놀라울 일도 아니다. 천문대에서는 지친 사람들이 외딴 곳에서 엄청나게 섬세한 장비를 다루며 일한다. 수면 부족, 산소 부족을 넘어서서 판단력이 흐려진 상태인 데다가 문제를 해결하고 자료를 얻는 동안 '알 게 뭐야, 그냥 질러버려!' 하는 태도가 정신을 지배한다. 그러다 보니 최고로 신중하고 능숙한 천문학자라도 언제나 최선의 선택을 하거나 망원경을 가장 아끼는 보호자 역할을 하지는 못한다. 거의 모든 관측자에게는 머리털이 쭈뼛 서는 위기일발의 순간을 겪거나 실제로 "맙소사, 내가 망원경을 박살 냈어"라는 말을 뱉은 경험이 있다. 이런 순간은, 그리고 그때의 '공포'는 처음 망원경에서 일하는 젊은 관측자들을 거의 마비시킬 수 있다.

인생 첫 관측의 그날 밤, 나는 필 매시와 킷픽 제어실에 앉아 있었다. 망원경을 써보고 싶어 안달이 나 있는 동시에 뭔가 고장 내는 건 아닐까 잔뜩 겁을 먹고 있었다. 일하는 동안 필은 칠레 세로 토롤로에서 관측했던 이야기를 들려주었다.

CCD 카메라가 쓰이기 시작하던 초기에 필은 36인치(약 0.9미터) 망원경에서 관측했는데 CCD 오작동 때문에 관측이 중단되었다. 그날 밤 4미터 망원경에서도 문제가 있었기 때문에, 지원 팀 직원들이 더 큰 망원경에 우선 파견되어 36인치 망원경은 대기 중이었다. 문제의 CCD를 마주하고 전기 회로가 말썽임을 알아차린 필은 기기 바깥으로 삐져나온 전선 두 가닥을 발견했다. 한 선에는 플러그가, 다른 한 선에는 소켓이 달려 있었다. 그는 두 전선을 연결해보기로 했다.

불행히도 전선 연결은 문제를 해결하는 대신 CCD를 접지시켜버렸다. 두 전선이 접촉되자마자 망원경 검출기 전체를 구워버려, 한순간에 최첨단 이미징 시스템 기기가 값비싼 고철 덩어리가 되어버렸다. 그는 몹시 당황했다.

아직 필의 이야기는 끝나지 않았다. 다음 날 밤, 필은 일몰을 바라보며 자신의 커리어가 끝나리라 생각하고 있었다. 망원경 직원 한 명이 다가오더니, 시키지도 않았는데 어느 날 밤 실험실에서 다루던 5,000만 원짜리 이미징 튜브에 관한 이야기를 늘어놓기 시작했다. 그 직원은 자기가 튜브를 테이블 한쪽에 옆으로 눕혀두고 잠시 뒤돌았는데, 튜브가 테이블에서 땅으로 굴러떨어져 깨졌다고 했다. 필은 고개를 끄덕이며 이야기를 들었다. 직원의 사고 이야기에는 사실 자기를 격려해주는 위로가 깔려 있다고 생각하며.

필에게 말을 건넨 이는 여전히 천문대의 소중한 직원이었고 필도 오랫동안 성공적인 경력을 쌓아나갔다. 그리고 킷픽에서 나의 첫 번째 관측 날 밤, 필은 비슷한 이유로 내게 자기 이야기를 들려주었다. 관측을 처음 접하는 사람들은 제어실에서 숨만 잘못 쉬어도 거대하고 유일무이한 망원경 부품이 고장 날 거라고 상상하다 스스로 겁먹는 일이 잦다. 그런 일이 벌어지면 '즐거워할' 사람은 없겠지만(타버린 CCD 이야기는 필이 보고하기도 전에 상사에게 알려졌고, 그는 관측에서 돌아가자마자 살짝 혼났다) 이런 이야기는 특히 긴장한 젊은 과학자들에게 일종의 교훈이 되는 동시에 안심도 된다. 조심하고 주의를 기울여라, 하지만 이런 일은 언제든, 누구에게든 벌어질 수 있다는 사실도 기억해라.

✦ ✦ ✦

이 책을 쓰려고 동료 천문학자들을 인터뷰하면서, 한 사람 한 사람에게 각자가 전해 들은 이야기를 포함해서 가장 좋아하는 관측 이야기가 있는지 물었다. 자세한 설명이나 직접 확인한 사실을 알려달라고는 하지 않았다. 우리 분야에서 전설이 된, 천문학자 버전의 구전되는 설화에는 어떤 것들이 있는지 알고 싶었다.

가장 흔한 답변은 "혹시 총 맞은 망원경 이야기 이미 들었어?"였다. 총 맞은 망원경 이야기는 이런 이야기가 항상 그렇듯 조금씩 과장이 붙으면서 실제로 사고가 일어난 때로부터 50여 년간 입에서 입으로 전해졌다. 이야기는 다양하게 변형되었지만 쉽게 입증할 수 있는 공통적인 몇 가지 기본 사실이 있었다.

사고는 1970년 2월 5일 텍사스에서 벌어졌다(비록 텍사스 사람들이 이야기를 들으면 범인은 텍사스 출신이 아니었으며 이사 온 지 얼마 안 된 오하이오 사람이었다고 재빨리 지적하지만). 피해자는 맥도널드 천문대의 107인치(약 2.7미터) 망원경이었다. 맥도널드 천문대는 텍사스주 서쪽 귀퉁이에 자리 잡고 있으며 당시 망원경은 운영을 시작한 지 채 1년도 되지 않았다. 이야기가 전달될 때 주요한 논쟁거리는 방아쇠가 낮에 당겨졌는지, 관측 중이던 밤에 당겨졌는지다. 하지만 사고 기록을 보면 총성은 자정 조금 전에 들렀다는 사실을 확인할 수 있다.

이야기마다 범인의 정체도 바뀐다. 누구에게 묻는지에 따라, 범인은 미친 천문학자거나 불만을 품은 대학원생이거나, 특히 극적인 어떤 버전에서는 복수를 꿈꾸던, 불륜으로 바람맞은 연인이었다. 사실 총을 쏜 사람은 천문대에 갓 고용된 직원이었고, 그의 상사들 말에 따르면 그날 밤 범인은 술에 취했으며 신경쇠약을 겪고 있었다. 이유가 무엇이었든 간에, 결과는 확실했다. 그는 107인치 망원경 주경을 박살 낼 작정이었고, 망원경 건물에 들어가 오퍼레이터에게 9밀리 권총을 겨누고 거울이 시야에 들어올 때까지 망원경을 내리라고 명령했다. 그리고 주경을 향해 곧장 일곱 발을 쐈다.

그러나 107인치 망원경은 거의 4톤에 이르는 석영유리였으며 두께도 30센티미터가 넘었다. 범인이 바라던 대로 거울이 산산조각이 나 망원경이 파괴되는 대신, 총알은 다트판에 꽂힌 다트처럼 깔끔하게 그냥 유리에 '탁' 박혀 멈췄다.

결과가 실망스러웠던 범인은 총을 옆으로 내던지더니 망치를 들고 거울로 다가갔다. 다행히 그때 범인은 광기를 가라앉힌 상태였고 경찰이 출동했다. 하지만 혼란은 이어졌다. 현장에 도착한 경찰은 피해 규모를 확인하려고 망원경을 들여다보았고 겁에 질려 거울이 파괴되었다고 보고했다. 거울 한가운데에 큰 구멍이 나 있었다! 다행히 공황을 불러온 이 구멍은 대부분의 주경에서 찾을 수 있는, 부경에서 반사된 빛이 카세그레인 초점으로 향하도록 열어둔 일반적인 구멍이었다(나는 개인적으로 항상 경찰이 무엇으로 그렇게 크고 완벽한 원형 구멍을 만들 수 있다고 생각했는지 궁금했다. 왜냐하면 범인은 바주카포가 아닌 9밀리 권총을 쏘고 있었기 때문이다). 총격으로 텍사스의 망원경이 파괴되었다는 소식은 널리 퍼져 전국 방송까지 탔다. 저널리스트 월터 크론카이트Walter Cronkite는 아래위가 뒤집힌 다른 망원경 사진을 배경으로 근엄하게 비극적인 피해를 보도했다.

아름다운 새 107인치 망원경이 총격으로 못 쓰게 되었다는 소문에 천문학계에는 혼란에 빠졌고, 천문대 디렉터 할란 J. 스미스Harlan J. Smith는 곧 사고를 요약한 보고서를 발표했다. 보고서는 망원경이 실제로는 괜찮다는 사실을 강조했다. "범인의 총알과 몇 번의 망치질로 거울에 난 상처는 아주 작습니다. 총격은 반지름 3~5센티미터 정도의 작은 구멍 몇 개만을 남겼고, 이는 집광 효율을 1퍼센트 정도 떨어뜨립니다. (…) 사고 다음 날 망원경은 관측 프로그램을 재개했고 운영 첫해인 현재까지 무엇보다도 뛰어난 사진을 만들어내고 있습니다."[16]

사람들은 결국 망원경이 수난을 겪고 107인치에서 106인치로 작아졌을 뿐이라며 농담을 던졌다. 오늘날까지도 망원경 거울에 총알구멍들이 남아 있다.

✦ ✦ ✦

총구를 들이대는 상황이 벌어지지 않더라도, 천문대는 위험한 공간이 될 수 있음을 기억해둘 만하다. 망원경 현장은 대부분 험한 도로, 높은 고도, 가장 가까운 병원이 몇 시간이나 떨어진 외딴 장소, 움직이는 중장비와 지치고 다치기 쉬운 사람들로 조합된다.

높은 고도는 위험하다. 해수면으로부터 수천 미터 높이에서 천문학자들은 흔히 옅은 대기 때문에 일어나는 신체적인 변화와 씨름한다. 머리가 쪼개지는 듯한 두통, 어지러움, 탈진, 판단력 상실 모두 도전적인 과학 연구를 수행하는 중에 달가운 증상이 아니다. 고산지대에서 관측하다 보면 많은 천문학자가 평소라면 쉽게 이해할 물리 개념을 가지고 머리를 쥐어짠다. 끈질기게 노트를 써 내려가기도 하지만 관측을 마치고 내려와 다시 읽으면 대체로 횡설수설하는 내용일 뿐이라는 사실을 깨닫는다.

마우나케아의 스바루 망원경은 해발 약 4,300미터에 서 있다. 나는 다행히 그곳에서 관측하던 중 한 번도 심각한 고산 증세를 겪은 적이 없다. 하지만 동료 관측자들과 망원경 현장에 두는 산소 포화도 측정기를 손가락에 꽂고 천천히 떨어지는 혈중 산소 농도를 목격하면서 흥겨워했다(우리가 이런 놀이를 즐겁게 생각했다는 사실도 가벼운 산소 부족에 수반하는 일반적인 현기증에 시달리고 있었음을 암시한다). 세계에서 가장 높은 천문대 중 하나인 마우나케아는 높은 고도에서 관측자들이 안전하게 머무르도록 각별히 신경 쓴다. 천문대 기숙사는 높기는 하지만 잠자는 데 불편함은 없는 해발 2,700미터에 있다. 산에 도착하는 사람들은 망원경에 올라가기 전 숙소에서 하룻밤을 보내면서 몸을 적응시켜야 한다. 심각한 증세에 시달리는 사람이 생길 경우를 대비해 천문대 모든 돔은 산소 탱크와 산소 마스크를 갖췄다. 산소 부족은 얄궂게도 시력에까지 영향을 미쳐 산 위로 펼쳐진 하늘에 반짝이는 별빛처럼 작고 어두운 물체가 잘 안 보이게 만든다. 결국 몇몇 사람들은 용도에 어긋나지만 흥미로운 산소 탱크 사용 방법을 내게 알려주었다. 산소 부족 상태로 망원경 바깥에 나가 "에, 별로네"라고 하면서 밤하늘을 올려다본 다음, 산소를 들이켜면 시야에서 별이 꽃을 피운다는 것이었다.

천문대 꼭대기는 의료 서비스로부터 몇 시간씩 떨어져 있다는 사실도 간과해선 안 된다. 심각한 응급 상황이 생기면 서둘러 문명으로 달려가는 일 말고는 할 수 있는 일이 거의 없다. 배우 앨런 알다Alan Alda는 칠레 라스 캄파나스 천문대를 방문해 PBS TV 쇼 〈사이언티픽 아메리칸 프런티어〉의 에피소드를 위해 천문학자들을 인터뷰한 적이 있다. 그는 산 정상에서 창자 조임 때문에 극심한 고통을 겪었다. 결국 앰뷸런스에 실려 천문대 정상에서 라 세레나에 있는 병원까지 질주해 외과수술을 받아야 했다. 이 이야기는 그의 책 《절대 당신의 핫도그를 꽉 채우지 마라: 그리고 내가 배운 다른 것들Never Have Your Dog Stuffed: And Other Things I've Learned》에 쓰여 있다.

아타카마 사막에 있는 칠레 천문대들은 특히 응급 의료 상황에 대처하도록 시설을 잘 갖췄다. 칠레 북부에서는 산꼭대기보다도 닿기 어려운 장소에서 물리적으로 위험한 일이 벌어지기 때문이다. 2010년, 서른세 명의 광부가 69일이나 지하에 갇혀 있던 사고로 유명한 산호세 광산 역시 아타카마 지역이다. 칠레 법은 긴급 상황에 대비해 이런 외진 지역 가까이 의료진이 상주해야 한다고 명시한다. 어떤 천문학자는 돔 안에서 관측하던 시절 자기 동료 이야기를 들려주었다. 그 사람은 세로 토롤로에서 관측에 너무 몰두한 나머지 걸리적거리던 안전 체인을 걷어 차버려 플랫폼에서 콘크리트 바닥까지 등부터 떨어졌다. 걱정한 동료들은 그에게 의사를 만나러 가라고 했는데, 의사는 의자에 앉아 줄담배를 피우던 노인이었다. 노인이 천문학자에게 "복도를 걸어보시오"라고 했고 천문학자가 짧게 걷고 나자 문제가 없다고 진단했다. 노인은 자기가 광산에서 40년 동안 일했고 너무나 많은 낙상 사고를 목격했기 때문에 천문학자의 걸음걸이만 보고도 그가 심하게 다치지 않았다고 정확히 판단할 수 있다고 말했다.

낙상 자체는 천문학에서 큰 위험이다. 사다리를 올라 프라임 포커스 케이지로 들어가던, 높은 플랫폼에 서는 게 일상이던 시절까지 거슬러 올라가는 풍부한 역사 덕분에 특히 그렇다. 카세그레인 플랫폼이나 돔 안 작은 통로를 어둠 속에서 걷던 많은 천문학자는 낙상으로 다리가 부러지거나 등뼈에 금이 갔다. 이런 이야기에서는 보통 다친 천문학자가 응급처치를 위해 고통에 신음하며 실려 나가는 동안 동료 관측자에게 애처롭게 지시를 내리는 장면도 다양한 버전으로 전해 내려온다. "끝까지 노출을 이어가! 그리고 다음 대상으로 넘어가!" 망원경 시간을 조금이라도 잃지 않으려는 간절한 외침이다.

돔 안의 어둠 역시 도움이 안 된다. 천문학자들은 멍들고, 심한 뇌진탕을 겪고, 심지어 따뜻한 방에서 칠흑같이 어두운 돔으로 신나게 달려 나갔다가 망원경 균형추나 콘크리트 마운트에 머리를 박고 기절하기까지 했다. 망원경을 수동으로 가이드하며 돔에서 관측하던 시절에는 얼어붙을 듯한 차가운 온도도 문제였다. 긴 노출 중 접안렌즈에 눈을 대고 있다가 눈물에 젖은 눈가 피부가 금속에 얼어붙은 일을 겪은 천문학자가 많았다. 어떤 관측자는 망원경에서 접안렌즈를 풀어서 근처 따뜻한 방으로 가지고 들어가 눈에서 떼어낼 수 있을 때까지 침착하게 기다렸다가 관측하러 돌아갔다고 한다.

✦ ✦ ✦

이런 이야기를 듣다 보면 흥미롭다. 흔히 풍자적 웃음이 함께하고, 특히 당황한 천문학자가 자초했던 부상을 스스로 떠올리며 주변에 이런 이야기를 들려주는 경우, 재밌어서 듣다 보면 그런 상황을 슬랩스틱 코미디처럼 받아들이게 된다. 망원경에서 벌어지는 〈세 얼간이〉 토막극을 상상해보라. 얼빠지고 지친 채 높은 고도에서 어지러워하는 과학자들이 돔 주변을 위태롭게 걷다가 장비가 튀어나온 부분마다 머리를 부딪히는 모습을 말이다. 그러나 현실은 훨씬, 훨씬, 더 심각하다.

간혹 일어나는 일회성 부상으로 보일지 몰라도 실제로 사고 하나하나는 천문학자의 생활이 가끔 얼마나 위태로울 수 있는지를 상기시킨다. 사람들이 다치지 않도록 안전 수칙을 준수하고 둘씩 짝지어 2인조로 일을 하며 주의를 기울이더라도, 천문학자들이 직업과 과학에 대한 열정 때문에 거대한 움직이는 건물 안의 어둠에서 일한다는 사실은 변하지 않는다. 이런 환경에서 중장비는 전문적 훈련을 받은 사람들이 각별히 주의를 기울여 운영해야 한다.

마크 애런슨Marc Aaronson의 이야기는 그 어떤 이야기보다도 냉정한 현실을 뚜렷이 비춘다. 그는 천문학에서 가장 흥미롭고 오랜 질문인 허블 상수 값을 연구하던 애리조나대학 천문학자였다. 에드윈 허블Edwin Hubble이 1929년 처음 제안했던 허블 상수는 속력을 거리로 나눈 비율인 하나의 값이다. 허블 상수를 알면 우주 팽창을 믿을 수 없을 만큼 간단한 공식으로 정확히 기술할 수 있다. 하지만 값을 측정하는 일 자체가 지독히 어려우며 수십억 광년씩 떨어진 은하까지의 거리를 '정확하게'

결정하기 위한 방법이 발전될지에 달려 있다. 결과적으로 정확한 허블 상수 값을 결정하는 일은 거의 한 세기 동안 천문학자들 사이에 엄청나게 격렬한 논쟁의 대상이 되었다(허블 상수 값은 오랫동안 50과 100 사이를 왔다 갔다 하다가 최근에 와서야 65에서 75 사이로 범위가 좁혀졌다. 누구에게 묻는지에 따라 그 범위 안의 서로 다른 답을 들을 수 있다).

1980년대, 마크는 이 분야를 선도하는 훌륭한 젊은 학자였다. 그는 허블 상수와 관련한 연구를 발표하고 논의하는 주요 학회마다 초청받는 고정 멤버였다. 그는 또한 극도로 능숙하고 열정적인 관측자였다. 마크의 거대 망원경 관측 경험은 칼텍에서의 학부 시절까지 거슬러 올라가는 것이었다. 서른여섯의 나이에 그는 벌써 여러 영예로운 수상 경력을 뽐냈다. 애리조나 대학의 조지 밴 비스브록 상, 하버드 대학의 바트 복 상, 그리고 미국 천문학회에서 관측천문학 분야의 훌륭한 업적에 수여하는 뉴턴 레이시 피어스 상 등을 받았다.

1987년 4월 30일 밤, 마크는 킷픽 4미터 망원경에서 자기 학생과 함께 관측하고 있었다. 다른 은하까지 거리를 결정해 허블 상수 값을 개선하는 연구의 일부였다. 이른 밤, 그는 새로운 은하를 관측하려고 망원경과 돔을 돌려달라고 부탁하고 하늘 상태가 잘 보이는 돔의 좁은 통로로 서둘러 나갔다.

대부분 망원경과 마찬가지로, 4미터 망원경은 높은 원통형 빌딩과 그 위를 덮은 돔으로 구성되어 있었다. 망원경이 관측 대상 사이를 움직일 때, 돔 전체가 내부 망원경과 같이 회전해 돔의 열린 부분을 망원경 시야와 정렬한다. 망원경 바깥 좁은 통로는 돔 회전부 높이 바로 아래에 있었고 벽에는 무릎 높이쯤에 문이 있어 돔 내부와 통로를 연결하고 있었다. 거대한 돔 셔터 일부는 실제로 문을 칠 수 있을 만큼 낮았다. 그래서 연동 장치가 설치되어 돔을 회전시키려고 모터가 작동 중일 때는 문을 열지 못하게 되어 있었다. 그러나 누구도 충분히 고려하지 못했던 사실은 모터가 꺼진 다음에도 돔이 완벽히 정지한 상태가 아니라는 것이었다. 500톤 이상의 무게로 1초당 30센티미터의 속력으로 회전하는 돔은 완전히 정지하기 전에 관성에 따라 몇 미터를 조용히 움직일 것이었다.

그날 밤, 마크와 그의 학생은 통로 문에 도착해 바깥으로 나갈 준비가 되어 있었다. 모터가 멈추자마자 마크는 돔이 아직도 회전하고 있다는 사실을 알지 못하고 바깥 통로로 향하는 문을 열었다. 그가 문밖에 발을 내딛자마자 회전하던 셔터의 일부가 문을 때려 닫아버렸다. 마크는 즉사했다.

마크의 죽음은 천문학계 전체를 충격과 공포로 몰아넣었다. 끔찍한 사고였고, 학계는 좋은 친구이자 경력의 정점에 서 있던 유능한 동료를 잃었다. 두 달 뒤 '우주의 거대 구조' 학회가 그를 기리며 헌정되었다. 마크의 일과 마지막 연구를 요약했던 학회 논문(마크를 영예롭게 주 저자로 올려 유작이 된 몇 편의 논문 중 하나)에서, 그의 동료였던 에드 올셰프스키Ed Olszewski는 이렇게 썼다. "우리는 마크 애런슨 같은 과학자가 더 많이 필요하다. 아이디어가 넘치고, 아이디어를 열매로 맺을 수 있는 열정을 갖춘 과학자."[17]

킷픽에 있는 모든 망원경의 안전 점검 이후 오늘날 4미터 망원경은 3중 연동 장치를 돔에 갖췄다. 다른 여러 천문대도 마크의 사고 이후 안전 규정과 시스템을 개선했다. 애리조나 대학은 마크를 기억하며 매년 애런슨 렉처십을 수여한다. "관측천문학 분야에서 우주에 대한 이해에 커다란 발전을 가져온 중요한 연구를 해낸"[18] 개인을 위한 상이다.

06

자기만의 산

"관측자 좀 찾아줄 수 있을까요?"

질문에 당황한 나머지 그 사람이 내게 묻는 게 맞나 확인하려고 컴퓨터 스크린에서 고개를 돌렸다. 사실이었다. 마우나케아의 켁 망원경을 사용하는 천문학자들을 위해 마련한 와이메아 원격 관측실 안, 나는 유일한 사람이었다. 방금 걸어 들어온 사람이 내게 질문했을 가능성이 컸지만, 관측자는 나였다. 그리고 박사학위 논문을 위한 또 다른 밤의 관측으로 바빴다. 하늘 군데군데 구름을 살피며 날씨를 확인하고 고약한 적외선 분광기를 다루며 상황에 맞게 관측 목록을 정리하던 중이었다.

관측 대상은 불가사의하게 감마선을 분출하며 죽어가는 별들을 품고 있던 은하들이었다. 오늘 밤엔 특히 멀리 떨어진 은하들을 관측할 예정이었다. 이 은하들은 너무 멀리 있어 우주 팽창이 우리와 은하 사이를 광속에 가까운 빠르기로 갈라놓고 있었다. 맹렬하게 멀어지는 은하들에서 방출한 빛은 상대성 이론의 효과에 따라 '적색이동'이라는 현상을 보여준다. 적색이동은 도플러 효과의 전자기적인 사촌이라고 할 수 있다. 도플러 효과는 고전적인 현상이다. 만약 차가 경적을 울리면서 당신에게 접근한다면 경적의 음높이가 계속 높아지지만, 차가 당신에게서 멀어져 간다면 거꾸로 음높이가 점점 낮아진다. 도플러 효과는 음파가 소리를 듣는 당신에게서 상대적으로 압축되거나 늘어지면서 나타난다. 차가 당신에게 가까이 올수록, 음파가 압축되어 귀에 도착할 즈음이면 파장이 약간 짧아져 높은음으로 들린다. 반대로 차가 멀어지면 음파가 늘어져서 귀에 도착할 때는 파장이 길어져 낮은음으로 들린다.

관측하는 은하들에서도 같은 현상이 광속의 규모로 나타났다. 소리에서 짧은 파장은 높게 들리고 긴 파장은 낮게 들린다. 전자기파, 즉 빛에서 짧은 파장은 푸르게, 그리고 긴 파장은 붉게 보인다. 은하들은 우주가 거침없이 팽창함에 따라 우리에게서 매우 빠르게 멀어지고 있었기에 은하들이 방출한 빛은 늘어져 파장이 길어진다. 내가 그런 은하 중 하나로 여행할 수 있다고 가정하자. 은하 가까이에서 직접 방출되는 빛을 목격했다면 가시광선으로 보였을 빛의 파장이 지구에 도착할 때는 대폭 늘어나 적외선으로 보이게 된다. 적외선은 사람 눈으로 보기에는 너무 긴 파장이라 적외선 관측용으로 특별히 제작한 기기를 장착한 망원경을 써야만 검출할 수 있다.

어떤 자료를 얻고 싶은지는 잘 알고 있었다. 하지만 경험에 비춰보았을 때 내가 쓰는 적외선 기기는 신경질적일 수 있었다. 게다가 구름 낀 하늘을 보니 이미 내가 준비한 은하 목록 전체를 훑기에 이미 너무 많은 시간을 낭비했다. 그래서 남은 시간을 어떻게 써야 할지 고민 중이었다. 가장 밝고 쉬운 은하들부터 공략할까?, 아니면 어둡고 멀리 있지만 그만큼 더 흥미로운 은하들을 우선순위에 두어야 할까? 질문에 답하려면 각각의 은하가 언제 하늘에서 가장 관측에 최적인 위치에 오는지 다시 계산해야 했다. 그런 다음 어떤 은하들을 다음 관측으로 미뤄도 괜찮을지 결정해야 했다. 한 달 뒤에 또 관측이 있었기 때문이다. 그리고 오늘밤엔 자료를 얻는 대로 신속하게 처리하면서 기기가 정상적으로 작동하고 있는지를 확인해야 했다.

그렇다. 내가 관측자였다. 그리고 매우 바빴다. 두 가지 사실은 꽤 자명한 듯 보였다.

"제가 관측자입니다. 무슨 일이죠?" 나는 어릴 적부터 몸에 밴 '무뚝뚝한 뉴잉글랜드 주민'의 태도를 완전히 해제하기 어려울 만큼 몰두해 있었다. 그래도 최소한 고개를 들어 올려다보며 미소를 지었다. 내게 질문을 던졌던 남자는 다른 천문학자인 듯 보였다. 중년으로 보이는 그는 노트북 가방을 멨고, 티셔츠에는 다른 천문대 이름이 선명히 새겨져 있었다. 야간 점심이 들어 있는 캔버스 백은 불룩했다. 다른 천문학자라면 그는 켁 망원경이 처음이거나 동료에게 인사를 하려고 들른 베테랑일 수 있었다. 아니면 망원경이나 천문대, 또는 날씨에 관해 물으려고 들른 사람이거나. 날씨는 현재 관측자가 가장 정확히 대답해 줄 수 있었다.

남자는 멈칫했다. "아니, 책임자 말이에요."

책임자…. 그 또한 여전히 나였다. 지금 노출에 시간이 얼마큼 남았는지 확인하려 고개를 돌렸고 자료 처리를 이어나가고자 명령어를 몇 개 입력했다. "무슨 말씀이시죠?" 나는 남자가 켁에서 일하는 직원이나 정비팀 멤버 같은 사람을 찾는다고 생각했다.

이제 그는 약간 짜증 나 보였다. "이게 누구 망원경 시간이죠?"

"아, 내 거예요. 저는 에밀리예요. 저는 하와이 대ㅎ…"

"아니, 당신이 같이 일하는 PI가 누구냐고요? 일정에 올라온 그 남자 이름을 처음 봐서요."

아.

PI는 연구 책임자principal investigator의 약자다. 학계에서 PI는 연구나 망원경 관측 제안서를 이끌면서 공식적으로 연구비나 관측 시간을 받은 책임자를 뜻한다. 켁 망원경의 PI가 된다는 것은 일정 수준의 지식과 경험, 직책을 의미했다. 나를 찾아온 사람은 확실히 내가 PI처럼 보이지 않는다고 생각한 것이었다.

이상했다. 나는 관측실에 있는 유일한 사람이었고, 주 컴퓨터 화면 바로 앞에 앉아 있었고, 성도와 노트북 컴퓨터와 커다란 바인더에 둘러싸여 있었다. 바인더에는 학위 논문에 집어넣으려고 계획한 모든 은하의 정보를 담은 서류 뭉치가 꽂혀 있었다. 남자가 걸어 들어오는 순간에도 나는 산에 있는 오퍼레이터와 화상 통화 시스템을 통해 대화를 나누며 다음엔 어떤 대상을 관측할지 계획을 의논했다. 도대체 내가 누구처럼 보였단 말인가?

그렇긴 하지만, 내가 어떻게 보였는지 스스로도 물론 알고 있었다. 4년 차 대학원생으로 졸업을 앞둔(대학원생 기준으로는 공식적으로 경험이 충분했고) 스물다섯 살이었다. 밤새 긴 관측을 하는 동안 편안하고 따뜻하게 보낼 복장도 갖췄다. 헐렁한 플란넬 잠옷 바지와 펭귄 캐릭터가 그려진 긴 팔 티셔츠, 줄무늬 털모자까지. 오랫동안 짧은 머리를 고수하던 나는 땋은 머리가 자랑스러웠다. 박사학위를 받기 전까지는 머리카락을 자르지 않겠다고 맹세했고, 4년이 지나자 마침내 친구가 머리를 어떻게 땋는지 가르쳐줄 수 있을 만큼 머리가 길었다. 관측 때 즐겨 먹는 과자인 골드피시 한 봉지와 땅콩버터 M&M 한 봉지를 옆에 두었다. 그리고 키가 큰 사람들을 위해 만들어진 사무실 의자 중 하나에 양반다리를 하고 앉아 있었다. 신발은 벗어버렸고 밝은 노란색 양말에는 웃는 얼굴이 그려져 있었다. 간단히 말해, 나는 여자아이처럼 보였다. PI처럼 보이지 않았다.

"제가 PI예요. 에밀리 레베스크. 하와이 대학의 대학원생입니다."

"오." 그는 끄덕이더니 불만스럽게 입술을 오므렸다. "나는 내일 밤 관측이에요." 그는 말을 멈췄다.

나는 기다렸다. 보통 이 시점은 두 천문학자가 각자 어떤 연구를 하는지 대화를 시작하고 망원경이 어떻게 돌아가고 있는지, 날씨는 어떤지 이야기하는 순간이었다.

"나는 칼텍에서 왔어요. 우리가 연구하는 건…" 그가 말을 줄였다. "아무튼, 좋아요, 그냥 질문이 하나 있었는데… 다른 사람을 찾을게요." 그는 방을 반쯤 나가더니 다시 돌아왔다. "관측은 어때요?"

"좋아요! 구름이 좀 있긴 하지만, 어젯밤부터 보이던 안개가 사라졌고 그래서 밤 내내 망원경을 열고 있었어요. 시상도 꽤 좋아 보이고, 더 나아지고 있어요…."

"좋습니다. 또 보죠."

다시 관측으로 돌아왔다. 노출이 끝났고 우리는 망원경을 움직였다. 나는 구름 상태를 재확인했고 자료를 다운받는 동안 다음 노출이 시작되었다. 그러나 머릿속 한쪽에서는 의문이 떠나지 않았다. 갑자기 온갖 생각이 떠올랐다. 신발을 다시 신어야 할지, 청바지로 갈아입고 와야 좋을지, 땋은 머리를 푸는 게 나을지 궁금해졌다. 내가 정말 프로페셔널하게 행동하고 있었을까? 이게 진짜 PI의 모습일까?

내가 남자였다 해도 대화가 같은 방향으로 흘렀을까?

어떤 면에서는 그 애매한 상황이 나를 가장 괴롭혔다. 보통 어떤 상황이든 여성에게 '이게 성차별이야. 이 사람이 지금 성차별주의자처럼 행동하고 있다고!' 하는 신호가 분명히 드러나는 경우는 거의 없다. 내게 일어났던 일에 대해 몇 가지 다른 설명을 생각할 수 있다고 확신했다.

비록 그가 대화를 시작한 사람이고 확실히 '누군가'에게 무언가를 말하고 싶어 했지만, 어쩌면 그저 어색했거나 수줍었을지도 모른다. 나는 어려 보였다. 나는 어렸다. 스물다섯 살은 세계에서 가장 큰 망원경 중 하나의 조종간을 쥐기에는 꽤 어린 나이다. 어쩌면 그가 나이 때문에 내가 PI가 아니라 생각했을지도 모른다. 그러기에는 MIT에 널리 대단한 천재로 찬양받는 젊은 남자 교수가 있었고 어떤 사람도 그의 나이에 신경을 쓰지 않는 듯 보였다. 어쩌면 펭귄 캐릭터 셔츠 때문이었을까. 분명히 진지함이 묻어나진 않지. 빌어먹을, 내가 아는 많은 남자, 많은 교수도 슈퍼 마리오나 닌자 거북이 옷을 입고 일하러 가는걸. 그 사람들도 바보처럼 보였을 텐데. 나는 꼬마 아이처럼 양반다리를 하고 의자에 앉아 있었지, 우스꽝스럽게 보였을 거야. 키가 157센티미터라 방 안의 모든 의자가 높았고 밤 열 시간 동안 편안하게 앉으려고 했을 뿐인데. 골드피시 과자는 확실히 성숙함과는 거리가 있나? 양말이 너무 유치했나? 내가 남자였대도 그 사람은 내가 PI라는 사실을 받아들이기를 거부했을까? 그게 상관이 있나?

그전부터 내가 무엇을 공부하는지, 어떤 학교에 갔는지 말할 때마다 사람들이 놀랄 만큼 자주 물었다. 남성 위주의 분야에서 일하면서 여성으로 힘들었던 점은 없었냐고. 나는 언제나 재빨리 그렇지 않다고 대답했다. 진심이었다. 정말 그런 문제에 대해 생각해본 적이 없었다.

어쩌면 딱은 머리 때문이었을 테지.

✦ ✦ ✦

내가 만약 50년 전에 천문학자였다면, 성차별과 관련해 '차별이 맞나? 아닌가?' 하며 스멀스멀 떠오르는 질문으로 고심하지 않았을 것이다. 차별이 확실히 존재했기 때문이다.

1960년대 후반까지 캘리포니아 윌슨산과 팔로마산의 수도원에는 여성의 숙박을 엄격하게 제한하는 규정이 있었다. 그리고 여성은 공식적으로 망원경 시간을 신청하거나 PI가 (에헴) 될 수 없었다. 여러 다른 과학 분야에서처럼, 여성들도 엄청난 학구열과 열정을 품고 천문학을 공부하고 가르치며 현장에서 일했다. 그러나 여전히 망원경에서 관측은 남성의 일이라는 인식이 팽배했다. 물론 어떤 규정도 망원경에서 일하려는 여성을 '막기'에는 효과적이지 못했다. 천문대에서는 그저 규정을 추가해 일을 조금 더 어렵게 만들어두었을 뿐이다. 바버라 체리 슈바르츠실트가 그런 여성 중 한 명이다. 남편 마틴 슈바르츠실트도 뛰어난 천문학자였지만, 망원경을 실제로 다루는 법을 잘 알고 있던 건 바버라였다. 망원경 시간은 언제나 마틴의 이름으로 승인되었지만, 아니나 다를까 실제 관측하는 사람은 바버라였다.

마거릿 버비지도 비슷한 식으로 관측 연구를 시작했다. 1955년, 윌슨산은 그녀의 남편인 제프 버비지의 망원경 시간을 공식적으로 승인하기 시작했다. 제프는 훌륭한 이론천문학자였다. 그러나 당시 여러 관측자가 농담하기를, 제프는 망원경에 대해 아는 게 없었다. 실제 벌어지는 일은 산에선 공공연한 비밀이었다. 제프가 망원경을 사용하는 특권 덕분에 마거릿은 그의 '조수'로 관측할 수 있었다. 마거릿은 획기적인 연구를 펼쳐나갔다. 그녀가 주 저자로 제프, 윌리엄 파울러William Fowler, 프레드 호일Fred Hoyle과 쓴 논문*에서 마거릿은 가장 가벼운 원소들을 제외한 모든 원소는 별에서 생성되었다는 이론을 제시했다. 한마디로, 그녀는 "우리는 모두 별에서 왔다"라는 유명한 격언 뒤의 과학자 중 한 명이었다. 그래도 마거릿과 제프는 관측하러 가면 여전히 천문대 공터의 작은 오두막에서 머물러야 했다. 그녀의 수도원 숙박이 금지되어 있었기 때문이다.

앤 보스가드는 1966년 윌슨산 100인치 망원경에서 자신의 이름으로 시간을 승인받은 최초의 여성이었지만, 역시 오두막 신세를 졌다. 같은 시대에 엘리자베스 그리핀은 당시 남편이었던 로저 그리핀을 따라 케임브리지 대학교에서 윌슨산을 방문하기 시작했다. 방문 자체도 위업이었다. 부부 모두 천문학자였지만 다른 분야를 연구했는데 영국의 연구 재단은 로저에게만 연구비 신청 자격을 주었다.

---

* 1957년에 발표한 〈별 내부에서 원소의 합성Synthesis of the Elements in Stars〉이라는 제목의 논문이다. 저자들 이름의 첫 알파벳을 따서 B^2FH논문이라고 불린다.

로저는 윌슨산 출장을 위한 경비를 요청했다. 부부가 함께하는 길고 비싼 출장이었다. 이 부분에 대한 논쟁이 몇 주간 이어졌고 마침내 연구 재단은 두 과학자 모두의 출장 연구비를 승인해도 되는지 왕실 천문학자*에게 묻는 단계까지 이르렀다. 왕실 천문학자의 답장에 담긴 실질적인 질문은 이랬다. "왜 로저 그리핀 박사가 출장을 가야 하는지는 이해합니다. 그러나 그리핀 부인이 같이 가야 하는 이유는 뭐죠?"[19] 행정상의 어려움에도 불구하고 그리핀 부부는 결국 이겼고, 같이 윌슨산을 방문하는 연구비가 승인되었다. 하지만 엘리자베스와 앤, '두 명'의 천문학자에게는 진실로 성가신 어려움이 닥쳤다. 천문대에서는 여전히 수도원에 여성을 들이지 않을 것이었기 때문이다.

이 망원경들에서 관측한 최초의 여성 관측자들에게는 주거 규정 탓에 추가 장애물이 던져졌다. 검소하고 엄격하게 들리는 수도원 대신 사랑스럽고 작은 오두막에서 지낸다고 하니 소풍처럼 느껴질지도 모른다. 그러나 실제 윌슨산 오두막은 구색만 갖춘 꼴이었다. 전기는 들어왔지만 수도가 없었고, 샤워실이나 화장실도 없었다. 난방이라고는 '늙은 더들리'라는 별명이 붙은 고약한 장작 난로만 있어 겨울에 머무르기엔 몹시 냉랭한 장소였다. 앤과 엘리자베스는 긴 겨울밤 관측을 마치고 오두막으로 돌아와, 잠들 수 있을 만큼이라도 방을 덥히려고 늙은 더들리에 불을 때던 시절을 기억한다. 반면에 남성 천문학자들은 행복하게 따뜻한 수도원 안 침대로 곧장 가 누울 수 있었다. 게다가 오두막은 에코 포인트 부근에 있었다. 관측자들이 휴식을 취하는 낮, 관광객이

---

* 영국 왕실의 공식 직책으로, 1675년까지 그 전통이 거슬러 올라간다. 현재 왕실 천문학자는 1995년부터 자리에 앉은 마틴 리스Martin Rees 경이다.

나 등산객은 에코 포인트를 거닐며 명랑하게 서로에게 함성을 질렀다.

이런 상황 때문에 스트레스가 차오를 것이 뻔한데, 화장실까지도 스트레스를 더하는 원인이었다. 천문대에서도 고민했듯이, 여성은 어디서 소변을 봐야 하는가? 팔로마산에서 화장실 문제는 오랜 논쟁거리였다. 여성들은 화장실이 없어서 200인치 망원경에서 관측할 수 없었다(2장에서 언급했던 이야기를 기억해보라. 남자들은 프라임 포커스 케이지에 밤새 갇혀 있는 동안 한 손에 빈 드라이아이스 보온병을 들고 소변을 보았다). 기숙사에서도 야단이 났다. 아닐라 사전트Anneila Sargent와 질 냅Jill Knapp이 윌슨산 수도원에서 머무르는 첫 여성들이 되었을 때였다. 화장실과 관련한 우려가 있었고, 천문대 직원들은 남성 천문학자들과 화장실을 공유할 수밖에 없게 된 불쌍한 여성들을 걱정하며 애태웠다. 사실 아닐리아와 질 모두 천문학자와 '결혼'했음에도 이런 문제가 불거졌다. 아닐리아는 대수롭지 않게 대꾸했다. "이미 경험해본 일이에요."[20]

1965년에 베라 루빈은 캘리포니아에서 가장 큰 망원경인 팔로마산 200인치에서 시간을 받은 첫 여성이 되었다. 당시 팔로마 천문대는 그녀가 수도원에서 지내는 것을 허락했지만, 몇 가지 현실적인 문제를 해결해야 했다. 그녀의 첫 번째 관측 날 밤, 구름이 끼어 베라는 200인치 망원경을 구경하러 갔고 '유명한 화장실'을 보게 되었다. 그녀 혼자 쓰는 화장실 문에는 재밌게도 불필요한 "남성용"이라는 표지판이 분명하게 붙어 있었다. 베라는 2011년에 〈천문학 및 천체물리학 리뷰Annual Review of Astronomy and Astrophysics〉에 기고한 회고록에서 자기 연구 경험을 회상하며 이때의 일화도 묘사했다. 베라는 다음과 같이 간단히 문제를 고쳤다고 한다. "다음 관측 런 때, 나는 치마 입은 여성을 그려 화장실 문에 붙여두었다."[21]

베라는 1967년 나선 은하의 운동을 연구하기 시작하면서 관측천문학에서 가장 중대한 발견 중 하나를 해냈다. 당시 천문학자들은 나선 은하의 성긴 바깥쪽 팔은 공간을 천천히 회전하고, 은하 중심에 가까운 안쪽은 훨씬 빠르게 움직이리라 예측했다. 논리는 타당했다. 뚜렷하게 중심에 모여 은하의 질량을 구성하는 별, 먼지, 가스들을 분명히 볼 수 있었기 때문이다. 그리고 중력 법칙이 기술하는 바에 따르면, 중심의 질량 덩어리로부터 멀리 떨어질수록 중력의 영향을 적게 받아 천천히 회전한다.

베라는 이런 예측을 입증하리라 기대했지만, 놀라고 말았다. 은하의 변두리는 전혀 천천히 회전하지 않았다. 은하 바깥 경계에 놓인 가스와 별은 중심에 가까운 가스만큼이나 빠르게 회전하는 듯 보였다. 베라가 은하를 수십 개씩 관측한 다음 어떤 녀석을 살펴보더라도, 모두 한결같이 이상한 현상을 보였다. 베라는 이 결과 때문에 몇 달 동안 골치를 앓았다. 그리고 만약 은하마다 눈에 보이는 별, 가스와 먼지 이외에 눈에 보이지 않는 질량으로 이루어진 헤일로halo가 있다면 자료를 완벽하게 설명할 수 있다는 사실을 깨달았다. 암흑 물질의 첫 번째 관측 증거를 확인한 것이다.

우리는 오늘날에도 여전히 암흑 물질이 실제로 무엇인지 잘 모르지만, 그것이 존재한다는 사실은 확실히 안다. 베라의 발견 이후, 암흑 물질은 천문학자들이 우주의 역사와 진화를 설명하는 데 핵심적인 요소가 되었다. 새로운 관측에서도 우주에는 엄청난 양의 보이지 않는 질량이 있음을 확인할 수 있다. 베라의 발견은 물리학에서 완전히 새로운 연구 분야를 낳았고, 그녀는 마침내 직업 천문학자에게 수여하는 모든 영예로운 상을 휩쓸었다(노벨 물리학상은 예외인데, 이 상은 여성이 해낸 획기적인 연구에 대해서 오랫동안 상당히 무심했다). 베라가 암흑 물질을 연구하던 거의 모든 시간 동안, 그녀는 천문대에서 자기 시간을 받아 관측하는 몇 안 되는 여성들 중 하나였다.

몇 년 뒤, 베라는 라스 캄파나스 천문대에서 동료 디드레 헌터Deidre Hunter와 관측을 했다. 알고 보니 그날 밤 산에서 일하는 모든 천문학자는 여성이었다. 베라는 사람들을 제어실에 불러 모아 그 사건을 기념하고자 사진을 찍었다. 엘리자베스 그리핀도 윌슨산에서 비슷한 밤을 기억한다. 100인치 망원경에서 동료인 진 뮬러Jean Mueller와 관측하고 있을 때, 야간 조수도 여성이었다. 우연의 일치로 그들은 산에서 일하던 단 세 명뿐인 천문학자였고, 그날 밤 윌슨산 천문대에 있는 모두가 여성이었다. 두 사건은 1984년에 일어났고, 그해에 내가 태어났다.

✦ ✦ ✦

나는 1990년대 '너는 무엇이든 할 수 있어!'라고 북돋우는 '걸 파워' 분위기에서 자랐다. 가족과 선생님들은 성별에 관계없이 무엇이든 내가 마음먹은 목표를 추구해야 한다는 분명하고 확실한 메시지를 주었다. 그리고 남자친구인 데이브는 나와의 관계에서 열렬히 힘을 주는 파트너였다. 데이브는 어린 시절 보던 커리어 우먼 영화에서는 찾아보기 힘든 캐릭터였다. 그는 우리 관계가 동등해야 한다는 사실을 확실히 했다. 우리는 서로 도우며 각자의 커리어를 가치 있게 생각하며 항상 더

2000년 1월, 케이티 가머니Katy Garmany, 디드레 헌터, 베라 루빈이 킷픽 국립 천문대의 4미터 망원경 제어실에 모였다. 디드레가 언급했던 1984년 사진과 마찬가지로, 이 사진도 제어실에 세 명의 여성이 함께 있는 것을 기록하자는 베라의 요청으로 찍은 것이다.
ⓒJohn Glaspey

큰 꿈을 꾸기 위해 어려움을 헤쳐나갈 거라고.

처음 천문학계에 뛰어들었을 때, 천문학을 하는 데 성별은 별로 중요하지 않다고 스스로를 납득시키기는 쉬웠다.

앤과 베라를 비롯한 동시대 사람들의 이야기를 처음 들었을 때, 내 뇌는 반사적으로 그녀들을 고대사에 배치했다. 대학을 다니면서 그리고 대학원생으로 지내는 동안 "여성은 기숙사에서 지내거나 망원경에서 관측하는 것이 금지되어 있었다"라는 이야기를 들을 때마다, 머릿속에는 어떤 그림이 떠올랐다. 이상한 세피아 톤 그림에 《빨간 머리 앤》과 여성 참정권 운동가 다큐멘터리가 섞여 있었다. 남자들은 회중시계를 들고, 여성들은 길고 검은 에드워디언 치마를 입었다. '그때'는 여성들이 여성이라는 이유만으로 어떤 것도 할 수 없었던 진기한 옛 시대였기 때문이다. 우리는 앤과 베라의 이야기가 겨우 1960년대 사건이라는 사실을 금방 잊어버린다. 당시는 벌써 컬러 사진과 청바지, 히피들과 시민권의 시대였고 이때 여성들은 우리 할머니보다도 늦게 태어났다. 나는 그녀들 대부분을 만났고, 앤 보스가드는 하와이대학에서 내 첫 번째 연구 멘토였다.

베라 루빈이 팔로마에서 첫 여성 PI가 되었던 1965년부터 천문대에서 여성 천문학자들만의 관측이 있던 1984년까지, 천문학 분야에서는 큰 변화가 있었다. 그 변화 속도가 지금은 늦춰졌는지, 빨라졌는지, 그대로인지를 논하기는 어렵다. 오늘날 천문학은 틀림없이 과거와는 다르다. 미국물리관련학회연합회American Institute of Physics, AIP에 따르면, 2017년 배출된 천문학 박사 186명 중 여성이 40퍼센트를 차지했다.[22]

하지만 다른 축에서 보면 여성 천문학자 비율의 증가는 여전히 실종되어 있다. 2017년 박사 학위를 받은 사람 중 40퍼센트가 여성이었다지만, 히스패닉 여성은 고작 4퍼센트밖에 되지 않고, 아프리카계 미국인 여성은 2퍼센트에 지나지 않는다.[23] 2007년의 넬슨 다양성 조사에 따르면 미국 대학 중 상위 40개 천문학과에서 성별과 관계없이 교수 중 1퍼센트가 흑인이고 다른 1퍼센트는 히스패닉이다. 현재 천문학과 학부생과 대학원생들에게는 (첫 아프리카계 미국인 천문학자였던 벤저민 배네커Benjamin Banneker의 이름을 따서 만든 하버드 대학 배네커 연구소 같은 프로그램의 도움으로) 통계가 나아지고 있지만, 여전히 극도로 적다. 이들 천문학자 중 몇 명이 (이론천문학이나 다른 분야를 연구하는 과학자가 아닌) 관측천문학자인지를 보여주는 현재 자료는 없다.

유색 인종 천문학자들의 오랜 관측 역사에도 불구하고, 하비 워싱턴 뱅크스Harvey Washington Banks는 1961년 아프리카계 미국인으로는 첫 번째로 천문학 박사 학위를 받았다. 그는 분광 관측과 정밀 궤도 측정에 능한 관측천문학자였다. 1962년에는 벤저민 프랭클린 피어리Benjamin Franklin Peery가, 1979년에는 기보어 바스리Gibor Basri가 뒤를 이었고, 1982년에는 바버라 윌리엄스가 아프리카계 미국인 여성으로는 처음으로 천문학 박사 학위를 받았다. 다른 많은 관측천문학자처럼, 유명한 흑인 천문학자들도 물리학과 공학을 배경으로 연구에 뛰어들었다. 그들 중에는 로켓 천문학과 엑스선 천문학의 개척자인 아서 B. C. 워커 2세Arthur B. C. Walker II도 있었고 자외선 검출 카메라와 분광기를 개발해 천문학에서 새로운 분야의 아버지가 된 조지 커러더스George Carruthers도 있었다.

아마 가장 중요한 사실은, 천문학 분야 전체에서 변화를 요구하고 평등과 포용을 우선시하려는 노력이 계속 덜 급진적인 방향으로 가고 있다는 것이다. 망원경 시간을 따고 관측하는 일도 여기에 포함된다. 최근 허블 우주 망원경은 매년 진행하는 관측 제안서 평가를 이중 익명 시스템*으로 전환했다. 그들의 내부 연구에 따르면 시스템 도입 전, PI가 여성인 경우 제안서 채택 확률은 PI가 남성일 때에 비해 일관되게 낮았다. 제안서에서 이름을 제거하자 성별에 따른 제안서 승인 비율 차이가 사라졌다.

동시에, 몇십 년이 지난 지금도 여전히 동료들과 나는 연구실 안이

---

* 이중 익명 시스템에서 제안서를 제출한 연구자와 평가자는 익명으로 서로를 알지 못한다. 특히 평가자가 연구를 제안한 개인이나 그룹에 대한 편견을 개입시키지 않은 채 과학적 우수성만을 가지고 제안서를 평가하는 노력을 기울이게 하려는 시도다.

나 천문대에서 유일한 여성인 경우가 있고 이 상황에 별로 놀라지 않는다. 거의 그런 사실을 알아채지 못하는 수준이다. 관측 출장에서 저녁 식사에 갔다가 내가 유일한 여성이었던 순간들을 쉽게 떠올릴 수 있다. 하지만 디드레나 엘리자베스가 그랬던 것처럼 산에서 나 혼자만 여성이었던 경우는 기억하지 못한다. 어쩌면 부분적으로는 이런 현상이 그저 통계 때문, 천문학이 작은 분야이기 때문이라고 말할 수도 있다. 그리고 힘이 있는 높은 위치에 오른 사람들은 분야 전체의 몇십 년 전 통계를 대표한다는 것도 사실이다. 그러나 1984년 여성들만의 관측 밤 또한 통계적인 우연이었다. 그즈음 라스 캄파나스 천문대에서는 "나무 뒤마다 여성이 한 명씩 있다"라는 농담이 유행했다. 나무 한 점 없었던 꼭대기에서 말이다.

✦ ✦ ✦

물론 천문대라고 해서 성차별이나 인종차별에 대해 세계 어느 곳보다 영향을 덜 받는 건 아니다. 여성들을 인터뷰했을 때, 그중 여러 명이 망원경에서 희롱이나 괴롭힘을 당한 적이 있다고 털어놓았다. 다른 이들은 노골적인 괴롭힘까지는 아니더라도, 여전히 심하게 불편한 환경이었던 천문대에서의 일화를 묘사했다. 서로 알지 못하는 두 여성을 각각 인터뷰한 적이 있다. 그녀들은 동일한 천문대에서 어떤 망원경 오퍼레이터와 일했던 경험을 들려주었다. 그 오퍼레이터는 망원경이 움직이는 사이에 오락거리로 노트북 컴퓨터에서 공개적으로 포르노를 시청했다. 몇몇 다른 사람들은 노출한 여성이 등장하는 달력이나 성인 잡지 사진들로 장식한 기계 공작실이나 유지 보수 공간을 언급했다(여러 남성 천문학자도 이런 것들을 목격한 경험을 얘기했고, 이에 거부한다는 의사를 똑똑히 밝혔다).

어떤 여성들은 천문대에서 벌어진 역설적인 성차별 이야기를 공유해주었다. 산 위에서 여성들은 꼭 보호가 필요하다는 태도에 기반한 사건들이었다. 올바른 사람이라면 누구든 동료들의 안전을 보장하고 싶을 테니 분명히 타당한 정서지만 이런 경향이 성별과 엮이면 쉽게 여성을 깔보는 듯한 태도의 영역으로 넘어가 버린다. 2010년에 동료 한 명은 애리조나의 작은 망원경에서 PI로 보내는 첫 번째 밤을 즐기고 있었다가 다른 천문학자에게서 전화를 받았다. 그 천문학자는 여성 혼자 망원경에 있는 것이 불안하다며 당장 관측을 중지하라고 요구했다. 망원경이 가만히 서 있는 동안, 그 천문학자는 전화로 그녀가 관측을 이어나가기 전에 남성 보호자를 데리고 와야 한다고 우겼다. 다른 여성들은 임신 중에 관측하던 경험도 들려주었다. 물리적인 불편함이나 의료 관련 걱정보다도, 그녀들은 주로 기겁한 남성 동료들을 기억했다. 동료들이 주장하기를, 그녀들은 항상 워키토키를 휴대하고 어떤 물건도 들지 말아야 했다.

다라 노먼은 먼 은하와 그 은하들 중심에 있는 초대질량블랙홀을 연구하는 관측천문학자다. 나는 다라에게 그녀의 인종이 관측자로서의 경험에 영향을 미친 적이 있느냐고 물었다. 그녀는 칠레의 망원경에 갔던 때를 회상했다. 다라가 만난 천문대 직원들은 미국에서 온 천문학자가 흑인 여성이리라 예상하지 못했기에 진심으로 놀라곤 했다. 존 존슨John Johnson은 우리 태양계 너머 다른 별들을 공전하는 외계 행성을 찾는 연구를 한다. 존도 비슷한 경험이 있었다. 그가 고작 수십 명의 흑인 천문학자 중 하나라는 냉혹한 통계는 변함없는 현실이다. 그리고 천문대를 방문할 때마다 존은 종종 가벼운 놀람부터 시작해 직설적으로 "제대로 찾아온 것 맞아?"라며 회의적인 반응을 보였던 동료들이나 망원경 직원들을 만났다(어디를 가든 유색 인종인 과학자나 연구자는 이런 식의 태도를 익숙하게 경험한다고 존은 지적했다).

그렇지만 거의 모든 사람이 망원경에서 일하는 것을 '일상에서 자주 벌어지는 이런 나쁜 문제들로부터의 신선한 일탈'이라고 묘사했다. 기술적인 어려움과 혼란, 난처한 상황이 발생하는 몇 가지 이유를 겪다 보면 산꼭대기에서 쉽게 공유하는 특별한 동지애를 느낀다. 산에 있는 관측자들은 모두 천문대에서 즐기고자 하는 일에 온 힘을 쏟으면서 성별이나 인종과 관계없이 과학자 커뮤니티를 이루며 동료로서 끈끈하게 어우러진다.

과거에 천문대에서 괴롭힘을 경험한 여성들조차도 그것은 희롱을 한 남자들의 문제이자 그 사람들이 천문대를 침해하도록 허락한 이들의 문제라는 사실을 곧바로 지적했다. 그들은 과학자로서 여전히 관측을 사랑하고 망원경은 일하기에 훌륭한 장소라고 생각했다.

여러 여성은 관측하는 동안 즐거웠던 사실들도 언급했다. 그녀들이 유일한 여학생이거나 유일한 여성 교수라는 건 중요하지 않았다. 그녀들은 단순히 천문대에 있는 사람일 뿐이었고 당시에 어떤 동료들이 곁에 있었든지 간에 종일 천문학에 몰두해 날씨와 까다로운 기기와 밤새 싸우고 있을 뿐이었다. 여성 관측천문학자로서, 천문학을 하는 여자로서 내가 가장 공감한 이야기였다. 망원경은 훌륭한 고요의 공간이며,

어둠과 밤 속을 홀로 편안히 걸으며 한 명의 과학자이자 인간으로 하늘의 아름다움을 들이마실 수 있는 곳이다. 버지니아 울프Virginia Woolf가 여성이 글을 쓰고 아름다운 이야기들을 창작하기 위해 '자기만의 방'이 필요하다고 지적했듯, 맑은 밤 '자기만의 산'에 있는 망원경에서 어떤 일이 벌어질지 상상하는 건 가슴 뛰는 일이다.

✦ ✦ ✦

과학 연구의 세계가 단순한 인간 세상의 관심사들과 떨어져 존재한다고 생각하는 사람들이 많다. 이런 견해를 가지면 천상을 탐험하는 것 같은 고귀한 과학을 추구하는 과정에서 사소해 보이는 사안들을 간단히 무시할 수 있다고 믿게 된다. 성별, 인종, 순수한 과학적 진실을 추구하는 과정에서 개인적인 갈등을 만드는 요인 같은 것들 말이다. 실제는 그 반대다. 과학자도 그런 일들을 겪고 살아가는 무수한 사람들에 속한다. 결코 작은 문제가 아니다. 그리고 한 공동체로 문제를 해결하고자 하는 노력이 과학자로서, 시민으로서 맡아야 하는 근본적인 역할의 핵심이다. 천문학에서도 논란과 갈등을 수반하는 이런 어려움이 오랫동안 존재해왔다.

'천문학에서의 논쟁'을 생각한다면, 사람들은 역사에서 등장하는 이념적인 논쟁에 초점을 맞추기 쉽다. 갈릴레오와 교회의 대결이라든지, 다양한 종교적 창조 설화와 맞서는 우주의 나이라든지, UFO를 믿는 이들의 끊임없는 주장을 예로 들 수 있다. 마지막 부분에 대해 나는 이것만 말하고자 한다. 나는 15년 동안 천문 관측을 해왔고, 우주에서 가장 이상한 현상과 관측에서 일어나는 가장 놀랄 만한 경험을 동료 천문학자들과 나눴다. 그러나 UFO를 목격한 적이 없고 누구도 목격을 보고한 적이 없다. 물론 직업 천문학자조차도 가끔 놀라는 때가 있기는 하다. 밝게 빛나는 금성이나, 지나는 인공위성이나, 날아가는 거위들의 빛나는 배 모두 흔히 사람들이 UFO라고 착각해 의심하는 물체들이다.

망원경을 통해 알게 되는 우주에 대한 사실들이 우리를 충격에 빠뜨리기도 하고, 겸손하게 만들고, 가끔은 격렬한 과학 논쟁(허블 상수 논쟁이라든지 명왕성의 행성 지위라든지, 다른 천문학자들이 끊임없이 티격태격할 수 있는 주제들)의 원인이 된다. 그러나 지난 수십 년간 천문학에서 가장 뜨거웠던 논쟁거리들 몇 가지는 과학에 초점을 둔 것이 아니라 천문대 자체가 갈등의 대상이 된 경우였다.

애리조나 그레이엄산에 천문대를 지으려 계획하던 1980년대 초반의 일이다. 극렬 환경론자들부터 취미로 사냥하는 사람들, 산 카를로스 아파치 부족 대표자들까지 여러 집단이 망원경 건설과 관련해 시위하고 법적 대응을 취했다. 1990년대 초반, 남아메리카의 한 천문대에는 칠레의 독재자 아우구스토 피노체트Augusto Pinochet의 최고 명령*이 원인이었던 소송이 몇 개나 걸려 있었다. 2015년, 시위대는 새 망원경을 짓는 공사를 시작하려 꼭대기로 향하는 건설 장비를 막아서며 마우나케아의 천문대 전용 도로를 차단했다. 처음에 방송용으로 요약된 시위 소식을 뉴스나 인터넷으로 접한 사람들 대부분은 어안이 벙벙했다. 어

---

* 1988년, 아우구스토 피노체트는 칠레 아타카마 사막의 땅 약 700제곱킬로미터를 망원경 부지로 유럽 국가들에게 기증하는 최고 명령에 서명했다.

쨌든 누가 '망원경'을 반대하며 시위하겠는가?

논쟁의 핵심을 수월하게 이해하려면, 망원경 자체가 아니라 어디에 망원경을 짓는지를 생각해 봐야 한다. 천문 관측을 하기에 좋은 현장을 찾기는 대단히 어렵다. 우리가 망원경 기술의 한계를 점차 극복해 나가면서, 그 성능을 이상적으로 발휘할 수 있는 장소에 망원경을 짓는 일이 더욱 중요해졌다. 이런 장소는 지구상 몇 곳 되지 않는다. 그리고 이런 현장 자체가 갈등의 원인이 될 수 있다. 현재 애리조나주립대 교수인 레안드라 스워너Leandra Swanner 박사는 2013년 박사학위 논문에서 이런 문제를 상세히 분석했다. 논문 제목은 〈논란의 산들: 전후 미국 천문학에서 논쟁거리가 되는 환경의 생성과 그 서술Mountains of Controversy: Narrative and the Making of Contested Landscapes in Postwar American Astronomy〉이었다.

망원경에 대한 반대 의견이나 쟁점이 되는 주제는 대개 다음 세 가지 분류 중 하나에 속한다. 첫 번째는 환경적인 이유다. 천문대는 자연 그대로의 산에 짓는다. 산꼭대기에 호텔이나 스키 리조트 같은 시설을 짓는 다른 공사에 비하면 망원경이 환경에 미치는 영향은 미미한 수준이다. 하지만 거대한 공사 프로젝트가 시작되면 여전히 길을 내고, 장비를 운반하고, 땅을 다지고, 건물의 토대를 만들고, 거대한 구조물을 세우고, 사람들과 차량이 오가야 한다.

두 번째는 땅의 권리를 포함하는데, 이 문제는 금세 복잡해진다. 망원경을 지으려는 곳은 그 목적에 맞도록 적절하게 할당을 받아야 한다. 보통 현장에 건물을 세우기 위한 허가가 필요한데, 현장의 땅을 누가 합법적으로 소유하고 있는지, 누가 건설 허가를 발급할 권한을 가졌는지 결정하는 건 말처럼 쉬운 일이 아니다.

마지막으로, 천문대를 지을 산꼭대기가 지역 원주민에게 영적 혹은 문화적 중요성을 띠고 있을 수 있다. 모든 천문대는 분주하고 불빛이 가득해 사람들이 들어찬 도심에서 멀리 떨어져 있을수록 좋은 조건을 제공한다. 그러다 보면 외딴 산꼭대기를 둘러보다 사람이 살지 않는 곳이라고 선언하며 마음대로 사용하고 싶을지 모른다. 그러나 어떤 경우에 이런 곳들은 몇 세대에 걸쳐 충실한 관리인이라고 자부하며 외부 영향으로부터 땅을 지켜온 사람들의 정신이 깃든 장소다.

애리조나주 그레이엄산은 1980년대 초, 새 천문대 부지로 선정되었다. 원래는 10여 대 이상의 망원경이 산 위에 세워지기를 기대하며 시작된 웅장한 사업이었다. 그레이엄산은 천문학에 훌륭한 대기 조건을 뽐내는 곳이기 때문이었다. 하지만 알고 보니, 그레이엄산은 인기 있는 휴양지였던 동시에 다람쥐들이 살기에도 훌륭한 장소였다. 정확히 말하면 그레이엄산 붉은 다람쥐인데, 연구 결과 1987년에 멸종 위기종 목록에 이름을 올린 다람쥐였다. 결국 환경 운동가들과 지역 사냥 클럽이 동맹을 맺어 천문대 공사에 반대했다. 누가 봐도 확실히 이상한 집단 간의 조합이었다.

몇 년간 이어진 법정 공방 끝에, 충돌 분위기는 극심하게 적대적으로 변했다. 극렬 환경 운동가들은 장비를 박살 냈고, 천문대 전기선을 끊어버렸고(그레이엄산에 천문대를 건설하는 것과는 전혀 무관한 선도 건드렸다) 도로에 드러누워 건설 장비의 통행을 막았다. 천문대 후원자 한 명은 살해 협박을 받았고, 다른 사람은 편지로 죽은 다람쥐를 받았다. 분쟁과 지연에 신물이 난 천문대 후원자들은 애리조나 상원 의원들과 워싱턴의 유력 로비 회사에 도움을 요청했다. 1988년, 부칙이 의회를 통과했고 멸종 위기종 보호법과 관련한 조건을 충족시키지 않고도 공사를 바로 시작할 수 있는 허가가 떨어졌다. 후원자들의 전략은 격분한 반응을 맞았고 그레이엄산 사건은 국가적인 뉴스가 되었다.

1991년, 산 카를로스 아파치 부족의 구성원들이 세운 비영리 단체가 그레이엄산의 망원경 건설을 중단하라는 다른 소송을 제기했다. 그들은 그레이엄산이 신성하며 공사가 전통적인 아파치 부족의 종교적인 터와 매장지를 훼손할 것이라고 주장했다. 1992년에 판사는 소송을 기각했지만, 그레이엄산 망원경에 대한 반대는 강력하게 남았다. 그 시점에 논란은 환경과 생태적 우려를 넘어섰다. 영적으로 신성한 장소라고 선언한 산의 가치와 운명이 논란에 더해졌다. 또한 스워너 박사가 〈논란의 산들〉에 요약했듯, 어떤 활동가들 사이에는 '문화적 집단 학살의 상징'이라는 공감이 커졌다.[24]

언론에서 이 논란에 대해 보도할 때, 결코 누구든 좋아할 만한 이야기를 싣진 않았다. 미디어의 관점에서 이 사건은 적절히 요약해서 내보낸다면 매력적인 이야기가 될 터였다. 작고 무력한 다람쥐가 환경을 오염시키는 거대한 망원경을 위해 길을 내는 탐욕스러운 불도저와 겨루는 모습으로 말이다. 또한 이상한 시위를 보도했다(예를 들면 환경단체 '지구가 먼저다!' 회원들이 망원경과 다람쥐로 분장하고 촌극을 연기하며 천문대에 관한 공청회를 방해하던). 어떤 이야기들은 실제로 산 카를로스 아파치 부족의 반대를 조명했지만, 대부분은 복잡하고 다양한 면이 있는 시위 이야기를 생략하고 '다람쥐' 대 '망원경'으로 압축하기를 선호했다.[25]

오늘날 그레이엄산은 일반적인 천문대처럼 운영되고 붉은 다람쥐 개체 수도 잘 유지하고 있다. 생물학자들은 매년 다람쥐 조사를 수행한다. 그레이엄산에서 관측하는 천문학자들은 상세하게 설명한 서류를 읽고 그들이 다람쥐를 죽이거나, 해하거나, 괴롭히지 않겠다는 데 동의하는 서명을 해야 한다.* 천문대에서 산 카를로스 아파치 부족에 대학 프로그램을 제공하기 위한 천문학 대중 교육이나 교육 연구비를 지원하겠다고 제안하기도 했다. 그러나 부족 구성원 일부는 이것을 노골적인 뇌물이라고 표현하며 거절했다.

그레이엄산은 환경적 쟁점, 토지권, 문화적 반대라는 세 가지 논쟁 전부가 망원경 때문에 뒤엉킬 수 있음을 보여주는 하나의 예다. 하와이 빅 아일랜드의 마우나케아 천문대는 또 다른 예다.

✦ ✦ ✦

마우나케아는 겨우 100만 년 전쯤 하와이의 화산 작용에 의한 열점 일부로 만들어진 휴화산이다. 대양저로부터 측정하면 높이가 약 1만 미터로 에베레스트산보다도 높다.** 마우나케아 위쪽 경사면은 고산 툰드라로 분류한다. 풍경에는 초목이 전혀 없으며 붉은 분석구가 광범위하게 퍼져 있다. 분석구들은 꼭대기 아래로 몽실몽실한 솜사탕 같은 구름과 그 위로 펼쳐진 깨끗한 하늘이 만드는 두 색조의 배경과 대조를 이룬다.

---

* 관측을 하러 산에 올라가기 전 '다람쥐 허가증squirrel permit'이라고 불리는 서류에 이름을 올려두어야 천문대에 방문할 수 있었다. 매년 관측 때문에 그레이엄산을 방문할 때마다 직접 겪었다.

** 에베레스트산의 높이는 해수면으로부터 8,800미터. 여기에서는 해수면으로부터의 높이를 비교하지 않고 있음에 주의.

구름 위에 펼쳐진 땅과 상쾌하고 건조한 공기, 흠 없이 완벽한 파란 하늘이 만드는 환경 덕분에 마우나케아는 천문학을 하기에 특출난 장소가 된다. 꼭대기에 자리한 망원경들은 천문학의 거의 모든 세부 분야에 최신 자료를 제공하면서 연구에 기여했다. 혜성이나 소행성 발견에서부터 우주 저편의 빛을 포획하는 일에 이르기까지. 하룻밤 동안 마우나케아의 망원경들은 열 개 이상의 서로 다른 연구 프로젝트에서 열렬히 기다려온 자료들을 수집해서 지구상 어느 곳에서도 불가능한 발견을 이뤄낸다.

다른 하와이의 화산들처럼, 마우나케아 역시 하와이 원주민 부족에게 신성한 산으로 여겨졌다. 눈 덮인 꼭대기에서 유래한 '하얀 산'을 뜻하는 이름과 함께, 부족은 마우나케아를 하와이 신화에 등장하는 눈의 여신들 중 한 명인 폴리아후의 집이라 믿었다. 그들은 또한 마우나케아를 빅 아일랜드가 태어난 하늘과 땅을 연결하는, 빅 아일랜드의 탯줄을 의미하는 상징으로 여겼다.

하와이 문화에서 우주와의 연결은 강력하다. 배를 타던 전통적인 하와이와 폴리네시안 길잡이들은 여러 가지 중 특히 밤하늘에 관한 해박하고 상세한 지식에 의존했다. 이런 지식은 구전을 통해 내려오고 역사 속의 항법사들은 이를 기억했다. 폴리네시안 탐험가들은 오로지 자신들을 이끄는 별에만 의지해 태평양 바다를 건너 수천 킬로미터를 가로지를 수 있었다.

망원경이 처음 운영을 시작한 1970년부터, 마우나케아에서 여전히 천문학은 지속적인 논란의 원인이다. 반대의 이유는 망원경이 환경에 미치는 영향에 대한 의문, 문화적 활동, 빅 아일랜드 주민들이 즐겨왔던 풍경(마우나케아 산꼭대기를 섬 거의 모든 곳에서 볼 수 있기 때문에, 꼭대기마다 솟은 하얀 망원경 돔이 보기에 아름답지 않으리라는 걱정이 초반에 있었다)을 포함했다. 1983년의 개발 계획과 환경 영향 성명서는 2000년까지의 개발 계획안을 제시했고 열세 대 이하의 망원경 건설만을 허가했다. 그러나 2003년, 망원경 수가 한계에 달했다.

그리고 2009년 마우나케아는 30미터 망원경Thirty Meter Telescope, TMT 부지로 선정되었다.

여러 개의 '극대형 망원경Extremely Large Telescope(지름이 20미터 이상 되는 망원경들)' 프로젝트 중 하나인 TMT는 국제적인 천문 연구 기관들의 협력 프로젝트다. 2009년, 프로젝트는 TMT를 건설하기에 가장 좋은 장소로 마우나케아를 선택했다. 완공되면 TMT는 북반구에서 가장 큰 망원경이고 전 세계에서는 두 번째로 큰 망원경이 될 예정이며, 역시 마우나케아에 자리 잡은 10미터 켁 망원경을 왜소해 보이도록 만들 것이다. TMT는 허블 우주 망원경보다 열두 배나 선명한 이미지를 보여주고, 우리 우주가 태어나던 순간, 블랙홀의 미스터리, 어쩌면 지적 생명체를 품고 있을 먼 행성에 관한 질문에 대한 답을 줄 수 있을 것이다. 마우나케아에 TMT가 들어서면 이미 천문학 연구에서 세계적 리더로서 확고한 위치를 차지하고 있는 하와이의 입지는 더욱 확고해질 것이다.

그러나 마우나케아에 망원경을 세우는 데 반대하는 이들은 강력하게 TMT에 맞섰다. 1983년 제안한 열세 대 망원경 제한을 분명히 위반하는 것으로 보였기 때문이다. 그들은 건설을 중지시키려고 다양한 방법을 모색하기 시작했다. TMT의 건설 허가에 대한 법적 공방으로 프로젝트가 몇 년씩이나 지연되었다.

2014년경, 하와이대학은 1983년의 열세 대 망원경 약속을 이행하려는 노력으로, 이미 존재하는 망원경 세 대를 없애는 데 동의했다. TMT 컨소시엄도 수십억 원의 자금을 지역 고용과 빅 아일랜드의 과학·기술·공학·수학 융합 교육STEM에 쓰기로 약속했다. TMT는 또한 가능한 한 눈에 띄지 않게 만들어질 계획이다. 하늘과 땅을 반사하는 특수 코팅으로 페인트칠하고 더 낮은 고도의 북쪽 고원에 지어서, 빅 아일랜드의 86퍼센트 지역에서 보이지 않도록 할 예정이다. 조사를 통해 망원경 부지 주변에는 매장지나 다른 유물들이 없음을 확인했다. 건설 중에는 감독관이 현장에 상주해 새로운 고고학적 혹은 문화적 발견이 이뤄진다면 즉시 일을 중단시킬 수 있는 지휘권을 갖기로 했다. 이런 계획을 준비하고 법적 분쟁이 해결되면서, 2015년에 건설을 시작할 수 있도록 하는 허가가 발급되었다.

2015년 4월, 큰 규모의 시위대가 산으로 향해 마우나케아 전용 도로를 막아 TMT 현장에 필요한 건설 장비 운송을 방해했다. 시위대는 신성한 산을 모독하고 있다고 비난하는 팻말과 하와이 깃발을 들고 섰다(어떤 깃발은 똑바로, 어떤 깃발은 아래위가 뒤집혀 있었다. 안티-TMT 운동이 이제 하와이 자주권 운동과 함께 섞였음을 보여주는 초기 신호였다). 시위자 31명은 도로를 막았다는 이유로 구속되었다. 하지만 시위의 규모가 너무 크고 격렬해져 결국 하와이 주지사가 건설을 임시로 연기할 수밖에 없었다. 6월에 건설 차량이 돌아오자, 시위대는 도로와 TMT 부지에 돌을 쌓아 '아후ahu'라 불리는 하와이 전통 의식용 탑을 세우고 그들의 종교적 장소를 파괴하는 것에 반대했다(탑 하나는 불도저로 밀어버렸고, 도로에 있던 다른 탑들은 결국 시위대가 자원해서 치웠다). 심지어 어떤 이는 매립된 광섬유 케이블을 건드렸다. 마우나케아 천문대와 도시를 연결하는 네트워크 케이블이었다.

시위대와 TMT와의 싸움은 곧 소셜 미디어에서도 이어졌다. 드라마 〈왕좌의 게임〉과 영화 〈아쿠아맨〉에 출연했던 배우인 제이슨 모모아Jason Momoa도 시위 소식을 들었다. 하와이 원주민의 후손인 그는 인스타그램에 자기 사진을 올렸다. 사진 속, 웃옷을 벗은 그의 가슴에는 "우리가 마우나케아다"라는 문구가 쓰여 있었다. 다른 배우 몇 명도 그를 따랐고, '#우리가마우나케아다'가 곧 대중적인 해시태그로 이어졌다. 소셜 미디어가 자연스레 세간의 이목을 끌면서 마우나케아 시위는 전국적인 뉴스가 되었다. 그레이엄산에서의 논쟁이 다람쥐와 망원경의 싸움으로 압축되었듯, 마우나케아의 2015년 시위는 곧 종교와 과학의 대립으로 일축되었다. 어느 쪽도 이렇게 지나친 단순화를 좋아하지 않았다.

2015년 8월, 격렬한 시위와 미디어 폭풍의 여파 속에서, TMT 건설 허가 발급에 반대하는 소송이 하와이 대법원에 도착했다. 최종적으로 법원은 예전 청문회에서 다뤄진 문제가 해소되기도 전에 너무 성급하게 발급했던 현장 허가를 무효로 했다. 그해 말까지도, TMT 공사는 시작하지 못한 채로 남아 있었다.

✦ ✦ ✦

나는 2018년부터 2019년 초반까지 동료 천문학자들과 TMT에 관해 대화를 나눴다. 극적이고 논쟁적이었던 시위가 있었던 2015년으로부터 4년 정도가 지난 후였다. 인터뷰하다 보면 흥미롭게도, 사람들이 언급을 거부하고 공식 의견을 내놓기를 꺼렸던 유일한 주제가 TMT였다. TMT가 얼마나 난감하고 불안한 주제가 되었는지를 분명히 보여준다.

어떤 천문학자들은 현시점에선 그야말로 시위가 정당화될 수 없다며 불평을 늘어놓았다. 그들은 법적인 결론이 나온 지 몇 년이나 지나서까지, TMT 측의 양보에도 불구하고 TMT에 반대했던 이들에 대한 불만을 표출했다. 또한 망원경이 마우나케아 생태계에 미치는 영향에 관해서도 잘못된 사실이 끊임없이 회자되는 듯 보였다. 주장에 따르면 망원경은 산을 7층 높이나 깎아버리고 지하수면을 오염시킬 것이었다. 하지만 TMT의 성명과 환경 영향 연구에 따르면 소문은 거짓이었다. 다른 반대자들은 TMT를 무질서하게 뻗은 거대한 야구장 크기만 한 건물로 묘사했다. 실상은 천문대 돔, 지원 건물, 자갈로 덮은 주차장, 건설 중에 임시로 사용할 공간을 전부 포함해야 그만한 면적이 된다. 온라인에서는 망원경이 원자력을 사용한다는 루머가 자주 반복해 등장했다. 이런 소문을 모두 잠재울 수는 없기에, 어떤 천문학자들은 손을 놓고 법정에서의 승리를 기다리는 게 가장 나은 접근 방법이라고 생각했다.

테인 커리Thayne Currie는 다른 시각을 제시했다. 그는 2015년 마우나케아와 빅 아일랜드에서 일했던 천문학자로, TMT 건설에 찬성하는 든든한 지원자였다. 그리고 망원경 건설을 옹호하는 천문학자들이 그들의 목소리를 듣고자 하는 이들과 대화하며 계획을 변호해야 한다고 단호하게 주장했다. 테인은 시위대가 모인 산에 올라가 시위 참가자들과 이야기를 주고받았으며 다수가 천문학자와의 대화를 반가워했다는 사실을 깨달았다. 시위자 대다수는 TMT에 관해 물었고 테인의 대답을 수용했다. 테인은 인근 대수층이 오염된다는 주장이 왜 거짓인지, 왜 30미터 거울이 하와이 천문학에 그렇게 큰 역할을 할 수 있는지 설명했다. 그는 시위대의 행동 대부분이 마우나케아를 보호하고자 하는 진지한 소망에 뿌리를 둔 움직임이었음을 느꼈다. 또한 양쪽이 서로 목소리를 들으려는 준비를 한 상태에서 대화와 타협만이 좋은 결과로 나아가는 유일한 길이라고 진정으로 믿었다.

테인과 동료들은 힐로 농산물 시장에서 1년 동안 안내 부스를 운영했다. TMT나 어떤 공식 기관의 지원을 받은 활동도 아니었다. 그들은 자비로 전단을 인쇄했고 매주 아침 7시부터 부스를 지켰다. 그들이 성난 시위대와 직접 대면하는 건 안전하지 않다며 걱정하는 사람들도 무시했다. 그런 예상과는 다르게, 테인과 동료들이 대화를 나눴던 지역 주민들 대부분은 망원경에 관한 정확한 정보에 목말라 있었다. 그리고 쟁점에 대해 천문학자와 직접 대화를 나눌 수 있다는 사실에 기뻐했다. 테인과 만난 많은 사람은 TMT를 지지하게 되었다. 그렇지 않은 사람들도 있었지만, 어쨌든 테인은 대화를 계속했다.

오늘날 테인은 아직도 대화가 유일한 방법이라고 믿는다. 그는 TMT를 지지하는 쪽과 반대하는 쪽 모두에게 논란에 가장 가까이 있는 이들의 목소리를 들으라고 충고한다. 예를 들면 빅 아일랜드 주민, TMT와 관련한 사실에 익숙한 사람들 그리고 TMT가 지역 사회에 무엇을 가져다줄지 잘 아는 사람들 말이다. 그는 어떤 강경파 시위자들이 오직 수용할 수 있는 결과는 TMT 건설 취소(혹은 마우나케아의 모든 망원경을 없애버리는 것)일 테지만, 많은 사람은 타협점을 찾기를 바라고 그들의 의견을 들을 필요가 있다고 덧붙인다.

그는 대화를 나눠봤던 시위자들이 아닌, 빅 아일랜드나 하와이 지역사회와 거의 연관이 없거나 아예 없음에도 TMT에 반대하기로 마음먹은 천문학자들을 향해 가장 큰 비판을 쏟는다. 테인은 "나는 그 사람들이 이슈를 도용하고 있거나 거대한 위선자라고 생각합니다"라고 말한다. 그러고는 TMT를 지지하는 하와이 원주민을 호되게 비난하고 망원경 건설에 찬성하는 사람들을 인종차별주의자라고 주장했던 천문학자들을 언급한다.[26] 이미 대화는 문제투성이인데다 복잡하기까지 한데, 테인은 그 안에서 의사소통에 근본적으로 해로운 목소리를 목격했던 것이다. 그는 이런 주장이 쟁점에 편승해서 사회적인 관심을 만들려는 행위일 뿐이라고 생각한다.

실제로 TMT에 반대하는 천문학자들이 있다. 존 존슨이 그중 한 명이다. 존은 하와이대학에서 박사후연구원으로 일했고 마우나케아의 켁 망원경으로 외계행성을 관측한 적이 있다. 나는 그에게 TMT를 반대하는 근본적인 이유에 관해 물었다. 그는 논란 중인 인종 갈등과 하와이 역사를 이야기했다. 존은 무엇보다도 시위를 하와이 원주민으로부터 빼앗은 신성한 땅과 관련한 논란으로 본다. 침탈의 역사는 시간이 지난다고 해서 희석되지 않을 모욕이다. 어떤 이들은 마우나케아의 망원경을 사용했던 연구 경험 때문에 존의 주장이 설득력이 없다고 말한다. 그는 이런 비평을 일축한다. 그는 진행 중인 탄압에 침묵으로 동조하는 대신, 망원경에 반대하는 시위대를 지지할 도덕적 의무가 있다고 생각한다. 시위는 그들에게 남은 마지막 저항의 흔적 중 하나이기 때문이다. 존은 "이런 과정을 가치 있게 만드는 이유를 TMT에서 찾아볼 수 없다"라고 말한다.[27]

존과 테인은 오직 한 부분에 대해서만 동의한다. 이 시위는 결국, 망원경에 관한 것이 아니라는 사실이다.

✦ ✦ ✦

4년이 넘는 법정 공방에서 벗어난 TMT는 2019년 중반 즈음 두 번째로 모습을 드러냈다. 2018년 말, 하와이 대법원이 345쪽에 이르는 보고서와 함께 끝내 추가적인 조건을 더해 새로운 허가를 발급한 이후였다.

TMT 공사를 시작하기 전 마우나케아에서 망원경 세 대를 치우겠다는 약속에 더해, 하와이 대학은 운영 중인 망원경 두 대를 더 제거하기로 했다. 둘 중 한 대는 전 세계적인 노력이었던, 처음으로 직접 블랙홀 사진을 찍는 관측에 최근 참여했던 망원경이다. TMT는 제로 웨이스트zero waste 관리 정책을 도입하기도 했다. 산에서 발생하는 모든 폐기물을 실어 내리면서 환경 영향을 더욱 최소화하기 위한 노력이다. 모든 TMT 직원은 문화와 천연자원 교육을 필수로 받아야 하고, TMT는 매년 약 10억 원을 지역 사회 복리후생 제도에 기부해 빅 아일랜드를 돕기로 했다. 빅 아일랜드에서 테인과 다른 천문학자들의 노력 덕분에, TMT에 대한 대중들의 지지도 높아졌다. 하와이 대법원의 최종 결정 이후에도 테인은 망원경 반대론자와의 대화를 이어나갔다. 새로운 허가가 발급되었고, 공사는 2019년 7월 16일 시작할 예정이었다.

그날 수백 명의 시위대가 다시 마우나케아 전용 도로를 막아섰다. 2019년 시위는 여전히 종교적 권리와 환경적인 우려를 언급하고 있지만, 구호와 팻말 사이로 이제는 더욱 많은 뒤집힌 하와이 깃발이 보였다. 이들은 하와이가 미국의 한 주가 아니라 미국에 의해 한 세기가 넘도록 강제 점령당한 주권국가라고 주장한다. 시위는 TMT를 제국주의와 백인 우월주의의 상징이라며 비판하고 하와이 원주민의 자기결정에 따른 행위로 공사를 막아섰다고 외친다. 시위가 이어진 세 번째 날, 하와이 원주민 원로 서른세 명은 도로를 점거했다는 이유로 잠시 체포되었다. 그러나 그들이 한 명씩 끌려갈 때마다 더 많은 수의 여성이 도로를 막아서며 원로들의 자리를 채웠고 원로들 외에 잡혀간 사람은 없었다. 인간 바리케이드와 시위는 그 뒤로 몇 달 더 이어졌다.

망원경 접근이 제한되고 무슨 일이 일어날지 알 수 없었기에, 산에 있는 모든 망원경은 도로가 막힌 직후 직원들을 모두 대피시켰다. 관측은 4주 동안 중지되었다. 마우나케아 천문대가 지어진 이래 가장 오래 관측이 멈춘 시간이었다. 그리고 결국 시위대와의 협상 끝에 제한적인 접근 정책이 타결되었다. TMT와 마우나케아의 미래는 불투명하다.

✦ ✦ ✦

TMT와 관련한 모든 시위에서, 어떤 팻말이나 구호나 해시태그도 천문학 자체를 향하지는 않았다. 시위자들은 망원경 자체를 악의 힘으로 매도하고 있지 않았다. 그들은 천문학 연구가 주는 공포를 비난하거나 천문학자들의 연구 대상을 욕보이지 않았다.

시위 '목적'은 누구에게 묻는지에 따라 다르다. 환경 보호일 수도, 문화적 권리일 수도, 종교일 수도, 자주권일 수도, 또는 단순히 산을 위한 싸움에서 권력을 행사하기 위한 것일지도 모른다. 많은 시위 참가자에게 이유는 이 모든 요소의 혼합이지만 실제 TMT 자체가 시위의 까닭이었던 적은 한 번도 없다. 이제 우리가 던질 질문은 다음과 같아 보인다. 논란 속에서 TMT나 이와 비슷한 다른 망원경은 불행히 부수적인 피해를 입는 대상인 걸까. 그리고 궁극적으로 터전을 잡을 산을 존중하는 방식으로 망원경을 지으며 그것들을 비난하는 이들과 공존할 수 있을까.

나는 이 책을 쓰는 동안 여러 천문학자를 인터뷰했다. 모든 이들이 우리가 일하는 산의 순전한 아름다움이나 희귀성에 대해 어느 순간 낭만적이거나 심지어 거의 경건하게까지 이야기했다. 우리는 직업이 천문학자이기 때문에 천문대를 찾는다. 그리고 우리 일은 0과 1의 조합으로 보내는 시간, 신경질적인 컴퓨터나 성미 고약한 기계 부품과 다투는 시간으로 가득하다. 하지만 누구도 우리를 둘러싼 산등성이와 일몰, 관측할 때 숨 멎을 듯한 밤하늘이 주는 날것의 아름다움을 모르지 않았다. 단 한 사람도 이런 장소가 얼마나 진귀하고 특별한지를 당연하게 받아들이지 않는다.

천문학계에서는 우리가 사는 행성, 우리가 방문하는 산꼭대기, 우리가 하늘을 향해 이끄는 인류의 호기심에 대한 가치를 아주 소중하게 여긴다. 나는 여기에서 우리의 인간성, 우주에 대한 지식, 우리 일을 가능케 하는 산에 대한 사랑을 존중하고 공유하는 방법을 찾을 수 있기를 희망해야만 한다. 산이라는 창문을 오르면, 어렴풋이 우주의 모습이 눈에 담기기 때문이다.

07

망원경 썰매와 허리케인

대학에서 2학년을 마치고 여름방학을 보내는 동안,* 나는 뉴멕시코주에 있는 VLA 전파 천문대에서 투어 가이드로 일했다. 오랫동안 그곳에 대해 읽고 사진을 보아왔기에 가이드로 일하는 첫날, 실제로 VLA를 눈으로 직접 보는 것에 대한 흥분으로 가슴이 터질 듯했다. 미국 국립 전파 천문대National Radio Astronomy Observatory, NRAO에서 연구 프로젝트에 참여하며 여름을 보낼 예정이었고, NRAO 운영 본부가 있는 도시인 소코로에 막 도착했을 무렵이었다. 소코로에서부터 차를 몰아 VLA에 도착했고, 천문대 구석구석을 안내할 수 있도록 충실하게 준비를 마친 상태였다. 안전화를 신고, 편한 청바지 위에 NRAO 티셔츠를 입었다. 무전기와 번개 감시 장치도 지급받았다(인근 고원에 번개가 치면 번개 감시 장치를 통해 연락을 받아 투어 중인 사람들을 데리고 방문자 센터로 안전하게 이동

* 미국에서는 연간 학사 일정이 가을학기부터 시작하기에 '2학년을 마치고'라는 표현을 썼다.

하기 위해서였다). 무전기와 감시 장치를 벨트에 끼우고, 티셔츠는 단정하게 청바지 안으로 집어넣고서 꾸밈없이 과학자 행세에 한껏 열중했다. 너무 들떠 있었고 밀려오는 흥분을 가까스로 버티고 있었다.

NRAO에 도착한 지 얼마 안 돼서 처음으로 맡은 투어였고 나는 VLA에 대한 다양한 사실로 무장해 있었다. VLA는 스물일곱 개의 안테나로 구성되어 있고(그리고 접시에 작업할 일이 생기면 여분인 스물여덟 번째 안테나를 꺼내 쓸 수 있다), 각각의 안테나는 그 자체로 하나의 전파망원경이다. 망원경들은 생 오거스틴 분지 화산 고원에 Y자를 그리며 거대한 배열로 서 있다. 밝은 흰색 안테나 하나하나는(이쯤에서 주머니 속 노트를 꺼내 확인한 다음) 높이가 거의 30미터에 달하고 무게는 230톤에 이른다. 안테나는 지름 25미터짜리 알루미늄 접시인데 야구장 내야 안에 꽉 들어찰 정도 크기다. 또한 철로를 따라 각각의 안테나를 움직여 Y자 배열의 크기나 망원경 배치 간격을 바꿀 수 있다. 배열 형태는 A, B, C, D로 네 가지가 있다. 가장 넓게 퍼진 A 배열은 팔 하나 길이가 20킬로미터나 되고 가장 촘촘한 D 배열은 '콘택트 배열'이라는 별명으로도 불린다. 망원경들끼리 제일 가까이 붙어 있어 사진이 잘 받기에 1997년 영화 〈콘택트〉에 등장했기 때문이다. VLA에서는 망원경이 다양한 모양의 배열을 구성할 수 있다는 점이 핵심적이다. 안테나 각각에서 수집한 전파 관측 자료는 최종적으로 한가운데 있는 운영 센터 건물에 모여(다시 노트를 확인하고) 처리가 이루어진다. 간섭계라고 부르는 이 시스템은 망원경 여러 대가 이루는 배열의 규모와 같은 크기의 단일 망원경처럼 작동한다. VLA의 A 배열은 지름이 약 30킬로미터나 되는 한 대의 전파망원경처럼 쓸 수 있다.

D 배열로 서 있는 뉴멕시코주의 VLA.
©Alex Savello, National Optical Astronomy Observatory/Association of Universities for Research in Astronomy/National Science Foundation

노트를 다시 주머니에 집어넣었다. 준비가 끝났다! VLA는 꽤 외딴 곳에 있었지만 여전히 천문대를 정기적으로 찾는 방문자들이 있었다. 아마추어 천문가와 아마추어 무선 애호가는 물론 뉴멕시코주 중부 로즈웰을 이미 다녀왔던 독특한 사람들까지 VLA를 찾았다. 로즈웰은 외계인 음모론의 원천으로 잘 알려진 곳이다. 투어 가이드로서, 우리는 대부분 망원경에 관한 기본적인 사실이나 망원경으로 우주에서 어떤 대상을 연구하는지에 대한 질문을 받았다. 나는 그런 질문들에 답할 준비가 되어 있었다.

하지만 그에 앞서 내가 궁금한 질문이 몇 개 있었다. 여름 연구 프로그램의 일부로 동료 학생들과 나는 VLA에 관측 시간을 제안할 수 있었다. 망원경 관측 시간 일부는 우리가 사용하도록 특별히 확보되어 있었고, 나는 망원경을 사용해 적색초거성 몇 개를 연구하고 싶었다.

적색초거성이 바깥 대기로부터 질량을 내뿜을 수 있으며 분출된 질량이 주변을 감싸 별이 식어가고 소멸해가면서 먼지 껍질처럼 별을 둘러싼다는 사실은 알고 있었다. 먼지 껍질은 가끔 '메이저'라고 불리는 신호를 만들어내는데, 메이저는 먼지 속의 분자에서 발생해 특정 파장의 전파가 유도방출*을 거쳐 증폭되면 매우 밝은 빛으로 나타난다. 그러나 이 현상이 어떻게 일어나는지 자세한 물리적 원리는 여전히 수수께끼였다. 메이저는 어떻게 생겨나는지, 메이저가 과연 별이 어떻게 죽어가는지에 대한 실마리를 줄 수 있을지 궁금했고, 마침내 전파 망원경으로 이 별들을 직접 관측할 기회가 생긴 것이었다. 남은 여름 내내 전파 망원경이 어떻게 작동하는지 배울 시간은 충분했지만 앞서 달려가고 싶었다. 게다가 나는 필 매시와 함께했던 연구 덕분에 광학 망원경도 이미 사용해봤다. 짐 엘리엇의 관측 수업도 들었다. 전파 망원경이라고 해봤자 광학 망원경과 정말 뭐가 그리 다르겠는가?

현장에서 일하는 천문학자 한 명이 나와 만나주겠다고 했고, 나는 그들이 현재 무엇을 관측하고 있는지에 관한 질문을 던지며 대화를 시작했다. 좋은 대화의 시작이겠구나 싶었다.

"어떤 천체를 관측하고 있나요?"

"음, 지금은, 원시성 주변에서 물 분자선 관측을 위한 위상 캘리브레이터에 있어요."

흠. 나는 고개를 살짝 갸우뚱하고 말을 알아듣겠다는 듯 끄덕였다.

"음··· 그건 얼마나 밝은가요?"

---

* 특정 파장(주파수)의 광자가 들뜬 상태의 원자나 분자에 충돌하면 같은 파장과 위상의 빛이 방출되는 현상.

"대략 4켈빈쯤요."

나는… 뭐라고? 켈빈은 '온도' 단위지, 천체가 얼마나 밝은지를 말하는 단위는 아니잖아. 고개가 더 기울어졌다.

"어… 관측은 어떻게 되어가고 있나요?"

"글쎄요, 수신기는 초속 마이너스 30킬로미터에 맞춰져 있긴 한데, 만약 원시성이 빔당 밀리잰스키 미만이라면…"

마치 알아들을 수 없는 코미디 프로그램처럼 느껴지기 시작했다. 나는 거의 확실히 이 단어들을 들어본 적이 있었지만, 어떻게 이런 순서로 조합을 하는지를 이해할 수 없었다. 고개의 기울기는 '생각에 잠긴' 상태를 넘어섰고 순식간에 '어리둥절한 슈나우저'에 가까워지고 있었다. 고개를 기울인다고 이해력이 나아지는 건 아니었다.

관측자는 기쁘게 자기 연구에 관해 말을 이어나갔다. 우리 둘 다 천문학자였지만, 나는 대화 중에 등장하는 전문 용어들 때문에 전혀 다른 분야에 넘어온 듯한 느낌이었다. 가능한 한 집중하고 있었지만 마음속에서는 조금 두려운 감정이 생겼다. 고작 더 긴 파장에서 관측할 뿐인데 이 연구는 얼마나 다른 걸까?

확실히, 아주 많이 달랐다(다행히 여름이 끝나갈 무렵 10주간의 연구와 슈나우저를 위한 전파천문학 속성 수업 뒤로는 그들과 재잘거릴 수 있게 되었다).

"사실 이제 막 타깃을 바꿔서 움직이려고…" 관측자는 말을 이어갔지만 그 문장이 내 머리에 맴돌았다. 그리고 뭔가 분명해졌다. VLA는 '지금' 관측을 하고 있다. 머리로는 이것을 알고 있었지만, 지금 자료를 얻고 있는 안테나 여러 대 사이에 내가 서 있다는 사실이 정말로 와닿지는 않았다. 내 눈에는 눈부신 태양 빛 뒤로 별과 은하가 보이지 않지만, 빛의 한 종류인 전파로 관측하면 태양은 상대적으로 어둡기 때문에 VLA가 천체들에서 오는 전파 신호를 받아들일 수 있었다.

건물을 떠나 첫 번째 투어 그룹을 데리러 갈 때, 방금 깨달은 사실을 방문자들에게 들려주어야겠다고 생각했다. 우리는 단순히 관측 기기들 가운데 서 있는 게 아니었다. '지금 현재 활동 중인' 과학 연구의 한 복판에 위치해 있었다. 신기하고도 환상적인 전파천문학의 세계였다.

✦ ✦ ✦

VLA나 웨스트버지니아주 그린뱅크의 불행한 300피트 망원경 같은 전파 망원경은 언뜻 보기엔 '보통' 망원경과 닮아 보이지 않는다. '보통' 망원경은 반짝거리는 거울이 돔 안에 안락하게 자리 잡고 있으며 밤에만 조심스레 꺼내 관측한다. 대부분의 전파망원경은 돔도 없고, 굽은 표면은 적어도 어느 정도는 망원경 거울을 닮았지만, 빛나는 반사 거울보다는 거대한 금속 사발에 가깝다.

문제는 우리가 전파 망원경을 사람의 눈으로 바라본다는 사실이다. 전파 망원경은 전자기 스펙트럼 한쪽 끝의 영역에서 작동하고 밀리미터나 센티미터, 심지어 미터 단위로 측정하는 파장대의 빛을 포착한다. 이 파장 대역은 우리 눈이 감지할 수 있는 좁은 빛의 범위에서 훨씬 떨어져 있다. 이렇게 긴 파장에서 전파 망원경 표면은 광학 망원경 거울처럼 반짝거린다. 전통적인 거울에서 가시광선이 그러하듯, 하늘에서 쏟아지는 전파는 망원경 접시에서 반사되어 검출기에 모인다.

이렇게 긴 파장에서는 간섭계라고 알려진 기술을 상대적으로 수월하게 쓸 수 있다. 간섭계를 활용하면 VLA를 구성하는 망원경 여러 대가 단일 망원경처럼 움직인다. 짧게는 수 미터에서 길게는 대륙 전체에 이를 만큼 떨어져 서로 다른 위치에 놓인 간섭계 배열의 망원경은 거대한 가상의 거울을 구성하는 빛나는 점 하나하나처럼 역할을 한다. 천문학자들은 간섭계를 이루는 망원경들을 동일한 관측 대상으로 향해 천체에서 오는 전파 자료를 각각의 망원경에서 기록한 다음, 한 곳으로 보낸다. 자료를 모은 시설에서는 컴퓨터를 사용해 최종 이미지를 만든다. 간섭계는 복잡한 기술이지만 자료를 합성하는 작업이 긴 파장에서 더 쉽기 때문에 전파 천문학은 이런 접근에 최적화되어 있다.

결과는 그만한 가치가 있다. 망원경 사이 거리가 멀어질수록 우리는 더 커다란 가상의 거울을 갖게 되고 비록 그 '거울'은 대부분 비어 있지만 더욱 선명한 이미지를 얻게 된다(VLA 안테나들이 철로를 따라 퍼져 있고 네 가지 다른 배열로 정렬해 쓰는 이유다). 2017년, 전 세계에 있는 전파 망원경들은 간섭계의 최종 목표를 달성했다. 애리조나, 하와이, 멕시코, 칠레, 스페인 그리고 남극점에 있는 망원경에서 얻은 자료를 합성해서 지구 크기만 한 망원경을 만들어 최초로 블랙홀 사진을 찍은 것이다.* 그들은 5,500만 광년 떨어진 은하 한가운데 있는, 태양 질량의 65억 배에 달하는 블랙홀의 사진을 얻었고, 2019년 4월 공개한 이 결과를 전 세계 뉴스에서 대서특필했다.

우리는 이 우스꽝스럽지만 강력한 파장 대역으로 관측을 옮겨가면서 간섭계가 아니라 단일 전파 망원경으로도 완전히 새로운 과학의 가

* 사건지평선망원경Event Horizon Telescope 프로젝트를 말한다.

능성을 열었다. 전파 관측으로 목성의 자기장부터 새로운 별이 태어나는 곳, 심지어 빅뱅의 잔광인 우주배경복사까지도 연구할 수 있게 되었다.

전파 천문대는 또한 엄청나게 멋져 보이기까지 한다. VLA는 영화 〈콘택트〉에서 주연을 맡았으며 뮤직비디오에서 통신사 광고에 이르기까지 많은 곳에 등장했다. 〈콘택트〉에 다른 전파 망원경도 나왔다. 아레시보 천문대다. 아레시보는 크기가 305미터나 되는 어마어마한 접시였는데 푸에르토리코 북서쪽에 자연적으로 파인 싱크홀 위에 지은 망원경이다. 이런 디자인 때문에 접시 자체를 움직이지는 못하지만 망원경은 온전히 자기 역할을 할 수 있다. 접시 위 거의 150미터 높이에는 거대한 케이블 세 줄에 수신기가 매달려 있고 수신기 위치를 움직이면서 관측 대상을 바꾸고 망원경 위로 뜨고 지는 천체를 관측할 수 있다. 제임스 본드 팬들은 아마 깨닫지 못하더라도 은연중에 아레시보가 친숙할 것이다. 영화 〈007 골든아이〉에서 아레시보는 호수 아래 감춰진 비밀 안테나 역할을 소화했고 악당이 위성을 조종하는 데 쓰였다. 영화의 클라이맥스에서 본드(피어스 브로스넌Pierce Brosnan)와 악당(숀 빈Sean Bean)은 아슬아슬하게 수신기 플랫폼에서 싸웠다. 본드는 결국 악당을 접시 아래로 보내버린다(그리고 '영화에서 숀 빈을 죽인 것들'이라는 저명하고 긴 목록에 아레시보도 이름을 올렸다).

+ + +

전파천문학에서 긴 파장을 사용한다는 사실은 이미 인상적인 간섭계 기술이나 블랙홀 사진을 얻는 연구 외에도 일반적인 광학 망원경이 하지 못하는 온갖 종류의 관측이 가능하다는 뜻이다.

VLA에서 투어 가이드로 일한 첫날 동안, 전파 망원경은 낮에도 꽤 효과적으로 관측이 가능하다는 사실을 깨달았다. 햇살이 반짝이는 맑은 날에도, 구름이 끼었을 때도, 비가 내릴 때도 전파 관측을 할 수 있고, 기껏해야 사나운 바람이 안테나를 너무 심하게 흔들어 물리적으로 신호의 질을 떨어뜨릴 때나 관측을 어렵게 할 정도였다.

심지어 어느 정도의 눈조차 걱정거리가 아니다. 많은 전파 망원경은 눈이 쏟아질 때나, 심지어 눈보라가 칠 때도 문제없이 관측을 이어나간다. 유일하게 눈이 접시에 쌓이기 시작할 때만 진정한 곤경에 처한다. 눈 무게가 접시를 기울어지게 만들고 모터에 부담을 주기 때문이다. 전파 천문대마다 눈을 치우는 방법은 제각각이다. 그린뱅크 천문대에서는 망원경 아래에 짧게 불을 피워 열원으로 사용하는 방법을 시도했다(이 방법은 말 그대로 소멸했다. 막 녹은 눈이 망원경 아래로 흘러 불을 꺼버렸기 때문이다. 신사숙녀 여러분, 이런 사람들이 천체물리학자입니다). 그린뱅크는 롤스로이스 제트 엔진으로 300피트 망원경에 바람을 불어 눈을 날리는 방법까지 시도했다. VLA 망원경 컨트롤러에는 '눈 쓸어버리기'라는 명령어가 있는데, 명령어를 실행하면 모든 스물일곱 개의 접시가 동시에 가장 낮은 고도까지 기울어져서 눈을 접시에서 물리적으로 털어낸 다음 바람이 부는 방향으로 회전해 남은 눈을 날려버리고, 태양을 향해 움직여 얼음을 녹인다. 다른 전파 망원경들은 상당히 덜 발달한 접근 방식을 사용했다. 동료들 몇몇은 이 방법을 '빗자루를 든 대학원생'이라고 표현했다.

만약 누군가가 빗자루나 제트 엔진을 들고 광학 망원경 거울에 올라갔다면 천문대 엔지니어들이 목을 졸라버렸을 테지만, 전파 망원경에서는 전적으로 가능한 일이다. 앞서 언급했듯 망원경 반사면은 관측 파장의 5퍼센트 이내 정밀도로 만들어야 한다. 짧은 파장인 가시광선을 반사하는 거울이라면 머리카락 두께 몇 분의 일 수준으로 완벽하게 만들어야 하지만, 전파를 관측하는 망원경은 수 밀리미터에 이를 만큼 큰 오차 여유가 있다. 수 밀리미터는 그리 크지 않은 것처럼 들리지만, 감독하에 전파 망원경 위를 실제로 걸을 수 있다는 뜻이다. VLA에서 보냈던 여름의 하이라이트는 어떻게 안테나 위를 안전하게 걷는지 배운 것이었다(발을 이음매에 딛고 공식적으로는 접시 테두리까지 너무 가까이 오르지 않도록 주의를 기울여야 한다). 나는 부모님과 필 매시, 그의 가족까지 안테나로 데리고 가 구경시켜 주기도 했다. 호주에 있는 파크스 천문대 전파 망원경에서 천문학자들은 안테나 가장자리에 앉아 있다가 망원경 고도가 높아지면 고공비행을 즐길 수 있는데, 이는 '망원경 썰매'라고 알려져 있다.

허리케인 마리아가 푸에르토리코에 상륙했을 때, 아레시보 천문대는 실제로 폭풍이 엄청나게 몰아치는 중에도 천문학자들과 직원들의 도움으로 관측을 계속했다. 그들은 천문대에 쪼그리고 앉아 시속 250킬로미터의 바람을 견뎌냈다. 나중에 도로 접근이 가능해지자 천문대 부지가 구호 센터 역할을 하며 지역 주민들에게 물과 기본적인 편의 시설을 제공하고 헬리콥터 착륙장 덕분에 연방 긴급 사태 관리청의 집결지 역할까지 해냈다. 불행히 아레시보 망원경은 무탈하지 못했다. 망원경에는 기다란 통 모양에 사다리 모습을 한, '라인 피드line feed'라고 불리는 약 30미터 길이의 전파 수신 장치가 있었는데, 이것이 격렬한 허리케인 바람에 떼어져 망원경의 그물 접시를 뚫고 떨어지면서 구멍 몇 개를 남겼다. 아레시보 접시 자체는 사실 땅 위에, 접시 아래를 걷거나 차로 돌아다닐 수 있을 만큼의 높이에 걸려 있다. 그물 접시는 멀리에서 보거나 항공 사진으로 보면 아주 단단한 듯 생겼지만 실제로는 그물 사이로 빛이 통과할 수 있어 망원경 아래에 식물이 푸른 융단처럼 두껍게 자랄 수 있을 정도다. 허리케인 이후 망원경 아래 공간에 물이 들어찼고 직원들은 접시를 아래에서 점검하려고 어떤 천문학자의 카약을 빌리는 상황에 부닥치고 말았다.

여느 다른 천문대를 괴롭히는 문제들은 전파 천문대에서도 역시 예외가 아니었고, 약간 다른 형태로 나타날 뿐이었다. 동물의 등장은 다른 천문대에서처럼 전파 망원경에서도 골칫거리였다. 특히 몇 가지 변종은 심각한 문제를 일으킬 수 있었다.

전파 망원경에서 가장 유명한 유해 요소는 새 또는 새가 남기고 떠나는 흔적이다. 1964년, 물리학자 아르노 펜지아스Arno Penzias와 로버트 윌슨Robert Wilson은 극도로 민감한 전파 안테나를 개발 중이었고 관측 자료에 끊임없이 배경으로 나타나는 잡음을 어떻게 하면 제거할 수 있을지 고심하고 있었다. 그들이 초창기에 의심했던 범인은 망원경 안과 주변에 둥지를 틀곤 했던 비둘기였다. 비둘기들은 아르노가 점잖게 '하얀 유전체 물질'이라고 부른 막으로 망원경을 덮었다. 새똥은 전기 신호를 내보내 검출기와 간섭을 일으킬 수 있기 때문에 전파 망원경에서는 특히 말썽거리였다. 아르노와 로버트는 배경 잡음을 없앨 수 있으리라는 희망을 품고 비둘기들과 똥을 다 치웠다. 나쁜 소식과 좋은 소식이 있었다. 나쁜 소식은 여전히 잡음이 남아 있었다는 사실이었고, 좋은 소식은 그 신호가 우주배경복사로 밝혀졌다는 것이었다. 우주배경복사는 빅뱅의 전자기적인 유물이며 이 발견은 두 물리학자에게 노벨상을 안겨 주었다.

이후로도 새 떼 퇴치는 전파 망원경에서 우선순위가 되었고, 천문대들은 금속 못에서 (전파 영역에서는 투명한) 고어텍스 덮개에 이르기까지 모든 수단을 동원해 새들을 쫓고 망원경을 새똥으로부터 보호하려는 노력을 기울였다. 아이러니한 우연으로 영국에 있는 전파 천문대인 조드럴 뱅크에서는 야생 송골매 한 쌍 덕분에 작업이 수월해졌다. 송골매들이 천문대에서 가장 큰 망원경의 지지대 꼭대기에 살기 시작하면서 자기들보다 작은 종들의 접근을 막는 데 훌륭한 역할을 한 것이다.

의도하지는 않았지만 아레시보는 조금 더 극적으로 새들과 전쟁을 치렀다. 아레시보에선 망원경의 전파 송신기, 수신기를 비롯한 다른 광학 부품들이 바닥이 열린 커다란 돔에 감싸여 거대한 주 접시 위에 매달려 있다. 새들은 안으로 날아들어 돔 안에서 갈팡질팡하는 경향이 있는데, 언제나 행복한 결말로 끝나지는 않았다. 만약 새가 적절하지 않은 순간에 망원경 광학 부품들 사이에 있었다면, 순식간에 오븐구이가 되어버렸다. 다른 전파 망원경 대부분은 광학 부품이 큰 돔에 들어 있지 않았기에 이런 문제가 없었지만 타이밍을 잘못 맞춰 벌어지는 사고는 가끔 있었다. 캘리포니아에 있는 한 전파 천문대에서는 송신기를 정확히 나쁜 시각에 켜버리는 바람에 지나가는 벌떼를 해치워버리고 말았다.

노버트 바텔Norbert Bartel과 그의 팀은 캘리포니아에 있는 전파 망원경

한 대를 가지고 가까운 은하의 전파에서 밝은 영역을 연구하던 중 짧은 시간 동안 관측 자료를 얻지 못했다. 출간된 연구 논문에서, 노버트는 신호를 잃었던 이유에 대해 다음과 같이 대수롭지 않게 서술했다. "기지에 전력을 공급하는 고전압선(3만 3,000볼트)에 채찍뱀이 걸쳐 있었기 때문이다. 그러나 우리는 자료 손실에 대한 책임이 뱀에게 있다고 생각하지 않는다. 대신 붉은꼬리매 한 마리의 무능을 탓하기로 한다. 이 새는 인근 송전탑 꼭대기에 허술한 둥지를 틀었고, 새끼 새들뿐만 아니라 산림쥐, 캥거루쥐, 뱀 몇 마리 같은 비축 음식 모두를 땅에 떨어뜨리고 말았다. 앞에서 언급한 다소 높은 밀도를 띤 뱀은 그 이유로 전압선 위에 있었을 뿐이다."[28] 특이한 관측 리포트가 한둘이 아니지만 '새 한 마리가 잘못해서 뱀을 전력선 위로 떨어뜨렸다'는 이야기는 그중에서도 가장 이상한 일화 중 하나일 것이다.

아레시보는 또한 길고양이 밀도도 높기로 유명한데, 고양이들이란 당연히 먹이를 주려는 사람들이 있는 곳으로 모여들게 마련이다. 고양이 개체 수를 통제할 수 없게 되자, 몇몇 천문학자는 새끼 고양이를 받아들여 은밀하게 미국 본토 곳곳에 있는 동료들에게 보내기 시작했다. 고양이 불법 거래상 천문학자 네트워크는 급격히 팽창했고 다른 전파 천문대에서 발견되는 고양이들로까지 확장되었다. 투손의 한 천문학 연구소에서는 쥐가 뛰어다니는 듯한 소리가 자꾸 나서 조사하던 중 누군가가 천장 타일을 밀어 올리자 새끼 고양이 두 마리가 떨어졌다. 곧 고양이에게 화성의 두 달 이름을 딴 포보스와 데이모스라는 이름이 붙었다. 오늘날 천문학에서 새끼 고양이들은 트위터 계정(@ObservatoryCats)을 통해 온라인에 모습을 드러낸다. 그 계정은 허리케인 마리아 이후 푸에르토리코의 반려동물 개체 수를 보호하기 위한 기금을 모금했고 망원경에서 살기 시작한 천문학 고양이들의 일상을 보여준다.

+ + +

가끔 새똥이 쏟아지거나 벌 떼가 구워지더라도, 전파 천문대에서의 생활은 꽤 편할 거라고 오해하기 쉽다. 어떤 날씨라도 관측을 할 수 있고, 접시를 커다란 정글짐처럼 기어오를 수 있으며, 새끼 고양이가 쏟아지기도 하는 곳이니 말이다.

문제는 잡음에서 생긴다. 무엇이 '반짝거리는' 거울을 구성하는지 떠올리면 우리는 전파 망원경이 처음 상상과는 다른 요구 조건을 가지고 있다는 사실을 안다. 게다가 알고 보니 전파 망원경은 우리가 '어둠'이라고 여기는 것과도 다른, 비슷하게 특이한 조건을 필요로 했다. 만약 당신이 전파를 볼 수 있다면, 이 책을 읽으며 앉아 있는 거의 모든 곳에서 이상한 신호들이 혼란스럽게 뒤섞여 있을 것이다. 나는 이 문단을 쓰는 동안 시내 커피숍에 앉아 있다. 지금 내 눈으로 다양한 전파 파장을 포착할 수 있다면, 와이파이 네트워크 뭉치를 볼 테고, 휴대전화에서 나오는 끊임없는 신호 폭발과 식당 전자레인지의 간헐적인 번쩍임, 심지어 커피숍 바깥을 달리는 차들 내연 기관에서 튀는 불꽃에서 발생하는 빛의 깜빡임까지 눈에 들어올 것이다.

전파 망원경은 천체에서 오는 신호를 오염시키는 이런 광원들로부터 최대한 스스로를 보호해야 한다. 실제로 모든 전파 파장 대역은 국가 혹은 국제적인 규제를 따라 보호하고 있으며(라디오 기지국, 군사 통신 등등) 아무나 사용할 수 없도록 제한되어 있다. 그래서 과학 연구를 위해 자연 그대로 누구도 손대지 않은 상태로 보존한다. 전파 망원경 역시 광학 망원경처럼 외딴 곳으로 갈수록 좋다. VLA가 자리 잡은 고원은 거의 모든 면이 산으로 둘러싸여 있어 부근의 도심에서 흘러나와 망원경에 침입하는 전파원을 막는다.

광학 망원경을 보유한 많은 천문대 산꼭대기는 또한 전파 망원경 한두 대를 현장에 거느린다. 단순한 이유다. 그곳은 이미 접근이 편리하고 충분히 개발된 외진 현장이기 때문이다. 킷픽에는 12미터 전파 망원경과 초장기선 전파망원경배열Very Long Baseline Array, VLBA(미국 전역에 흩어진 열 개의 안테나를 이용한 대륙 크기의 전파 간섭계) 안테나 하나가 서 있다. 그레이엄산 천문대는 서브밀리미터 망원경을, 마우나케아 천문대는 서브밀리미터 파장에서 작동하는 15미터 크기의 전파 망원경*과 또 다른 VLBA 안테나, 여덟 개 안테나로 이루어진 간섭계인 서브밀리미터 어레이Submillimeter Array, SMA를 관리하고 있다.

어떤 곳들은 고립을 더 심한 극단으로 밀어붙인다. 그린뱅크 천문대가(그리고 그곳의 불행한 300피트 망원경이) 서 있는 웨스트버지니아주의 국립 전파 청정 지역을 기억해보라. 망원경에 가장 가까운 구역에서 와이파이, 휴대전화, 전자레인지 모두 사용이 금지되어 있고 모든 차량은 디젤 엔진으로 굴러간다. 하지만 보상은 확실하다. 이 천문대 현장은 전파천문학 연구를 하기에 너무 훌륭한 곳이라, 300피트 망원경 붕

---

* 우리나라를 포함한 동아시아천문대East Asian Observatory가 운영하는 제임스 클러크 맥스웰 망원경James Clerk Maxwell Telescope, JCMT을 말한다.

괴 이후에 웨스트버지니아주 상원 의원이었던 로버트 C. 버드Robert C. Byrd가 300피트를 대체할 망원경을 세우자 주장했고 그린뱅크에 새로운 거대 전파 망원경을 짓기 위해 의회를 통해 모금을 독려했다. 100미터 크기의 로버트 C. 버드 그린뱅크 망원경은 현재 세계에서 가장 큰 움직이는 망원경이며 오늘도 관측을 이어간다.

✦ ✦ ✦

전파 망원경이 있다고 사람들의 휴대전화 사용을 금지하는 건 극단적으로 보일 수 있지만, 전파천문학은 특히 원하지 않는 신호에 취약하다. 그리고 우주에서 온 신호를 얻기 위해 이런 망원경 자료 곳곳에 존재하는 잡음을 분리해내는 작업은 쉬운 일이 아니다.

약 64미터 크기의 파크스 전파 망원경은 호주 시드니에서 서쪽으로 약 360킬로미터 떨어진 시골 양 목장에 자리 잡고 있다. 남반구에 있는 가장 큰 망원경인 파크스가 잠시 유명해졌던 적이 있다. 1969년 아폴로11호 달 착륙 장면을 수신해서 전 세계에 방송했을 때였다. 그러나 그 망원경은 또한 우리은하의 수소 가스를 관측해 지도를 만들었고 수천 개의 새로운 은하들도 발견했다.

파크스는 수년간 페리톤peryton이라고 알려진 수상한 번쩍임도 검출했는데, 이것은 파크스 망원경 자료에 짧은 전파 신호의 폭발로 나타났다. 페리톤은 날개가 달린 수사슴의 몸을 가지고 사람 그림자를 보이는 신화적인 생물로, 겉모습과 실제가 다른 창조물이다. 몇 년 동안 페리톤은 거의 모든 영역에서 관측되었고 오직 주중 근무 시간에만 보고

되었다. 우주는 일반적으로 영업시간에 신경을 쓰지 않기 때문에, 페리톤 신호가 지상에 있는 어떤 종류의 가까운 잡음원으로부터 온다는 논리가 정설이었지만, 누구도 페리톤의 정체가 무엇인지 파악하지 못했다.

대학원생이던 에밀리 페트로프Emily Petroff가 연구를 위해 파크스 망원경을 사용하기 시작하던 2012년에 페리톤은 잘 알려진 특이한 현상인 동시에 골칫거리였다. 에밀리의 경우, 그녀가 우주 깊은 곳에서 실제로 발생하는 전파의 짧은 폭발을 공부한다는 사실이 문제였다. 고속전파폭발Fast Radio Burst, FRB이라고 알려진 이상한 신호였다. 이 밝은 전파 섬광은 불가사의하고 설명되지 않은 천체물리학적 현상으로부터 발생하는 듯 보였다. 하지만 에밀리가 FRB를 연구하던 때, 천문학자들은 회의에 빠져 있기도 했다. 어떻게 우리는 FRB가 설명되지는 않지만 분명히 지상에서 일어나는 현상인 페리톤과 같은 부류에 속하지 않는다고 확신할 수 있을까?

그럴듯한 질문이었고 전파 천문학에서 이전에 등장했던 질문이었다. 조슬린 벨 버넬Jocelyn Bell Burnell은 대학원생이던 1967년에 비슷한 우려를 한 적이 있었다. 그녀가 영국 케임브리지에 있는 전파 망원경으로 얻은 자료에서 불가사의하지만 대단히 흥미로운 신호를 발견했을 때였다. 자료에선 대략 1초에 한 번꼴로 계속 도착하는 전파 방출이 보였다. 펄스 신호는 마치 완벽하게 째깍거리는 시계처럼 믿기 힘들 정도로 규칙적으로 나타났고 천문학자들이 하늘에서 봐왔던 어떤 신호와도 달랐다. 조슬린과 그녀의 동료들은 처음에 정확히 규칙적으로 나타났던 네 개 펄스의 전파원을 장난삼아 순서대로 LGM-1에서 LGM-4까지 이름 붙였다. LGM은 'little green men'의 약어로, 외계인을 뜻했다.

조슬린은 지상에서 발생하는 간섭 신호를 이런 식으로 잘못 이해할 수 있음을 잘 알았고 하룻밤 동안 전파원이 어떻게 움직이는지 주의 깊게 살펴보았다. 그리고 자기가 발견한 펄스가 진짜 천체에서 오는 신호라는 사실을 곧 깨달았다. 그녀는 발견한 첫 번째 신호를 몇 달 동안 관측해서 신호를 내는 천체가 밤하늘의 나머지 천체들과 함께 저녁에 뜨고 지구 자전에 의한 겉보기 운동을 따른다는 사실을 발견했다. 펄서라고 불리는 천체를 발견한 것이다. 펄서는 죽은 별의 남겨진 핵이 빠르게 회전하는 천체로 자기극을 따라 밝은 전파의 빛줄기를 마치 우주의 등대처럼 비춘다. 가장 느린 펄서는 1분 동안 전파 펄스 몇 개를, 가장 빠른 펄서는 벌새의 날갯짓보다도 빠르게 회전하면서 1초 동안 수백 개의 펄스를 방출한다. 펄서의 발견에는 노벨상이 주어졌고(위원회는 다시 한 번 여성에게 노벨상을 주지 않았고 대신 조슬린의 논문지도 교수와 다른 동료가 상을 받았다), 조슬린은 길고 성공적인 연구 경력을 이어나가 2018년에 그녀의 과학적 업적을 기리는 브레이크스루상 특별상을 기초물리학 분야에서 받았다.*

2014년 파크스로 돌아가서, 에밀리 페트로프는 전파천문학의 최신 수수께끼인 FRB 연구를 하려고 의욕이 넘쳤다. 그리고 페리톤 미스터리의 해결을 자기 첫 번째 도전 과제로 삼았다. 에밀리는 전파 망원경 자료에서 빠르게 페리톤을 찾아내는 기법을 개발했고 곧 두 달 사이 수십 개의 표본을 수집했다. 여러 개 표본은 에밀리와 그녀의 팀에

---

* 조슬린은 한화 약 30억 원에 해당하는 상금을 물리학을 공부하고자 하는 여성, 소수집단, 난민 학생들을 돕는 데 기부했다.

게 첫 번째 실마리를 주었다. 페리톤은 거의 언제나 점심시간에만 검출되었다.

파크스 천문대 현장의 전 직원은 행동에 돌입했다. 망원경이 이전에 페리톤을 관측했던 위치로 망원경을 움직였고, 직원들은 단숨에 주변 건물들로 뛰어가 페리톤을 발생시키기 위해 할 수 있는 모든 일을 했다. 문을 여닫고, 자기잠금장치를 시험하고, 컴퓨터에 플러그를 꽂았다가 뽑고, 그들이 생각할 수 있는 모든 장비를 작동시켰다. 마침내 에밀리의 팀은 페리톤을 거의 실시간으로 검출했고 스태프들을 불러 그들이 무엇을 하고 있었는지 물었다. "현장에서 촬영하는 사람들이 있었나요?" "근처에 공사가 진행되고 있었나요?" 직원들은 시험을 계속했고 섬광은 여전히 이따금 무작위로 나타났지만, 그들이 시도했던 어떤 행동도 페리톤을 원하는 대로 재현할 수는 없었다.

한 직원이 최근에 설치한 전파 간섭 감시 장치를 확인하고 페리톤이 일반적으로 전자제품과 관련된 전파 방출과 나란히 일어난다는 것을 확인하고서 다음 돌파구가 열렸다. 망원경은 타당한 이유로 전파 간섭을 검출하지 못했다. 이미 전기 신호로 가득한 전파 영역을 관측하는 일은 과학적으로 의미가 없었기 때문이다.* 감시 장치에서 얻은 새로운 자료를 연구하고 전기 신호와 관련이 있음을 알아낸 다음, 에밀리의 팀이 모은 페리톤에 관한 증거는 범인 둘을 분명히 가리켰다. 파크스 천문대 주방에 있는 전자레인지 두 개였다.

직원들은 행동을 개시했다. 망원경을 적당히 움직이고 전자레인지

* 망원경 수신기가 전파 간섭 감시 장치처럼 넓은 주파수 대역을 관측하지 않았다는 뜻이다.

를 가능한 모든 방법으로 작동시켰다. 전자레인지를 몇 초, 혹은 몇 분간 사용하기도 했고, 아무것도 넣지 않기도 하고 물을 담은 머그잔이나 누군가의 점심을 넣고 데우기도 했지만 여전히 페리톤을 원하는 대로 재현할 수 없었다. 마침내 누군가가 마지막 아이디어를 냈다. 만약 사람들이 전자레인지를 세심한 과학자가 아니라 점심을 기다리느라 배고픈 직원처럼 사용한다면? 만약 전자레인지가 요리를 끝내기를 기다리는 대신, 수천 명의 다른 성급한 사용자들이 그랬던 것처럼 마지막 몇 초를 앞두고 문을 열어 전자레인지가 멈추게 한다면 무슨 일이 일어날까?

시험은 성공했다. 전자레인지를 성급하게 여는 행동을 세 번 반복했더니 세 개의 분명한 페리톤이 나타났다. 에밀리는 시험 결과를 받았을 때 직장 면접을 마치고 호주로 돌아오는 중이었고, 싱가포르 공항에서 소식을 이메일로 전해 받았다. 그리고 집으로 돌아가는 마지막 비행기에서 마냥 신이 난 네 시간 동안 페리톤 발견을 요약하는 논문 한 편을 통째로 썼다. 파크스 천문대의 직원들은 모두 논문에 공저자로 이름을 올렸다.

오늘날 페리톤은 알려진 현상이고, 실제 FRB는 지속적으로 발견되고 있으며 에밀리와 그 분야의 다른 전문가들이 연구 중이다. 우리는 FRB가 매우 활동적이고 다른 은하에서 짧지만 극적으로 나타나는 사건이며 전자레인지에서 발생하는 신호가 아니라는 사실을 안다. 하지만 정확히 어떤 이유에서 FRB가 발생하는지는 여전히 수수께끼다.

✦ ✦ ✦

파크스는 전자레인지 신호를 찾아냈다. 다른 전파 천문대들은 자료를 얻는 중에 와이파이나 휴대전화 신호를 검출할 위험이 있다. 그린뱅크는 스스로 지구의 전파 청정 구역에 고립되어 인공 전파 신호를 피한다. 전파 망원경은 여전히 그저 더 커다란 다른 문제의 징후를 마주하고 있을 뿐이다. 지구는 천문학을 하기 어려운 장소라는 사실이다. 전파 안테나에 영향을 주는 인공 신호든, 어두운 천문대 주위 밤하늘을 밝히는 광공해든, 천체에서 망원경까지 날아온 빛을 간섭시키는 요동치는 대기와 수증기든 간에, 지구 표면에서의 연구는 여러 가지 문제점을 수반한다. 모든 망원경을 허블우주망원경처럼 우주로 보내는 상상은 틀림없이 매력적이다. 하지만 흥미롭게 들리는 동시에 그런 계획은 재정적으로나 논리적으로나 타당하지 않다. 이제 우리가 좀 더 창의적인 사고를 해야 지상에서의 천문학이 천문학자들에게 경제적이고, 민첩하고, 접근 가능한 선택권으로 남을 것이다. 아니면 '지상에서의'라는 말의 정의를 확장하든지….

08

성층권 비행

유니콘 인형은 못마땅한 표정이었다.

소피아Stratospheric Observatory for Infrared Astronomy—SOFIA 망원경의 상태를 알려주는 유니콘 인형은 기기 구역에 걸터앉아 있었다. 아주 사랑스럽고 작고, 푹신푹신한 인형이었는데, 안팎을 뒤집으면 두 개의 서로 다른 얼굴을 볼 수 있었다. 망원경의 기기 과학자가 인형을 '조종'했다. 일이 잘되어갈 때, 인형은 밝고 흰 털과 활기찬 미소를 보여주었다. 오늘 밤처럼 일이 잘 풀리지 않을 때는 뒤집어져 파란 털을 내보이며 실망스럽게 찡그리고 불만스러운 눈을 커다랗게 떴다.

실시간으로 상태를 반영하든 아니든, 인형은 내가 방문하던 망원경에서 일이 어떻게 돌아가는지 가늠하는 척도였다. 아직 최종 결론이 나지는 않았지만, 우리가 계획했던 관측의 밤을 정말 잃어버릴 듯 보였다. 장비 또는 날씨 문제 중 하나가 이유였다. 냉각기 하나가 말썽이었고, 그걸 고치지 못한다면 망원경은 관측할 수 없었다. 그리고 바깥이

소피아(적외선 천문학 성층권 천문대)가 망원경실 문을 열고 비행하는 모습.
©NASA/Jim Ross

이례적으로 추웠다. 2019년 2월이었고, 남부 캘리포니아에 머무른다 해도 기온이 영하에 가깝게 떨어지는 걸 막지 못했다. 천문대의 어느 한 부분이라도 얼어붙기 시작한다면, 오늘 밤은 끝이었다.

사람들이 무리 지어 서성이며 그날 밤이 시작되기 전 공식적인 언급이 돌아오기만을 기다렸다. 그들은 안절부절못하는 모습도 보였으나 어디에서든 관측자들이 그러하듯 대개 쾌활하게 운명론적인 태도를 견지했다. 할 수 있는 일이라곤 기다림뿐이었기 때문이다. 사람들은 무리 지어 수다를 떨었고, 전화로 기상을 확인했고, 기기 패널 주변을 돌아다니며 유니콘 인형을 확인했다. 명목상으로는 나중을 위해 아껴둬야 했던 야간 점심도 꺼내 먹기 시작했다. 마침내 두꺼운 기다림의 공기를 뚫고 대답이 돌아왔다.

소피아를 처음으로 방문해 비행하던 중에 찍은 사진. 나는 오른쪽 하단에 모자가 달린 재킷을 입고 서 있다. 왼쪽 위로 문을 닫은 망원경실이 보인다.
ⓒDavid Pitman

"오늘 밤엔 비행이 없습니다."

냉각 시스템의 문제, 밀려오는 나쁜 날씨, 야간 점심의 이른 소진은 일반적인 천문대에서도 등장하는 관측 시나리오였지만, 우리가 지금 기다리는 망원경은 보통 망원경이 아니었다. 스무 명쯤 되는 우리는 소피아에 탑승한 상태였다. 보잉 747-SP 여객기를 개조해 2.7미터 구경 망원경을 뒤에 실은 천문대였다. 비행기는 문제가 없다면 고도 1만 4,000킬로미터 높이까지 이르며 성층권을 날도록 설계되었다. 그리고 비행 중에는 비행기 후방 왼편에 있는 4미터 너비의 개폐식 문을 열어 망원경을 노출한다. 소피아는 대기 중에 존재하는 99퍼센트의 수증기를 뚫고 올라가 운항하면서, 보통 물 분자에 튕겨 지상까지 도달하지 못하는 파장대의 빛을 관측한다. 우리들, 예를 들어 조종사, 미션 디렉터, 망원경과 기기 오퍼레이터, 안전 요원 그리고 나 같은 관측자 등은 망원경과 함께 비행기에 올라타 기압 조절 구역에 머물며 망원경을 운영할 예정이었다. 하늘을 향해 문을 연 체임버 안에 봉인된 망원경이 우리 바로 건너에 앉아 관측하는 동안.

냉각 시스템의 치명적 실패는 망원경실에서 나타났다. 소피아는 난기류에도 끄떡없이 관측할 수 있다. 망원경이 세계에서 가장 큰 볼 베어링에 올라가 있기 때문이다. 망원경 지지대에 설치한 지름 1.2미터 크기 베어링에는 기름을 넉넉하게 공급해 망원경이 부드럽게 떠 있을 수 있다. 움직이는 베어링에서 마찰이 일어날 때, 기름이 과열되지 않도록 하는 냉각제가 없으면 망원경은 끝내 베어링 위에서 떠 있지 못하고 여느 비행과 다를 바 없이 온갖 흔들림에 함께 반응할 것이다. 그러면 충격을 받아 시야가 쓸모없어지기에 이른다.

직원들은 소피아가 지상에 머무르는 다른 하룻밤, 냉각 시스템에 조금 더 시간을 쏟을 수 있었을지 모른다. 그러나 우리는 날씨와도 싸우고 있었다. 로스앤젤레스보다 약간 북쪽인 캘리포니아주 팜데일에 있었음에도 우리는 폭풍우와 한파에 시달렸고, 비행기 날개들이 얼어붙을 위험에 놓였다. 일반적인 상업용 항공기는 간단히 날개에 붙은 얼음을 제거할 수 있지만, 소피아에선 그런 방법을 쓸 수 없었다. 갓 얼음을 제거한 비행기에 타본 적이 있는 사람이라면 끈적거리는 네온 색깔 액체가 비행기를 온통 뒤덮어서 뿌려진 모습, 비행 초기 몇 시간 동안 방울이 지속해서 뒤로 흘러가는 걸 보았을 것이다. 소피아의 경우, 그렇게 얼음을 제거하면 제빙액 일부가 비행 중 뒤로 흘러가 문 열린 망원경실로 침투할 위험이 있었다. 그래서 소피아 날개에 얼음이 생기면 망원경은 바로 발이 묶인다.

전날 밤에도 기이한 날씨 때문에 소피아는 비행하지 못했다. 내 탑승이 계획된 첫 관측 비행이었는데, 극심한 난기류의 위험으로 관측이 취소되었다. 커다란 비행기에 커다란 망원경을 합치면 온갖 복잡한 문제가 일어날 법도 한데, 믿을 수 없겠지만 이런 종류의 날씨와 기기 문제로 인한 비행 취소는 실제로 꽤 드물다. 이틀 연속으로 일어나는 건 말 그대로 허구의 사건에 가까웠다. 내가 탑승객으로 오르기로 계획된 두 번의 비행에 일어난, 그저 순전한 불행이었다. 하지만 슬프게 비행기에서 내려 인근 격납고로 돌아갔을 때, 두려움이 몰려왔다. 날씨의 저주를 품은 불행한 천문학자 중 하나가 되지 않을까 해서였다. 내 존재만으로 인해 소피아에게 비운이 닥쳐 지상에 머무를 수밖에 없게 된 건 아닐까. 그리고 소피아 비행을 할 수 있던 마지막 기회를 막 잃어버렸다고 생각하며 낙담했다.

✦ ✦ ✦

최근 지상 망원경들의 주요 도전 중 하나는, 성가신 우리 지구 대기의 존재를 극복하는 일이다.

지상에서 하늘을 올려다보는 우리 눈에 별이 아주 아름다워 보이게 만드는 반짝임은 천문학자들에겐 해결하고 싶은 영원한 문제다. 이전에 설명했던, 이미지의 선명함을 나타내는 시상의 원인이기 때문이다. 그리고 반짝임을 최소화하려는 시도는 적응광학의 출현 덕분에 실로 굉장해졌다. 적응광학 시스템은 얇게 깎은 망원경 거울 뒤에 컴퓨터로 조종 가능한 자석 시스템을 설치하고, 대기 상층부로 레이저를 쏘아 올린다. 레이저는 대기 중의 나트륨 원자를 들뜬 상태로 만들어 빛나게 하며 효과적으로 인공 별을 만든다. 인공 별의 형상을 레이저로부터 얻어야 하는 이론상의 완벽한 이미지와 비교하며 대기의 왜곡을 측정하고, 자석 시스템이 거울 모양을 조절해 실시간으로 대기 효과를 보정한다. 그리고 결과적으로, 마치 망원경 위를 대기가 가로막고 있지 않다면 하늘이 어떻게 보일지를 모방한 매우 선명한 이미지를 얻는다.

훌륭한 기술인 적응광학 시스템을 갖춘 망원경에서 얻는 이미지의 선명도는 허블우주망원경 같은 우주 망원경에서 얻는 이미지를 뛰어넘는다. 하지만 적응광학은 여전히 우리가 숨 쉬는 데 필요한 공기가 주는 한 가지 불편함을 해결할 뿐, 다른 문제가 남아 있다.

우리 대기는 실제로 지구 표면까지 도달하는 빛을 휘젓는 데 더해, 애초에 방대한 파장 범위의 빛이 지상까지 도달하는 걸 막아버린다. 우주 공간에서 오는 가시광선보다 파장이 짧거나 긴 빛은 우리 눈에는 보이지 않지만 망원경으로 관측할 수 있다면 매우 유용할 텐데, 대부분 대기에 가로막혀 지표면까지 닿지 못한다. 빛을 막는 정확한 원인은 파장에 따라 다르다. 감마선과 엑스선은 강력하게 높은 에너지와 짧은 파장 때문에 상층 대기에서 튕겨 나간다. 자외선 일부는 (최소한 우리에게 가끔 햇볕으로 인한 화상을 입히기 충분할 정도로) 적은 양이 새어 들어오긴 하지만, 대부분 오존층이라고 알려진 산소 분자들에 의해 차단된다. 적외선 일부도 비슷하게 지표면에 도달하지만, 파장이 긴 적외선은 수증기나 이산화탄소 같은 대기 중 분자들이 가로막는다. 전파 영역에 이르러서야 서브밀리미터 파장 혹은 더 긴 파장 대역에서 빛이 대기를 투과해 들어올 수 있다.

이렇듯 특히 적외선과 서브밀리미터 파장에서 제한된 경계에 있는 빛을 연구하는 일은 지구에서 가능하기는 하지만 수증기로부터 되도록 멀리 도망쳐야만 한다. 그래서 천문대 터를 정할 때 높은 고도와 건조한 공기가 관측 조건을 뛰어나게 하는 장점이 되는 것이다.

칠레가 천문학을 하기에 그리 훌륭한 장소인 이유 중 하나도 여기에 있다. 아타카마 사막은 극점들을 제외하고는 세계에서 가장 건조한 지역으로 유명하다. 칠레의 광학 천문대들은 대개 안데스산맥 중앙과 북부 산에 자리 잡고 있다. 그리고 알마Atacama Large Millimeter Array, ALMA(아타카마 대형 밀리미터 및 서브밀리파 간섭계)와 같은 천문대들은 아타카마 고원에 지어졌다. 알마는 66개 안테나 배열로 이뤄진 전파 간섭계로, 거의 해발고도 5,000미터에 서 있다. 알마는 젊은 별 주위에서 행성들이 태어나는 모습을 처음으로 보여주었다. 가스와 먼지로 구성된 얇은 원반 사이에서 뭉치며 결국 행성들은 우리 태양계와 유사한 행성계 이웃들을 형성할 것이다. 우리에게서 130억 년 떨어진 은하들이 서로 충돌하는 모습도 관측했다. 빅뱅이 일어난 지 10억 년도 채 안 된, 우주 가장 초기의 순간 두 은하에서 출발한 빛이 안테나에 포착되었다. 또한 알마는 최초의 블랙홀 사진을 찍은 지구 크기의 간섭계에서 한 부분을 담당하기도 했다.

하지만 망원경 현장에서의 활동 자체는 굉장히 고될 수 있다. 안테나나 지원 시설에서 일하는 기술직원들은 휴대용 보충 산소를 필수로 사용해야 하고, 현장의 천문대 건물에는 파이프를 통해 산소를 공급한다. 근무자들은 상대적으로 낮은 고도인 2,900미터에 있는 운영 지원 시설에서 잠을 잔다. 알마의 고도는 해수면 고도에 비하면 놀라울 만큼 훨씬 나은 조건이기는 하지만, 여전히 지구 대기의 밑면을 겨우 쿡 찌를 수준밖에 되지 않는다. 정말로 더 나은 관측을 하려면, 더 높이 올라가야 한다. 훨씬 더 높이.

✦ ✦ ✦

망원경을 비행기에 싣고 높은 고도로 날아오르자는 아이디어의 기원은 1960년대까지 거슬러 올라간다. 초기의 한 비행 천문대는 나사 리어제트기에 설치한 30센티미터 망원경이었다. 비행기 날개 앞쪽에 있는 밀폐된 둥근 구멍을 통해 망원경으로 하늘을 관측했다. 리어제트기는 망원경을 조종하는 천문학자가 비행기 안에서 헬멧과 산소마스크를 쓴 채 고도 약 1만 5,000미터까지 날 수 있었다. 망원경은 태양계 밖의 외계행성, 새로 태어나는 별, 다른 은하 한가운데에 있는 블랙홀로부터 오는 적외선 영역 빛을 연구하는 데 사용되었다.

갈릴레오 비행 천문대를 도입하며 더욱 거대한 규모의 비행천문학이 어렵사리 시작되었다. 원래 나사가 1965년 컨베이어990 항공기를 개조해 제작한 갈릴레오 I은 비행기 윗면을 따라 창문을 추가 설치했다. 갈릴레오 I은 일식과 1965년의 혜성 접근*을 관측하는 데 쓰였다. 그리고 나사는 갈릴레오 I을 천문학뿐만 아니라 다양한 연구를 수행하는 비행 과학 연구 시설로 쓰길 원했다. 예를 들면 야생동물 조사를 포

* 이케야-세키Ikeya–Seki 혜성.

함한 다른 연구 분야에 활용하며 오랫동안 쓸 수 있길 바랐다.

그러던 1973년 불행이 닥쳤다. 갈릴레오 I이 시험 비행을 마치고 캘리포니아 모페트 필드로 귀항하던 중 다른 비행기인 미국 해군의 P-3 오리온과 공중에서 충돌했다. 두 비행기 모두 착륙을 준비하던 상황이었다. 충돌로 인해 갈릴레오 I에 탑승했던 승무원 열한 명이 전원 사망했고, 해군의 P-3에 타고 있던 승무원 여섯 명 중에서는 단 한 명이 살아남았다. 나사는 결국 두 번째로 컨베이어990을 개조해 천문대를 재건했다. 갈릴레오 II는 1985년까지 관측을 이어나갔다. 불행히도 이 비행기 역시 파괴되었다. 공군 기지에서 이륙하던 중 앞쪽 타이어 두 개가 터져버리며 활주로 이탈을 일으켜 비극적인 불길에 휩싸였던 것이다. 엄청난 화염에도 탑승 중이던 모든 사람이 살아남았다.

카이퍼 비행 천문대에는 행성과학 연구자이자 비행천문학의 초기 챔피언이었던 제러드 카이퍼Gerard Kuiper의 이름이 붙었다. 그는 나사가 비행천문학에서 처음으로 상당한 업적을 쌓았던 리어제트 망원경으로 관측하던 과학자였다. 카이퍼 비행기는 록히드C-141A 스타리프터였고, 소피아와 유사하게 설계한 개폐식 문과 밀폐된 망원경실을 갖고 있었다. 체임버에는 긴 파장대의 적외선 관측을 위해 설계한 90센티미터 망원경을 설치했다. 비행기는 약 1만 4,000미터 고도까지 닿을 수 있었고 1970년대 중반부터 1995년까지 활동했다.

카이퍼 비행 천문대의 많은 발견 중에는 명왕성 대기의 첫 관측 증거와 천왕성을 둘러싼 고리 등이 있었다. 만일 이 얘기가 익숙하게 들린다면, 그럴 만한 이유가 있다. 이 관측들은 내가 MIT에 다니던 시절 관측천문학 교수님이었던 짐 엘리엇이 이끈 연구였다. 천문학계가 얼마나 좁은 세상인지 알려주는 예다.

나는 짐의 수업에서 처음으로 비행천문학의 일화들을 들었다. 비록 당시에는 관측 연구가 어떻게 진행되는지 살짝 왜곡된 인식을 하고 있었지만 말이다. 짐은 언젠가 망원경으로 비행기의 열린 문을 통해 관측하는 걸 설명했다. 나는 당시 망원경에 대해 머릿속에 있던 기억과(아버지의 작은 셀레스트론 망원경) 비행기에 관해 알던 사실을(그때까지 비행 경험의 범위란 미국을 가로질렀던 여행 두 번과, 케이블 방송에서 몇 번 시청했던 영화 〈에어 포스 원〉이 전부였다) 떠올려 결합했다. 결과적으로 짐과 다른 천문학자 몇 명이 등을 구부려 바람에 머리를 날리며 활짝 웃은 채 관측하는 모습을 그렸다. 내 상상 속에서 그들은 비행기의 열린 뒤편에서 작은 아마추어용 망원경을 갖고 균형을 잡으려 애쓰며 문밖을 향해 초점을 맞췄다(그들이 비행기에서 떨어지지 않으려고 뭔가 꽉 쥐고 있거나 어딘가 묶여 있다고 생각했던 것 같다). 하지만 실제로는 카이퍼와 소피아에서 모두 망원경 자체는 완전히 분리된 비행기 체임버에 있었다. 탑승객들은 압력 조절이 되는 객실에 앉아 있었다. 물론 망원경이 관측할 때마다 직원 몇 명이 함께 비행하며 다양한 기기와 장비 운용을 주시했지만, 그들도 공기가 공급되는 객실 쪽에서 일했다. 누구도 고속도로를 달리는 차 조수석에 앉아 있는 개처럼 비행기의 열린 부분에 매달려 있지 않았다. 조금은 실망스러웠다.

보잉747-SP와 2.7미터 망원경으로 업그레이드한 소피아가 카이퍼의 나사 비행 천문대 자리를 이어받았다. 2010년 관측을 시작한 소피아는 연중 대부분 팜데일에서 이륙하고, 매년 6, 7월에 뉴질랜드 크라이스트처치로 원정을 떠난다. 남반구가 긴 겨울밤을 맞을 때 남쪽 하늘을 관측하기 위해서다. 일반적인 소피아 비행은 열 시간 정도 걸린다. 소피아는 운영을 시작한 이래 우리은하의 자기장 지도를 만들었고 새로 태어나는 별들을 관측했으며, 목성의 여러 위성 중 하나인 유로파 표면에서 물이 뿜어져 나오는 플룸 현상을 연구했다.

✦ ✦ ✦

비행기 개조에 따라 소피아는 공식적으로 시험용 항공기로 분류됐고, 여러 가지 추가 안전 수칙과 규정을 따르게 되었다.

우선 비행 허가가 떨어진 이후 내가 채워야 할 서류 뭉치 한 묶음을 받았을 때, 소피아가 일반적인 비행이나 관측 경험과 다르리라는 걸 깨달았다. 양식은 여러 쪽이었다. 비행기 승객 명단 작성을 위한 개인 정보, 상세한 의료 기록, 소피아가 나를 '위험한 수준의 소음'에 노출할 것임을 알려주는 직업안전보건법 규정에 따른 공지까지. 소피아는 상업용 항공기에서 소음을 흡수하는 일반적인 장비 대부분을 떼어냈기 때문에, 비행 중 소피아 안에 머무르면 '시끄러울' 수 있다. 오랜 시간 노출되면 청각 손상을 불러올 수준이다. 승객들은 모두 귀마개를 사용해야 하고 비행기 내부에서는 라디오 헤드셋을 통해 대화가 이뤄진다. 서류 작업에 더해, 나는 잠글 수 있는 뚜껑이 달린 여행용 머그잔도 준비해야 했다. 난기류가 발생했을 때 비행기 안에서 뜨거운 커피나 차를 쏟지 않도록. 그리고 비행기 내부가 몹시 춥다는 경고가 있었음에도 불에 탈 염려가 있는 합성 의류는 피해야 했다. 게다가 팜데일에 하루 먼저 도착해 소피아의 긴급 대피 훈련도 받아야 했다. 소피아는 확실히 다른 망원경들과 달랐다.

긴급 대피 훈련 자체는 늘 그렇듯 흥미로움과 가벼운 두려움의 결합이었다. "지금까지 비행 중에 한 번도 심각한 사고나 응급 상황을 겪은 적은 없지만, 혹시 비행기가 뒤집어진 동시에 불까지 붙으면 당신은 이렇게 행동해야 합니다" 같은 메시지도 언제나 동반했다. 구명조끼를 입고 산소마스크를 쓰는 법과 같은 일반적인 비행 안전 수칙에 더해, 어떻게 비행기의 비상 탈출 슬라이드를 펴는지와 이 팽창형 슬라이드를 어떻게 구명보트로 활용하는지를 배웠다. 그리고 슬라이드가 응급 치료 키트, 비상 신호등, 칼, 심지어 낚시 도구와 낚시 가이드 책자까지 포함한 '생존 장비'들을 갖추고 있다는 사실을 알았다. 앞쪽에 있는 바닥의 작은 문을 통해("이 탈출구는 비행기가 뒤집어져 있을 때만 사용하십시오"라고 안내받았다), 그리고 조종석 천장의 (기어올라 밖으로 나간 다음 줄과 손잡이가 달린 장비를 붙잡고 현수 하강해 747기 꼭대기에서 지상까지 내려오는) 비상 출입구를 통해 비행기를 탈출하는 방법에 관한 영상 교육도 받았다. 비행 중 대부분의 시간에 모든 사람은 자유롭게 기내를 돌아다닐 수 있으므로 항상 EPOS를 휴대해야 했다. EPOS는 승객용 비상 산소 시스템Emergency Passenger Oxygen System의 약자로, 작은 캔버스 천 꾸러미를 열면 복면을 펼쳐 긴급 상황에 산소 공급이 가능했다. 불이 나거나 객실에 연기가 찼을 때를 대비한 것이었다. 겉면에 인쇄된 설명에는 '평소처럼 호흡'하라고 쓰여 있었다. 물론이지.

매번 소피아 비행 전, 비행기에 오르는 모든 사람은 탑승 직전 나사 격납고에 있는 회의실에서 이뤄지는 미션 브리핑에 필수로 참여한다. 그날 비행의 미션 디렉터가 회의를 주관하고, 브리핑에서는 승객 목록, 비행경로, 일기예보, 기내 모든 상황, 망원경과 기기 상태를 살펴본다. 그리고 간단한 배경 연구 요약과 함께 그날 밤 관측이 예정된 천체들에 관해 설명한다. 이후에 조종사들은 자신들이 브리핑에서 가장 좋아하는 부분이 과학 연구 업데이트라고 내게 일러주었다. 소피아의 콜사인은 NASA747인데, 몇 년간의 야간 비행 이후 항공 교통 통제관 여럿은 소피아를 알아보고 조용한 밤에 종종 전화를 걸어 비행기가 무엇을 관측하는지 묻는다. 조종사는 언제나 기쁘게 "우리은하 중심!"이나 그와 비슷한 답을 들려주곤 한다.

내 첫 번째 소피아 비행은 미션 브리핑이 시작하자마자 취소되었다. '중대한 기상학적 사건' 때문이었는데, 공식적으로 '극심한 난기류(승객을 다치게 하거나 비행기가 고장 나게 할 수 있을 정도의 난기류)'라고 분류된 상황이었다. 소피아가 그 지난주에 같은 이유로 비행을 취소한 적이 있다는 사실을 이후에야 알았다. 같은 날 밤, 소피아와 비슷한 경로를 비행하던 상업용 항공기는 난기류에 너무 심각하게 부딪힌 나머지 사람들이 병원으로 실려 갔다. 우리 모두 비행을 간절히 원했지만, 누구도 결정에 이의를 제기하지 않았다.

비행 취소 이후 남은 시간을 활용해 소피아 조종사들 몇 명과 대화를 나눴다. 그들 대부분은 전직 상업용 비행기 조종사나 테스트 파일럿 출신이었다. 망원경을 싣고 나는, 측면에 거대한 구멍이 있는 비행기를 조종하는 일은 어떨지 궁금했다. 조종사는 모두 소피아가 보통의 여객기와 거의 똑같이 운항한다고 했다. 그리고 소피아의 가장 색다른 특징인 망원경실 문은 너무 훌륭하게 제작되어 비행 중 난기류에 의해 흔들림이 거의 없기 때문에 열렸거나 닫혔는지를 감지할 수 없다고 했다. 17톤에 이르는 무거운 망원경 자체는 비행기 뒤편에 놓여 있기에, 전면에 놓인 소피아의 컴퓨터 선반과 앞쪽 바닥을 이루는 강판이 비행기의 균형을 맞춘다.

조종사들이 언급한 소피아와 일반 비행기 조종에서의 가장 큰 차이점은 매우 정확한 타이밍과 비행경로였다. 얼마나 정확히 천체를 겨눠야 하는지를 생각하면 비행기 동체에 설치한 망원경으로 관측할 때 생기는 독특한 점을 이해할 수 있다. 여행 중에 비행기 창밖을 내다보는 승객들 대부분처럼, 소피아의 체임버 안쪽에서 바라보는 시야도 대체로 비행기가 움직이는 방향이 결정한다. 관측 날 밤 망원경이 관측하기로 계획한 천체에 따라, 관측 시간에 따라 비행기 경로를 설계한다는 뜻이다. 그러면 비행경로는 지그재그, 삼각형, 다이아몬드를 그리며 변덕스러워지기도 한다. 비행 타이밍 역시 매우 정확하다. 조종사들은 계획된 비행기 일정을 몇 분 이내로 딱 지켜야 한다. 끊임없이 바람, 항공기 무게와 고도를 파악하고 신중하게 항공 교통 관제사와 연락을 주고받으며 안전하게 상업용 비행기와 하늘을 공유해야 한다는 뜻이다. 이런 여러 제약에도 불구하고, 거의 모든 소피아 비행은 꼼꼼한 계획과 조종사의 기량 덕분에 예정된 경로를 완벽하게 따른다.

관측 계획은 사전 허가를 받아야 하고, 기내에서 천문학자의 업무는 다소 줄어든다. 소피아 시간을 승인받고, 비행경로와 일정을 설계하는데 필요한 관측 계획과 천체 목록을 제공하는 사람들은 천문학자지만, 실제로 비행기가 이륙할 즈음이면 그들은 주로 따라가 어울릴 뿐이다. 소피아에 탑승한 관측자는 종종 자기가 관측하는 천체에 1, 2분의 비행시간을 추가로 요청하거나 조금이라도 나은 자료를 얻기 위해 기기 설정을 약간 변경할 수 있다. 하지만 이미 비행 계획이 정해진 상황에서 그 밖에 할 수 있는 일이 거의 없다. 한편 소피아 망원경 오퍼레이터는 몇 가지 추가적인 문제를 제외하면 지상 천문대의 오퍼레이터와 매우 비슷한 역할을 한다(지진대에 위치한 천문대에서 일하는 오퍼레이터라도 보통 난기류 같은 흔들림은 다룰 일이 없다).

전체 소피아 비행에는 보통 두 명의 조종사와 조종석에서 항공기 운영을 담당하는 비행 엔지니어 한 명, 미션 디렉터들, 안전 요원들, 망원경 오퍼레이터들, 기기 과학자들 그리고 방문 천문학자 소수가 함께한다. 내가 오르려던 2월 비행에는 탑승객이 스무 명 있었다. 망원경 오퍼레이터 중 한 명인 에밀리 베빈스Emily Bevins는 소피아를 완벽하게 묘사하는 표현을 생각해냈다. 이틀에 걸친 투어와 대피 훈련, 미션 브리핑 같은 보통의 천문대에선 경험한 적이 없는 시간을 보낸 뒤, 나는 에밀리의 표현에 깜짝 놀라고 말았다. 에밀리는 "마치 교향곡 같아요"라고 말하며, 예행연습을 훌륭하게 마친 여러 그룹이 꼼꼼하게 준비한 각자의 부분에 기여해 복잡하지만 잘 짜인 음악을 만들어내는 것 같다고 설명했다. 이 비유는 오케스트라에서 수년간 바이올린을 연주해온 내 가슴에 와닿았다. 또한 에밀리의 표현은 몇몇 지상 망원경과 재밌는 대조를 이뤘다. 지상 망원경에서 종종 일어나던 과학 세계의 특징을 음악에서의 비유로 표현하자면 앰프를 힘겹게 끌고 가거나 누군가 흔들리는 마이크를 접착테이프로 고정하고, 모르는 사람이 대뜸 등장해 선 연결 작업을 하거나 분위기를 확인하는 등, 아마추어 공연장에서 보일 법한 모습이었다.

'중대한 기상학적 사건'이 지나간 밤, 미션 브리핑에서 훨씬 더 강한 흥분의 기류를 감지했다. 부분적인 이유는 그저 방 한 칸에 모여 비행을 간절히 바라는 스무 명쯤 되는 사람들의 누적된 긴장감 때문이었다. 나 역시 적잖이 안절부절못하는 상태였다. 캘리포니아 사막에 이따금 눈과 비, 심지어 우박을 뿌리던 두껍고 차가운 구름 아래서 이상한 수면 일정을 따라 하루를 꼬박 더 기다린 다음, 신경이 온통 곤두서 있었다. 소피아가 어느 정도의 난기류를 견딜 수 있을지 궁금했고, 에밀리에게서 교향곡이라는 표현을 들은 이후 모리스 라벨Maurice Ravel의 〈볼레로Boléro〉를 반복해 듣는 중이었다.

처음엔 전망이 좋아 보였다. 소피아가 교향곡처럼 흘러간다면, 매 비행의 미션 디렉터는 분명히 지휘자였다. 구성원 각각이 맡은 파트를 잘 알고 있으며 모든 사람을 한데 불러 모아 성공적인 공연을 완성하는 책임을 맡았다. 우리 미션 디렉터는 날씨가 여전히 엉망이지만 최악으로 보이지는 않는다며, 우리가 아마 실제로 비행기에 탑승해 성층권까지 갈 수 있을 듯 보인다고 말했다. 그룹 전체는 성공적인 비행을 상상하며 활기를 띠었고 브리핑을 마치자 재빠르게 방을 비웠다. 코트와 배낭을 잡아채 밖으로 서둘러 나가며 야간 점심을 챙겼다. 휩쓸려 나가던 나도 주변 사람들의 얼굴을 보자 흥분해서 거의 떨고 있었다. 어깨 너머에서 사람들은 귀마개를 챙기고 밝은 안전띠를 맸다. 사용 중인 활주로를 건너려면 지켜야 하는 안전 수칙이었다. 그리고 비행기로 향했다.

비행기에 오르자 모두 흩어져 자리를 잡았다. 좌석 아래에 가방을 두고 야간 점심을 지정된 냉장고 몇 개에 넣었다. 냉장고와 커피포트, 작은 전자레인지 몇 개가 비행기의 작은 주방을 구성했다. 비행기 내부는 벌써 온도가 꽤 낮아 싸늘했다. 우리는 대부분 코트를 입은 채 흩어져 망원경과 기기 구역을 구경하고, 적외선 카메라가 설치된 망원경실 뒤쪽을 감탄하며 쳐다봤다. 그리고 최종 비행 결정을 기다리며 기내를 서성거렸다.

그날 밤이 냉각 시스템에 문제가 있던, 날개가 얼어붙을 뻔했던, 유니콘 인형이 찌푸린 얼굴을 했던 밤이다. 마침내 미션 디렉터가 최종 결정을 전달했고, 비행이 두 번 연속 취소되었다. 나도 다른 모든 사람과 마찬가지로 그것이 옳은 결정임을 이해했지만 여전히 실망스러웠다. 저널리스트이자 작가로서 이 비행의 탑승 허가를 받기까지는 몇 개월을 노력해야 했고, 책 작업의 일부로 비행천문학을 직접 경험하고 싶었다. 소피아 직원들은 이미 너무 큰 도움을 주었고, 그들이 쉽사리 내게 또 다른 비행 기회를 주기는 어렵다는 사실도 알았다. 천문학의 흔한 원수들인 날씨와 장비 문제가 소피아에 탑승할 수 있던 내 마지막 기회를 앗아갔다.

✦ ✦ ✦

소피아는 1만 4,000킬로미터 높이까지 비행하면서 지구의 수증기 대부분을 뚫고 날아올라 우리가 긴 파장의 적외선을 훌륭히 관측할 수 있도록 한다. 더욱 높이 올라가 더 많은 대기를 발밑에 둘수록 관측 조건은 좋아진다.

허블과 다른 우주 망원경들은 지구 주위를 높이 돌면서 이런 관측을 가능케 한다. 하지만 완전히 가동하는 천문대를 궤도에 띄우는 일은 단숨에 값비싸고 기술적으로 어려운 과제가 된다. 망원경 자체가 이미 복잡한 공학의 산물인데, 거기에 중량 제한과 발사 시설도 고려해야 하고, 인간의 개입이 거의 혹은 아주 없이 원격 운영이 가능한 시설을 설계하는 작업까지 더하면 우주 망원경은 어마어마한 사업이 된다. 지상 망원경과 같은 크기, 같은 수의 우주 망원경을 제작하는 일은 전혀 실용적이지 못하다.

그러나 적어도 우리가 우주에 가까이 다가갈 수 있는 중간 단계가 있다. 비행천문학은 전통적으로 항공기가 싣고 나는 망원경을 가리켰다. 하지만 천문학자들은 가능한 한 대기 위로 벗어나려고 기구나 심지어 탄도 비행 로켓에까지 눈을 돌렸다.

천문학에 사용하는 기구는 경이롭게도 약 40킬로미터 상공까지 떠오른다. 그만큼만 대기 위로 올라가도 감마선, 엑스선, 자외선 관측이 가능하다. 지금까지 기구를 활용한 관측 장비는 은하 사이를 표류하는 가느다란 가스 가닥을 관측했고, 초신성 잔해에서 감마선도 검출했다. 그리고 본격적인 우주 미션에 탑재할 최신 기기의 첫 시험대 역할도 했다.

만약 '기구'라는 단어를 들었을 때 어린아이의 생일 파티나, 어쩌면 바구니 안에 천문학자가 타고 있을지 모를 색색의 열기구를 머릿속에 떠올렸다면, 현실에서 기구 관측이 어떻게 이뤄지는지 이해할 필요가 있다.

실제 천문학에서 사용하는 기구는, 가장 큰 녀석들이 완전히 팽창했을 때 높이가 약 140미터를 넘을 정도로 커다랗다. 그리고 천문학자들이 지상에 머무르며 원격으로 조종 가능한 망원경이나 검출기를 싣고 하늘로 떠오른다. 검출기는 제어할 수 있지만, 기구의 움직임은 그것이 도달하도록 설계된 높이에서 바람에 운명을 맡긴다. 결과적으로 이런 기구 하나를 하늘로 보내는 작업은 기이한 연금술과 같다. 이륙 전 바람의 흐름, 날씨, 타이밍, 탑재체를 확인하고 또 확인하며 완벽을 기하려 고군분투하는 연구팀, (몇 톤 무게에 달하는) 기기와 카메라 뭉치가 조화를 이뤄야만 한다.

미국의 연구용 기구는 대개 뉴멕시코주, 텍사스주, 호주, 남극 대륙의 몇 군데 주요 기지에서 이륙하고, 이곳에는 기구 작업 전문가들이 상주한다. 이륙하기 좋은 날엔 지상, 중간층, 그리고 풍선이 드디어 '다 떴을 때' 마지막에 도달할 높이까지 서로 다른 고도에서 바람 방향이 협조적이다. 그리고 발사장에서 일하는 전문가는 날씨가 적절하다는 판단을 내린다.

축구 경기장보다 길지만 비닐봉지만큼 얇은 기구 자체는 지상에서 방수포 위에 납작하고 길게 펴져 있다. 기구 밑으로는 포장한 낙하산이 달려 있고, 낙하산에 연결한 비행 끈 아래엔 탑재체가 자리한다. 이륙을 기다리는 탑재체는 높은 이동식 크레인에 매달려 커다란 릴리스 핀으로 고정되어 있다. 이륙을 준비하기 시작하면 헬륨이 기구의 윗부분 5분의 1쯤을 채운다. 기구가 전부 부풀어 오르지 않도록 둘레에는 고리가 채워져 있는데, 고리는 기구가 공중에 떠오르면 터져 분해된다. 풍선은 육중한 얼레와 함께 자리에 고정된 채 당분간 지상에 머무른다.

이론상으로 실제 기구의 이륙은 순조롭고 평화로운 작업이다. 헬륨 충전이 끝나면 얼레가 풀리고 기구가 공중으로 떠오르기 시작한다. 그러면서 기구는 뒤쪽에 있는 비행 끈을 들어 올리고 팀원 한 명이 이동식 크레인을 운전해 탑재체가 기구와 잘 정렬되도록 한다. 힘차게 비행 끈이 당겨지면, 크레인에 탑재체를 고정하고 있던 핀이 뽑히면서 모든 장비가 평화롭게 하늘로 솟아오른다. 기구를 감싸던 고리는 끝내 분해되어 날아가 버려 헬륨이 팽창해 기구 전체를 채우게 된다. 목표 고도에 도달하면 기구는 지상에서 30킬로미터도 넘게 떨어진 높이에 열 시간에서 서른 시간 동안 떠 있다. 그리고 지상에 남겨진 천문학자들이 탑재체에 실어 보낸 망원경과 검출기를 사용해 기쁘게 관측을 한다.

말로 설명하기는 쉽지만, 이륙이 잘못될 수 있는 방법도 여러 가지다. 이륙 과정 자체에서 꽤 복잡한 문제들이 발생할 수 있다. 헬륨 고리가 너무 일찍 분해되면 기구가 과충전되어 헬륨이 샐 수 있고, 그러면 기구를 다시 발사대로 내려 헬륨이 천천히 비워지는 동안 며칠을 그대로 두어야 한다. 기구가 떠오를 때는 바람의 영향을 크게 받기 때문에, 가장 신중한 발사팀 멤버들과 날씨 전문가들까지도 지상에서 바람 방향이 갑자기 바뀌어 풍선이 제멋대로인 쪽으로 떠오르는 상황을 경험한다. 크레인에서 릴리스 핀을 푸는 타이밍 또한 아주 중요하다. 핀을 너무 일찍 풀어버리면 탑재체가 땅으로 떨어질 가능성이 있고, 반대로 너무 늦게 풀었다가는 탑재체가 크레인 팔에 충돌하거나 끈에 얽혀버릴 수 있다. 핀을 아예 뽑지 않으면 대참사가 벌어진다.

이륙 작업을 담당하는 사람들이 할 수 있는 일에도 한계가 있다. 한 천문학자는 자기가 보았던 광경을 회상했다. 작업 담당자 한 명이 크레인에 꽉 끼어 풀리지 않는 핀을 처리하려 애쓴 적이 있었다. 그 사람은 결국 작동 중인 크레인 팔을 기어 올라가 핀을 발로 차 느슨하게 만들었다. 운이 좋아서 핀이 풀렸고 그는 탑재체가 이륙하는 동안 크레인

꼭대기에 걸터앉아 있었지만, 만약 이 사람이 추락했다면, 혹은 더 끔찍하게 기구가 떠오르는 동안 비행 끈에 몸이 꼬여버렸다면 어떻게 되었을지 생각만 해도 섬뜩하다.

에릭 벨름Eric Bellm은 2010년 호주 앨리스 스프링스에서 그가 이끌었던 기구 관측 중에 일어난 유명한 발사 사고를 기억했다. 에릭의 팀이 사용한 탑재체는 감마선 관측을 위해 설계한 망원경이었다. 이전 비행에서 이 망원경으로 가까운 펄서를 관측해 훌륭한 감마선 자료를 얻기도 했다. 그들은 호주에서 몇 가지 관측 계획이 있었다. 우리은하 중심의 감마선 지도를 제작하고, 초대질량블랙홀을 관측하는 데 더해 어쩌면 멀리 죽어가는 별에서 발생하는 (내 학위 논문 연구에서 설명하려던 것과 같은 고에너지 섬광인) 감마선 폭발을 검출할 수 있지 않을까 기대했다. 기구 연구팀은 경험이 풍부했고 탑재체도 이미 성공적으로 비행한 적이 있기에, 에릭은 대중매체 기자들을 초대해 평소에 보기 힘든 광경인, 과학 연구 목적의 기구 이륙을 보여주기로 했다. 소식이 전해졌고 여러 카메라 팀을 포함한 관중들이 발사 과정을 지켜보려 현장에 도착했다. 그들은 울타리 뒤로 모여들었다. 발사장에서 부는 바람 방향의 반대쪽에 있는 곳이었다. 평소대로의 바람 방향이라면.

발사 날, 우세풍이 다른 방향으로 불었다. 그날 연구팀이 발사를 준비하는 동안, 기구에서 탑재체까지 드리운 비행 끈은 정확히 울타리 쪽을 향했다. 하지만 현장 직원들에게 그건 걱정거리가 아니었다. 예전에도 이런 조건에서 순조롭게 기구를 띄운 적이 있었다. 이륙 시각이 다가왔고, 그들은 고정되어 있던 기구를 날려 보냈다. 떠오르는 기구를 따라 크레인이 움직이며 탑재체를 끌어당기기 시작했다…. 그리고 아무 일도 일어나지 않았다. 탑재체가 기구에서 분리되지 않았고, 기구는 여전히 움직였고, 크레인 또한 기구 아래를 달렸다. 정확히, 들뜬 관람객들이 차를 대고 구경하러 모여 있던 바로 그 울타리로 향했다.

결국 크레인은 더 나아갈 수 없었기에 울타리에 멈춰 섰다. 아직도 탑재체는 분리되지 않았다. 이 순간에도 풍선은 여전히 가차 없이 앞으로 나아갔다. 탑재체가 울타리 위에서 휘둘렸고, 구경하러 모인 사람들은 뭔가 단단히 잘못되었음을 깨닫고 사방으로 흩어졌다. 탑재체를 크레인에 연결하던 줄이 툭 끊어졌고 2톤짜리 과학 기기를 땅바닥에 내동댕이쳤다. 기구에 끌려가던 탑재체는 울타리를 강타해 무너뜨렸다. 이어 관람객의 차 한 대를 덮쳤고 가까스로 두 번째 차를 피했다(두 번째 차 안에는 아직 운전자가 있었다). 사람들이 급히 자리를 피하는 와중에 탑재체는 공중에서 재주넘기를 하며 떠올랐다. 기기가 분해되며 장비 일부가 떠올랐다. 그때쯤 발사 담당자 한 명이 무전기를 향해 "중지!"라고 소리치기 시작했다. 발사 팀은 기구를 끊어버렸고 탑재체는 땅에 떨어져 몇 바퀴를 구르고서야 자리에 멈췄다.

에릭과 그의 팀은 유구무언이었다. 자기들의 과학 연구를 위한 탑재체였던 기기가 산산조각이 나 흩어진 모습을, 그리고 바로 그 방향에 있던 겁먹은 구경꾼 무리를 바라보면서. 단 1분도 걸리지 않아 벌어진 사고였다.

아주 다행히 다친 사람은 없었다. 다만 멋진 광경을 담길 기대하던 미디어는 카메라로 장면을 녹화 중이었고, 서로 다른 두 각도에서 촬영한 충돌 영상이 순식간에 심야 뉴스와 유튜브로 퍼졌다. 정신없이 탑재체로부터 도망치던 당시에 관한 관람객들의 인터뷰가 뉴스 보도에 등장했다. 배경에는 탑재체 잔해 사이로 당황하고 낙담한 과학자 무리가 보였다. 슬프게도 곧 기기를 고쳐 또 다른 비행을 준비할 수 없음이 명확해졌고, 연구팀은 집으로 돌아갔다.

기구를 띄우는 것도 충분히 어려운 일이지만, 이야기의 절반에 불과하다. 비행이 끝날 때 연구자들은 기구 시스템을, 적어도 탑재체만큼은 다시 땅에 착륙시켜 성공적으로 회수해야 한다. 이론상으로는 기구에 설치한 부품이 폭발하면서 줄을 끊어버린 후에도 연구팀은 탑재체가 언제 어디로 떨어질지 제어할 수 있다(특히 바람 방향에 주의하며 거주 지역이나 보호 구역, 국경을 피하도록 해야 한다). 비행 끈에 부착한 낙하산은 바로 이 목적을 위해 존재한다. 충분히 공기 밀도가 높은 고도까지 탑재체가 하강하면 낙하산이 펴지고, 땅에 닿으면 낙하산이 분리된다. 하지만 언제나 실패 가능성이 있다.

탑재체가 떠 있을 때, 기구 비행에서 보통 일어날 수 있는 최악의 결과는 자유낙하 사고다. 폭발 과정에 문제가 있거나 낙하산이 펴지지 않으면 공들여 만든 천문 관측 장비가 지구로 급락하면서 만화영화에서처럼 땅 아래 몇 미터까지 처박힌다. 반면 낙하산이 작동하더라도 탑재체가 땅에 떨어지고 난 다음 분리되지 않을 수도 있다. 그러면 낙하산은 탑재체를 사막 모래나 남극 대륙의 빙하 위로 몇 킬로미터씩 끌고 간다. 흔히 이런 사고는 호주에서 에릭의 발사 사고와 비슷한 결말을 맺는다. 과학자들은 장비 중에 절대 대체 불가능한 부품만이라도 살려 보려고 삽을 들고 잔해를 찾아나선다.

성공적으로 착륙한 탑재체도 회수해야만 하는데, 기구 발사가 이상적으로 되었더라도 회수 작업은 모험이 될 수 있다. 뉴멕시코주에서 발사한 탑재체는 결국 팀원 중 한 명이 간략히 "뱀이 가득한 계곡"이라고 묘사한 장소에 떨어졌다. 연구 책임자는 (두껍게 다리를 덮어 이론적으로는 방울뱀의 바다를 다치지 않고 헤엄칠 수 있는) '뱀 바지'가 국립과학재단 연구비로 구매 가능한 물품인지 고민했다. 탑재체가 의도했던 착륙 지점에서 먼 곳에 떨어지면 회수 작업은 금세 엉망이 된다. 탑재체에는 대부분 GPS 추적 장치를 설치해두지만, 가끔 기구 탑재체가 정확히 '어디' 착륙했는지를 보면 입이 다물어지지 않는다. 또는 최초 발견자가 누구인지를. 어떤 팀은 기구를 회수하려던 길에 외딴 1차선 도로를 달리던 중이었는데, 반대 방향으로 트럭을 운전해 가던 사람을 지나쳤다. 트럭이 실은 짐을 자세히 보니 탑재체 부품이었다. 다른 팀이 호주에서 발사했던 기구는 대서양을 건너 브라질에 떨어졌다. 탑재체가 착륙 당시 마을에 연결되는 전력선들 위로 떨어져 전기를 끊어버렸다. 연구팀은 몇 달 뒤에나 장비를 수거하러 갔고, 마을에서 한 잔 들이켜려 술집에 들렀다. 그리고 바에 걸린 탑재체 덩어리 일부가 그들 눈에 들어왔다.

로켓천문학은 기구천문학의 사촌이고, 기본적으로 기구와 같은 원리로 작동한다. 높은 고도까지 기기를 띄운 다음 자료를 수집하고 착륙하면 장비를 수거한다. 그러나 전 과정이 말 그대로 폭발적인 속도로 진행된다. 전부 갖춰진 우주 기반 프로젝트에는 조금 못 미치지만, 연구팀은 거대한 포물선을 그리며 탄도 비행을 하는 관측 로켓을 발사한다. 로켓은 망원경을 싣고 귀중한 몇 분짜리 자료를 얻을 '딱' 충분한 시간 동안 잠깐 우주로 나갔다 돌아온다.

아서 B. C. 워커 2세Arthur B. C. Walker II는 유명한 항공우주공학자이자

로켓 기반 천문학의 초기 개척자였다. 그는 미국 공군에서 근무하며 관측 로켓에 실어 보낼 자외선과 엑스선 기기를 설계하며 경험을 쌓았다. 1980년대와 1990년대, 아서와 그의 팀은 몇 개의 관측 로켓을 사용해 열 개가 넘는 탑재체를 실어 발사했다. 그들은 최초로 엑스선과 자외선 영역에서 태양의 고해상도 사진을 얻었다. 시작부터 끝까지 약 14분밖에 걸리지 않는 로켓 비행에서 이뤄낸 결과였다. 비행 중 우주에서 자료를 얻는 데 걸리는 시간은 단 5분이다. 연구용 기구처럼 로켓도 보통 탑재체를 낙하산에 매달아 떨어뜨리고 비행이 끝나면 연구팀이 회수한다.

이 분야에서도, 역시 이런 종류의 로켓을 성공적으로 발사할 수 있는 기지는 몇 군데밖에 없다. 그중 하나가 뉴멕시코주의 화이트 샌즈 미사일 사격장이다(아파치 포인트 천문대 서쪽으로, 화이트 샌즈 국립공원과 같은 석고 모래 언덕 안에 위치한다). 몇몇 동료들의 묘사에 따르면 화이트 샌즈에서의 로켓 발사는 걱정스러운 경험이다. 로켓이 인구 밀집 지역이나 멕시코 국경에 너무 가까이 다가갈 것 같으면 비행을 중단해야 하기 때문이다. 가끔 로켓 탑재체는 접근이 불편한 화이트 샌즈 지역에 착륙하기도 했다. 미사일 발사장에서 어떤 구역에는 아직 폭발하지 않은 포가 있을지도 몰랐다. 발사장에서 천문학자들은 특별 안전 교육을 받은 다음 트럭 뒤에 타고 탑재체를 회수하러 나가곤 했다. 폭발물 처리반이 그들을 앞서 걸었다. 어떤 팀은 1월에 알래스카에서 로켓을 발사했고, 낙하산에 문제가 있어 탑재체가 예상 도착 지점에서 약 40킬로미터 떨어진 곳에 착륙했다. 짧은 해와 험악한 지형을 마주한 연구팀은 알래스카 야생에서 기기를 발견한 사람에게 주겠다며 금전적인 포상을 내걸기에 이르렀다. 작전은 성공했다. 두 번의 여름이 지난 다음, 누군가가 땅에 박혀 이끼로 뒤덮인 탑재체를 발견했다(그리고 포상을 받아 갔다).

로켓천문학에서 흔히 사용하는 다른 발사 장소는 마셜제도 콰잘레인 환초의 로이-나무어섬이다. 마셜제도는 적도 부근 외딴 태평양에 섬들이 밀집한 곳이다. 이곳에는 나사가 과학 연구 목적의 발사를 위해 임대할 수 있는 군사용 발사장이 있다. 로이-나무어에서는 로켓을 버리고 탑재체를 적절히 착륙시키는 작업이 쉽지 않다. 섬의 모든 면이 환경적으로 연약한 산호초로 둘러싸여 있기 때문에 로켓 발사 시 무엇이든 인근 해역으로 떨어뜨리는 것이 강력히 금지되어 있기 때문이다. 로켓 미션은 일반적으로 풍선만큼 바람에 민감하지 않기에 보통 계획한 시각에 별 문제 없이 발사가 가능하다. 하지만 동료 중 한 명인 케빈 프랜스Kevin France는 로이-나무어섬에서 다섯 밤을 기다려 로켓을 발사한 적이 있다. 세찬 바람이 로켓을 산호 위로 밀어버릴 위험이 있어 로켓을 발사대에 올렸다 내렸다 하며 몇 번이고 발사를 중단시켰다고 한다.

로이-나무어에서 또 다른 흥미로운 점은 섬에 차가 없다는 사실이다. 차라고는 작업용 트럭 몇 대와 경찰차 한 대뿐이고 방문객들은 골프 카트를 타고 다니거나 직접 걸어야 한다. 나사는 섬에서 연구원들이 신속하게 이동할 수 있도록 분해된 자전거를 선적 컨테이너에 싣고 와 연구팀이 사용하도록 했다. 케빈은 섬에 도착하자마자 자기 자전거를 조립하러 갔던 걸 기억한다. 팀원들은 금세 자전거를 좋아하게 되었고, 자전거를 미션 스티커로 장식하고 발사 장소까지 오가며 온종일 타고 다녔다. 결국 사람들은 외딴 태평양 섬에서 연구 장비를 자전거에 묶거나 등에 멘 나사 로켓 과학자들이 램프를 켜고 페달을 밟는 모습을 목격하게 되었다. 마치 덩치만 큰 열두 살짜리 아이들처럼.

비행, 기구, 로켓천문학은 물론 우리가 지상천문학이라고 부르는 분야를 벗어난다. 하지만 나는 이 갈래들을 지구상의 망원경들과 같은 분류로 묶고 싶다. 자료 자체를 지상 몇 킬로미터에서 수집할지 모르지만, 모든 노력은 땅바닥에서 시작과 끝을 맺고, 관측자들은 기기와 함께 올라 비행하거나 귀중한 매 순간의 관측을 추적한다.

진정 한계를 더 널리 확장하고 싶다면, 조지 커러더스George Carruthers는 분명 '가장 인상적인 지상 망원경' 대회의 우승자다. 그가 설계한 원자외선 카메라와 분광기는 틀림없이 땅바닥에 설치되었다. 하지만 그 땅이 바로 달 표면이었고, 조지의 망원경 오퍼레이터는 우주 비행사 존 영John Young이었다. 존은 1972년 아폴로16 달 착륙 미션 중에 망원경을 다뤘다. 조지는 자외선 검출기의 선구자였고(그는 첫 자외선 카메라 특허를 갖고 있으며 관측 로켓을 활용해 초기 자외선 관측을 수행했다) 달에서 사용할 목적으로 작은 3인치(약 7.6 센티미터) 망원경을 개발했다. 망원경은 매우 아름다운 자료를 싣고 돌아왔다. 조지와 동료들은 결과를 가지고 여러 이목을 끄는 연구 논문을 발표했다. 그중에는 지구 대기와 자기장에 관한 연구도 있었다. 인류 역사상 처음으로, 망원경을 거꾸로 지구를 향해 관측할 수 있었기 때문이다.

작은 망원경 역시 그 자체로 별난 데가 있었다. 망원경과 배터리를 연결하는 케이블은 우주 비행사의 다리에 계속 얽혔고, 배터리는 햇빛을 받아 따뜻하게 유지해야 했다. 추운 달 환경에서 망원경 회전을 돕는 윤활제가 얼어붙기 시작하면, 우주 비행사가 망원경을 돌려 겨누기 몹시 어렵게 만들었기 때문이다. 결국 망원경을 돌리는 건 거의 팔씨름에 가까운 작업이 되었고 망원경을 움직일 때마다 균형을 맞추려고 달 표면의 먼지를 파헤칠 때면 값진 시간과 산소가 필요했다. 그래도 망원경은 성공으로 인정받았고 조지는 이후 비슷한 자외선 망원경을 만들어 1970년대의 스카이랩* 미션 중 하나에 실어 보냈다.

달 착륙은 천문학에서 추가적인 보너스 하나를 선물했다. 아폴로11 미션 중, 닐 암스트롱Neil Armstrong과 버즈 올드린Buzz Aldrin은 달 표면에 특별한 거울을 설치했는데, 거울은 지구의 망원경이 달을 향해 쏜 레이저를 반사하도록 설계되었다. 천문학자들은 거울에 반사된 레이저를 사용해 몇 밀리미터 정확도로 직접 지구와 달 사이 거리를 측정할 수 있게 되었다. 우리는 달이 실제로 지구에서 매년 3.8센티미터씩 멀어지고 있다는 사실을 배웠다. 아폴로 14와 15는 미션 중에 더 많은 거울을 설치했고, 아파치 포인트 천문대는 오늘날에도 여전히 그것들을 이용해 달 레이저 실험을 진행한다.

달만큼 멀리 가기 전에, 우리가 현재 망원경을 건설해 운영할 수 있는 가장 외딴 곳은 남극점이다. 남극 대륙 정중앙, 지리학적 남극점 인근에 자리 잡은 아문센-스콧 남극점 기지는 남극점 망원경South Pole Telescope, SPT의 집이다. SPT는 10미터 크기 전파 망원경으로, 서브밀리미터 파장 대역에서 작동하고 블랙홀 사진을 찍는 데 쓰였던 지구 크기의 전파 간섭계에서 한 부분을 담당한다. 만약 아타카마 사막의 알마 서브밀리미터 천문대와 비슷하게 느껴진다면, 그럴 만한 이유가

* 미국 최초의 우주 정거장.

있다. 남극점 자체는 실제로 고도가 높은 사막이다. SPT의 해발고도는 2,700미터가 넘고, 남극점 현장에는 강수가 거의 없다. 눈보라가 치는 듯 보이는 남극점 사진은 보통 지상의 눈이 거센 바람에 흩날린 결과다. 또한 남극점은 같은 고도인 지구상의 다른 지역보다 더 높고 산소가 적다고 '느껴'지는데, 이는 지구 대기가 양 극점에서 더 얇기 때문이다. 그래서 매일 날씨 상황을 보여주는 남극점 기지 안내판은 실제로 '체감' 고도*까지 보여준다.

남극점은 천문학적으로 훌륭한 장소지만, 특별한 어려움도 존재한다. 남극 대륙의 겨울은 당연히 혹독하며 그 계절엔 대륙에서 비행기가 뜨고 내리기 위험하다. 그래서 8개월 동안 남극에 머무르며 일하는 사람들이 있고 우리는 그들을 '윈터 오버(월동대원)'라고 부른다. 윈터 오버는 다시 남극 대륙에 비행이 재개될 때까지 기지에 갇혀 지낸다. 월동은 누구에게나 길고 괴로운 시간이다. 아문센-스콧 기지는 (해안 가까이에 위치한 전초 기지인 맥머도와는 반대로) 상대적으로 적은 인원이 상주하기 때문에 특히 별난 삶의 모습이 나타나곤 한다.

루페시 오즈하Roopesh Ojha는 SPT에서 월동한 자기 경험을 들려주었다. 여행을 준비하던 그는 자기가 맡은 과학연구 임무 목록에 더해 다양한 걸 생각해야 했다. 예를 들면 수개월에 걸친 긴 월동을 위해 정확히 얼마나 많은 치약이나 면도 크림을 가지고 내려가야 하는지 같은 것들이었다. 그리고 기지에서 일하던 이야기도 공유해주었다. 그렇게 완전한 내륙에 머무르면서 사람들은 온갖 자극을 잃어버리기 시작한다.

---

* 정확한 표현은 기압고도pressure altitude다. 남극점에서는 실제 고도보다 수백 미터 더 높게 나타난다.

주변이 계속 하얗고(그리고 겨울에는 깜깜하고), 배송되어 저장해둔 똑같은 음식을 몇 달 내내 먹다 보면 단조로움에 지겨워진다. 심지어 무엇이 되었든 차갑고 건조한 남극 대륙의 공기 이외의 냄새도 맡고 싶어진다. 루페시는 월동이 끝나고 새로운 음식이 기지에 도착했을 때 처음으로 바나나와 신선한 달걀 냄새를 맡던 순간을 기억한다. 그리고 여행 끝에 비행기에서 내려 뉴질랜드 땅을 밟으며 풍요로운 진흙과 식물과 신선한 비 냄새를 들이마시던 그때를.

만약 남극점의 연구자들이 그저 귀여운 아기 바다표범이나 펭귄 무리와 노느라 재밌겠다는 상상을 했다면, 다시 생각해보아야 한다. 남극 대륙의 야생은 먹거리를 찾을 수 있는 바닷물을 따라 주로 대륙 외곽 경계에 고리처럼 분포한다. 그래서 아문센-스콧 기지에는 동물이 전무하다. 초기 탐험가들은 남극 대륙에 개 썰매 팀을 데리고 왔을지 모르지만, 남극 조약 시스템으로 인해 이제 어떤 동물이라도 대륙으로 데리고 들어오는 것이 금지되었다. 그러다 보니 연구자들은 '어떤 종류의' 동물이라도 그리워한다. 루페시의 기억에 따르면 상추 대가리에 편안히 누워 기지 주방까지 어찌어찌 살아남아 도착한 작은 녹색 벌레가 있었다. 그 작은 벌레가 살아 있음에 요리사가 놀라자, 점심을 먹던 사람들 절반이 서둘러 몰려들어 벌레를 지켜보았다. 그들은 마침내 벌레에게 오스카라는 이름을 붙여주었고 한동안 주방에서 돌보았다. 또한 기지에는 버트라는 정다운 이름이 붙은 로봇 청소기가 있다. 버트는 기지에 최소한의 인원이 남은 긴 겨울에도 복도를 깨끗하게 관리하는 임무를 맡는다. 너무 외딴 곳이라 거의 지구처럼 느껴지지 않는 곳에서, 남극점에서 일하는 과학자들은 뭐라도 그들이 찾을 수 있는 익숙한 인간적인 위로를 찾아 매달린다. 비록 위로를 주는 이가 용감무쌍한 벌레나 로봇 반려동물이더라도.

✦ ✦ ✦

소피아 탑승을 위한 마지막 한 가닥 희망의 끈이 있었다. 불운했던 2월 비행을 몇 달 앞두고 나는 소피아에 관측 제안서를 제출했었다. 적색초거성에 대해 오랫동안 고민하던 문제 중 하나를 풀 수 있지 않을까 하는 기대에서였다. 이 죽어가는 별들을 덮은 먼지투성이 물질들이 여전히 궁금했다. 어떻게 생성되었는지, 뭐로 만들어졌는지 그리고 별의 최종 운명에 대해 어떤 단서라도 쥐고 있는지 알고 싶었다. 그리고 소피아가 특히 이런 먼지가 방출하는 희미한, 긴 파장의 적외선을 관측할 수 있다는 사실을 알았다. 만약 소피아 시간을 딴다면, 이런 별들이 진화하는 독특한 광경을 볼 수 있을 것이었다. 다른 어떤 망원경으로도 가능하지 않은 관측이었다. 다시 소피아 비행 기회가 생길지도 몰랐다. 결국 제안서가 승인되었다는 소식을 들었을 때, 7월로 예정된 비행에 오를 기회가 있다는 사실에 기뻐 방방 뛰었다. 이번엔 소피아는 캘리포니아가 아니라 뉴질랜드 크라이스트처치의 미국 남극 프로그램 기지에서 이륙할 계획이었다. 그리고 나는 천문학자로서 내 힘으로 비행기에 오를 것이었다. 내가 연구하는 별을 관측하기 위한 시간이 소피아의 비행 일정에 할당된 상태로 말이다.

정신없이 여름 출장 계획을 조정하면서 자기학대에 가깝게 느껴질 만한 일정으로 비행기 티켓을 예약했다. 혹서가 기승인 프랑스에서 학회 발표를 마치자마자 뉴질랜드로 바로 날아가는 일정이었다. 이미 출장을 많이 다녔지만, 지구를 반 바퀴 돈 다음 '다른 여행을 위해 다시 비행기에 오르는 일'은 내게도 약간 극단적이었다. 수년간 데이브는 내 여행 방식에 대해 농담을 던지고는 했다. 내가 사실 CIA 요원인데 직업을 숨기고 "아, 나 관측 런이 있어"라는 핑계를 대며 1급 비밀 작전 수행을 위해 아프리카나 호주나 다른 먼 곳으로 사라지는 것 아니냐고. 남반구로 향하는 비행기를 막바지에 예약한 일도 아마 데이브의 의심을 더는 데 도움이 되지는 않았을 것이다(그래도 이제 여기에 상세하게 써놓은 내용이 내가 CIA 요원이 아니라는 사실을 증명하길 바란다). (아니면 혹시 진짜 내가 요원일지도?)

시간대가 엉망이 된 채로 사흘을 종일 여행한 끝에 크라이스트처치에 도착했다. 프랑스의 여름에서 남반구 뉴질랜드의 겨울로 계절이 뒤바뀌었고, 나는 걱정스럽게 보이기까지 할 열정을 뽐내며 씩씩하게 행진했다. 여정 전체가 대단히 힘든 관측처럼 느껴졌다. 오랜 여행, 외딴 지역, 이상한 시간대 변경…. 그리고 이 모험은 관측 런 중이라면 정확히 새벽 세 시에 거의 사라져버릴 정신없는 흥분으로 가득 차 있었다.

이번에는 날씨와 비행기 둘 다 우리를 도왔다. 우리는 대피 훈련과 미션 브리핑을 마친 다음, 모두 배낭을 다시 메고 야간 점심을 손에 들고 반짝이는 안전 조끼와 벨트를 착용했다. 그리고 아스팔트로 포장된 활주로를 가로질러 소피아가 기다리던 구역에 도착했다. 연료 공급을 마친 소피아는 이륙할 준비가 되었고 불타는 듯한 노을 조명을 받아 빛났다. 우리 비행경로는 우스꽝스럽게 뒤집어진 삼각형 모양이었다. 소피아는 남극해를 가로질러 남쪽으로 (남극권 가까이) 이동한 다음 동쪽으로 돌아 다시 북쪽으로 비행할 예정이었다. 우리은하 중심, 수십 년 전 폭발한 별의 잔해와 아직 완전히 죽지는 않은 별들 몇 개를 관측할 것이었다. 내 별을 포함해서.

탑승객 중 소피아를 처음 경험하는 사람은 내가 유일했다. 덕분에 이륙하는 동안 조종석에 앉겠냐는 제안에 선뜻 응했다. 나는 조종사들 뒤편이자 비행 엔지니어 옆에 앉았지만 꼼짝 않고 있을 수밖에 없었다(주변에 있는 수많은 스위치와 버튼 중 어느 것이든지 실수로라도 건드리고 싶지 않았다). 북적거리는 크라이스트처치 공항을 가로질러 활주로로 나가자 함박웃음이 차올랐다. 조종사들은 항공 교통 통제관과 대화를 나누며 우리가 정확한 시각에 이륙하도록 확인하고 있었다. 이미 충분히 많은 비행을 경험했기에 그즈음엔 눈앞에 똑바로 펼쳐진 활주로 조명의 독특한 풍경을 음미할 줄 알았고, 비행기가 고개를 들어 빛들이 멀어지자 흥분에 가슴이 뛰었다. 내가 드디어 이걸 한다고! 조종석 조명이 이륙을 위해 어두워졌고, 공항을 떠나 뉴질랜드 상공으로 올라갈수록, 남반구 별들의 풍요로움이 시야에 담기기 시작했다.

우리는 순식간에 약 13킬로미터 고도까지 날아올랐다. 상업용 항공기 대부분이 비행하는 고도보다 2킬로미터 정도 높았다. 동료 하나가 언급했듯, 우리는 이 고도에서 성층권에 충분히 진입했고 자신을 정당하게 '성층권 비행사'라고 부를 수 있었다. 창밖을 바라보고 어린아이처럼 활짝 웃으며 모든 경험을 기억에 새기려 노력했다. 그렇게 조종석에 머물다가, 비행 엔지니어가 망원경실을 열자 나머지 탑승객들 무리에 합류하려고 아래층으로 내려갔다. 일전에 들었던 대로, 막 비행기 측면에 있는 거대한 문을 열었다는 걸 느낄 만큼의 흔들림은 거의 없었다.

누군가가 경고했던 대로 비행기는 시끄러웠다. 귀마개를 쑤셔 넣었고 기내를 돌아다니는 동안 이상한 감각 상실 상태에 빠졌다. 헤드셋을 통해 사람들과 대화를 나눌 때만 제외하고. 소음의 데시벨 수준과는 별개로, 비행기 내부 분위기는 놀랍도록 조용하고 차분했다. 망원경과 기기 오퍼레이터들은 꾸준히 분주하게 움직였고, 다른 팀 멤버들은 저녁을 데우거나 과자를 물었다. 그리고 싸늘했다. 나는 겨울 모자를 눌러 썼고 코트 지퍼를 턱까지 채웠으며 장갑도 챙겼으면 좋았겠다고 생각했다. 차를 우려서 뚜껑 있는 머그잔에 채웠고, 비행기 말미를 서성이며 밀폐된 체임버에서 돌출한 망원경 뒤쪽을 구경했다. 비행기의 나머지 부분이 미세한 기류에 흔들릴 때에도, 망원경은 커다란 볼 베어링 위에 떠서 완벽히 정적인 상태를 유지한 채 기껏해야 아주 약간 까딱거리거나 좌우로 흔들거리며 관측을 이어가는 듯했다.

다른 관측 런에서는 모든 것이 문제없이 작동하고 부드럽게 흘러가면 뭔가 누그러지는 느낌도 들게 마련이다. 소피아 관측은 꼭 그렇진 않았다. 나는 이 비행을 너무 오랫동안 기대한 나머지 영원히 흥분 상태를 유지하기보다는 이례적으로 '차분'했다. 작업 공간에 편안히 자리를 잡고선 비행에 관해 메모했고, 저녁으로 가져온 태국 음식을 데웠다. 앞으로 몇 시간 뒤면 시작할 내 관측의 상세한 부분들을 다시 기억에서 끄집어냈고 얻길 바라는 자료를 공부했다. 몸에는 여전히 아드레날린이 흘렀으나 지난 사흘간 여섯 시간밖에 자지 못했기에, 비행 중 언젠가는 잠깐 낮잠을 자야겠다고 생각했다.

결국 소피아가 적색초거성 하나를 향할, 엄청난 16분짜리 관측이 다가왔을 때 피로가 몰려왔다. 그래도 깨어 있었다. 나는 헤드셋을 끼고 막 우려낸 차를 들이켜며 기기 구역 뒤를 맴돌았다(망원경 상태를 알려주는 유니콘 인형은 다행히 미소를 지었다). 비행기에서든 지상에서든, 새 망원경을 처음 사용할 때라든지 새로운 연구 분야나 파장대에 뛰어들 때면 언제나 약간의 긴장감이 엄습한다. 이번에도 예외가 아니었다. '이걸 다 망쳐버리면 어쩌지? 만약 관측 자료가 엉망이고 결국 쓸모없을 자료를 얻는다고 내가 모든 사람의 시간을 낭비하면 어쩌지?' 바보 같은 걱정이었을지 모른다. 천문학자들로 구성된 위원회가 제안서를 평가해 승인했고, 나는 정말 열심히 관측을 준비했기 때문이다. 하지만 이 관측을 위해 이 비행기에 실린 이 망원경을 원했기 때문에 비행기를 가득 채운 사람들과 한 공간에 서 있으니, 어떤 걱정도 어리석게 느껴지지 않았다. 우리는 말 그대로 구멍이 뚫린 비행기를 타고, 뉴질랜드 남쪽 해안 이 특별한 하늘 영역에서 고도 13킬로미터를 날고 있었다. 기기가 내 별을 겨누려고 조금 기울어지는 모습이 보였다. '제발 망치지 말아줘'라고 간절히 빌며 간담이 서늘한 순간이 지나갔다.

기쁘게도 관측은 문제없이 진행되었다. 기기 과학자들이 즉시 별을 찾아 망원경으로 추적했고, 꽤 순식간에 자료가 흘러들어오기 시작했다. 거의 깜짝 놀랐다. 관측을 망치지 않았구나 싶었다. 좌표가 정확히 별을 찾아 겨냥했고, 별은 보일 수 없을 만큼 어둡거나 굉장히 밝지도 않았다. 이런 종류의 적외선 연구는 처음이었지만, 이전에 공부한 사례들은 금세 얻어 아직 처리하지 않은 자료에 나타나는 모습과 일치했다. 가늘고 흰 선이 기기 패널 스크린 중앙을 가로질러 호를 그렸고, 곳곳에 보이는 약간 어두운 신호들은 빛의 모음 어딘가에 항성 화학의 지문이 숨겨져 있음을 암시했다.

몇 시간의 비행 후, 위층으로 다시 올라가도 좋다는 허락을 받았다. 조종사들과 비행 엔지니어에게 몇 가지 묻고 싶은 질문이 있었다. 아직 남쪽으로 비행 중이었고 우리 네 명이 비행기의 움직임을 주시하며 소피아 구석구석에 관해 대화를 나누고 있는 동안 조종석 내부 조명이 켜 있었다. 조종사 한 명이 끼어들기 전까지.

"불을 꺼도 괜찮을까요? 밖에 오로라가 보이는 것 같아요."

나는 고개를 끄덕였고 조종석이 어두워졌다. 숨이 멎었다.

오로라를 본 적이 없었다. 어릴 때부터 오로라가 일렁이는 광경을 '꿈꿔' 왔지만 한 번도 보지 못했다. 어느 순간 그건 집착으로 변했다. 보스턴에 살던 시절 오로라가 나타나기도 했고, 북극 가까이 나는 상업용 비행기에 몇 번 오르기도 했다. 하지만 두 눈으로 직접 오로라를 본 적은 한 번도 없었다. 지금, 갑자기, 오로라가 나타났다. 커다랗고 옅은 녹색 커튼이 둥그렇게 감겨 파도치며 서로 합쳐졌다. 그 이상한 움직임은 지금까지 살면서 본 무엇과도 달랐다. 우리는 사실상 오로라 '안'에 갇혀 있었다. 그렇게 오로라가 넓은 하늘을 온통 채웠고, 파노라마로 펼쳐진 조종석 창문에서 어디를 봐야 할지 알 수 없었다. 머리 위에서 깜빡이고 물결을 이루다가 빛을 되감아 눈앞에 나타나더니 지평선 낮게 거의 기묘하게 빛나는 형체를 만들었다.

조종사들은 나머지 탑승자들에게 소식을 전하고 비행기 앞쪽 조명 일부를 껐다. 사람들이 쉬거나 이착륙 중에 앉도록 자리를 마련한 공간이었다. 오로라는 믿을 수 없을 만큼 아름다웠지만, 아주 예상치 못했던 광경도 아니었다(소피아가 이렇게까지 남쪽으로 비행할 때면, 꽤 주기적으로 오로라가 보인다). 그리고 모든 사람은 망원경이 관측하는 동안 여전히 할 일이 있었다. 하지만 비행이 이어지고 오로라가 창밖으로 더욱더 밝게 빛나기 시작하자, 사람들이 삼삼오오 앞쪽으로 모여들었다. 비행기 창문 밖을 내다보려고 쭈그리고 앉아 잠깐 귀마개를 빼고서는 바깥에서 벌어지는 황홀한 빛의 축제에 관해 외치고 서로에게 큰 소리로 떠들었다. 소피아 베테랑들은 모두 남극광을 본 적이 있었지만, 그들 역시 몇 분간 감탄하며 구경했다. 비행기에 있는 다른 관측자들도 아주 기뻐했다. 우리는 대기에 있는 산소 원자가 태양에서 오는 대전입자와 부딪히며 녹색의 빛을 만든다는 걸 알았다. 그리고 우리 천문학자들은 펼쳐진 장관 뒤의 과학적 사실을 잊지 않았다. 별이 만드는 오로라였다.

나는 남극 대륙 성층권을 빠르게 가로지르며 비행하는 나사 천문대의 조종석에 있었다. 오로라가 둥근 모양을 그리며 우리 주위에서 춤을 췄다. 비행기 뒤편에선 망원경이 내가 고른 별을 향할 준비를 하고 있었다. 내가 삶을 바쳐 탐구하고 있는 우주의 많은 수수께끼 중 하나를 해결하는 데 도움을 줄 자료를 수집하려고.

잠깐 생각했다. 어쩌면 오로라가 자료에 조금 영향을 미칠지도 모르겠다고. 하지만 그 순간에는, 내가 천문학자든 아니든, 정신을 차릴 수가 없었다.

09

아르헨티나에서의 3초

가끔 천문학자들에게는 전형적인 고정관념 속 로봇 과학자의 모습이 씌워진다. 건조하게 각종 사실을 쏟아내거나 0과 1로 이루어진 정보를 연구하는 데 훨씬 더 흥미를 느낀 나머지 낭만과 아름다움을 향유하는 능력을 잃어버린 이들 말이다. 하지만 나는 동료 과학자들이 고정관념을 얼마나 철저히 깨부수는지 발견했다. 그들에게 일식 계획을 늘어놓기 시작했을 때였다.

2017년 8월, 다른 많은 사람처럼 나도 인생 첫 개기일식을 볼 예정이었고, 이때 미국 여러 지역에서 달은 완벽히 태양을 가릴 것이었다. 동료들과 나는 일식의 이모저모에 대해 충분히 정통했다. 일식이 일어나는 날짜, 시각, 장소뿐만 아니라, 태양이 99퍼센트나 가려졌을 때도 보호 안경 없이 직접 해를 보면 위험하다는 안전 수칙이라든지, 개기식 순간에 나타날 하얀 섬광의 코로나(태양 대기의 가장 바깥 부분) 등에 대해 잘 알고 있었다. 그런데도 일식이라는 주제를 꺼내 들었을 때, 동료 대부분은 곧장 본능적으로 일식 전 과정의 아름다움과 감정, 거의 종교적인 영성에 관해 말하기 시작했다.

천문학자들은 그들이 이해하고 있는 일식 현상 이면의 수학적 우아함과 과학적 고상함 덕분에 더욱 깊이 아름다움에 취할 수 있는 듯 보였다. 연구 때문이든 하늘에 대한 순전한 사랑 때문이든, 이전에 일식을 본 적 있는 관측자들은 열정적으로 이야기를 늘어놓았다. 개기식 순간에 그들을 뒤덮던 잊을 수 없는 정적, 태양계를 거느리고 있는 별에 대해 고요 속에서 피어오르는 감정, 시선을 사로잡는 광경이던 하얀 섬광을 내보이던 태양 코로나에 대해서, 그리고 그들이 어떻게 2분 30초에 이르는 개기식 동안 우주의 강렬한 아름다움을 참으로 들이켰는지를 말이다.

내 일식 경험은 들었던 것처럼 차분하진 않았다.

2017년 일식을 보려고 와이오밍주로 향했다. 와이오밍주 잭슨 시에 있는 잭슨 홀 골프 & 테니스 클럽에서 동료들이 일식 애호가 200여 명을 초대해 일종의 과학 여행 이벤트를 진행했고, 나는 저녁에 참가자들에게 과학 발표를 해줄 초청 연사 중 한 명으로 합류했다. 일식 날 아침, 우리는 골프 코스 이곳저곳으로 흩어졌다. 하늘은 머리 위로 눈부시게 파랗고 맑았다. 사람들이 해바라기 한 무더기처럼 태양을 향해 서자, 서쪽에 뾰족뾰족 솟은 그랜드 티톤의 봉우리들이 우리 뒤를 감쌌다. 사람들 사이로는 관측 장비들이 정말 숲처럼 돋아 있었다. 어두운 색으로 덮인 일식 안경을 낀 모든 참가자가 각종 장비를 뽐냈다. 검은 막을 덮은 쌍안경, 가능한 모든 종류의 디지털카메라, 태양 필터를 갖춘 작은 망원경 그리고 바늘구멍을 통해 태양의 상을 스크린에 투영시킬 수 있는 장비들까지 다양했다.

많은 참석자는 일식 베테랑이었고 얘기를 나눴던 어떤 사람들은 이번이 열두 번째 일식이라고까지 했다. 하지만 우리 가족과 내게는 첫 번째 일식이었다. 이벤트를 조직한 친구 더그 덩컨Doug Duncan이 가족들과 함께 올 수 있도록 허락해주었다. 그는 아마 우리 가족이 이렇게 많을 거라 생각하진 못했을 것이다. 열여섯 명(데이브, 부모님, 오빠네 가족, 고모들과 삼촌들, 사촌들에 이르기까지)이나 되었기 때문이다. 가족들은 모두 나와 마찬가지로 처음 개기일식을 본다는 사실에 엄청나게 흥분해 있었다. 가족 대부분은 이 특별한 장소에서 나와 합류하려고 매사추세츠주에서부터 비행기나 차, 캠핑용 밴을 타고 왔다. 우리가 선택한 장소에서 정확히 오전 11시 35분, 좋은 날씨가 펼쳐지리라는 희망과 기대를 품고 그 오래 걸리고 비싼 여정을 견디며 여기까지 왔다.

태양이 천천히 사라지면서 기대감이 커졌다. 태양이 가려지고 있다는 사실을 감지하기는 어려웠지만 마침내 온도가 떨어졌고, 빛도 수상쩍게 조금씩 변했고, 투영된 모든 태양 이미지는 차차 원에서 한 입 베어 문 보름달 형상으로, 크루아상 모양으로 바뀌어갔다. 현장에 있는 일식 애호가들은 들떠서 신나 있었고, 지나가는 모든 사람에게 특별한 망원경 장비나 필터를 갖춘 쌍안경 세트를 통해 해를 보라고 권했다. 그날 사람들은 일식의 경로를 따라 와이오밍주 곳곳, '나라' 이곳저곳으로 모여들었다. 손을 일식 안경이나 충분히 어두운 용접용 고글에 얹고 오리건주에서 사우스캐롤라이나주까지의 고속도로를 채웠다. 태양이 천천히 사라지는 걸 보려고 어떤 사람들은 (체, 리츠 크래커 상자, 치즈 강판 등) 손에 잡히는 재료로 바늘구멍 사진기를 만들었다. 일식은 소셜

미디어를 뒤덮었고 그 주에 방영된 모든 뉴스와 라디오 프로그램마다 등장했다. 이렇게 천문학에 열광하는 수백만 명의 사람들을 보는 건 정말 기분 좋은 일이었다. 마치 거대한, 국가적인 관측 런 같았다.

개기식 직전 최후의 순간, 흥분은 참을 수 없을 수준이었다. 어둠이 내려오기 시작했고, 모두가 일식 안경을 쓰고 고개를 하늘로 들어 올렸다. 호흡이 거칠어진 사람들도 있었다. 고개를 돌리자 그랜드 티톤은 갑자기 어둠 속으로 빠져들었다. 개기식의 그림자가 시속 3,000킬로미터 넘는 속력으로 우리를 향해 다가오고 있다는 첫 번째 암시였다.

주변 잔디를 비추는 빛은 현저히 일렁거리기 시작했고 더그는 천문학적 시상이 특히 극적으로 드러나는 걸 알아차리며 "그림자 띠!"라고 사람들에게 소리쳤다. 지구 대기의 기류가 개기일식 직전과 직후, 태양에서 오는 가느다란 은색 빛줄기를 굴절시켜 흔들리게 했다. 별빛의 반짝임과 같은 이유로 나타나는 이 현상은 마지막 약한 태양 빛의 흔적을 수영장 바닥의 잔물결처럼 일렁이게 했다. 그룹 전체가 웅얼거리고 재잘거리기 시작했고 마침내 함성을 질렀다. 점점 강렬해지는 환호와 박수갈채 속에서 태양이 전부 가려졌고, 일식 안경 200쌍이 의기양양하게 벗겨졌다.

나는 얼빠진 듯 하늘을 바라보며 순간적으로 얼어붙었다. 태양이 있던 자리에는 기가 막히도록 완벽하게 검은 공간이 나타났고 들쭉날쭉한 하얀 원광에 둘러싸여 있었다. 거의 울 뻔했다. 그것은 태양 코로나였다. 코로나는 태양 대기의 바깥쪽 경계로, 입자의 흐름을 우주로 흘려보내며 항성풍이라고 불리는 현상을 만든다. 항성풍은 우리 태양과 다른 별들이 어떻게 진화하는지를 결정짓는 중요한 요소 중 하나다. 나는 열 개쯤 되는 세계 최고의 망원경들을 이용해서 연구 인생 거의 내내 별의 이 특별한 현상을 공부했다. 그러나 별의 바람을 맨눈으로 본 건 처음이었다. 우리 주위로, 하늘 어느 방향으로나 낯설게 한결같은 해질녘 노을이 펼쳐졌고, 따뜻한 태양 빛은 거의 태곳적의 싸늘함으로 대체되어 목까지 차올랐다. 마치 지구 자체가 이 특별한 공간과 순간에 멈춰 얼어붙은 '감상'의 순간에 놓인 듯 느껴졌다.

동료들에 따르면, 일식은 내내 가슴을 뭉클하게 하는 영적인 경험이었어야 했다. 하지만 그들은 나보다 선천적으로 차분한 영혼의 소유자들이었으며, 적어도 더 침착하고 절제된 사람들이었던 게 틀림없다. 나는 개기식을 본 순간부터, 그 뒤로 2분 30초 동안 너무나도 사랑하는 내 사고 능력을 완전히 잃어버렸기 때문이다.

어디를 봐야 할지 알 수 없었다. 확실히 일식을 올려다보고 있어야 했다. 자세히 보려고 분명히 쌍안경을 집어 들었어야 했고, 아빠가 설치해둔 망원경을 통해 봤어야 했고, 미친 듯이 한 바퀴를 돌며 360도 풍경을 찍었어야 했다. 나는 그곳에 모인 가족들을 갓 발사된 핀볼처럼 찔러대기 시작했다. 가족들이 일식을 보고 있나? 쌍안경으로? 아니면 망원경으로? 풍경은 보았나? '가족들 전부 일식을 보고 있나?' (그렇다, 가족들 모두 일식을 보고 있었다.) 나는 쌍안경을 들고, 태양 바로 왼쪽 아래에 있는 수성을 찾았다. 전날 밤, 우리가 일식의 자세한 사항에 대해 토의할 때는 수성을 볼 수 있을지 확신하지 못했다. "수성이 보여!"라는 내 외침이 필드를 가로질렀다. 어쩌면 와이오밍주 전체에 울려 퍼졌을지도 모른다. 무아지경으로 데이브를 껴안았다(그리고 '태양 가장자리에 빛나는 플라스마 고리를 보라고' 데이브의 손에 쌍안경을 건네주었다). 부모님도 껴안았고, 어쩌면 처음 보는 사람들까지 안았다.

짧게 다이아몬드링이 보였다. 태양 표면이 달의 산등성이 사이로 다시 모습을 드러내기 시작한다는 신호였다. 다른 사람들과 함성을 지르고 다시 환호하며 소리 질렀다. "일식 안경 다시 쓰세요!(여전히 가장 큰 목소리로)" 그리고 기쁨을 더그와도 나누려고 필드를 가로질러 소리쳤다. 나중에 알고 보니, 다큐멘터리 촬영 팀이 일식 동안 우리 그룹을 찍고 있었다. 그들은 개기식 직후 흥분해 제자리에서 방방 뛰는 내 모습도 찍었다. 나는 마치 경주를 끝낸 것처럼 숨이 가빠 헐떡거리며 "'삶'에서 가장 빠른 2분 30초였어요"라고 말하고 있었다.

✦ ✦ ✦

천문학에서 개기일식 관측은 가장 어려운 동시에 가장 값진 일일 수 있다. 개기일식은 태양 자체에서부터 중력과 시공간에 관련한 복잡한 이론까지 연구할 특별한 기회이기 때문이다. 통과나 엄폐라고 불리는 비슷한 현상이 훨씬 작은 규모에서 일어나기도 하는데, 기본적으로 일식과 같은 원리로 발생한다. 금성의 태양면 통과를 관측하면 금성 대기를 연구할 수 있고, 다른 별을 공전하는 외계 행성을 어떻게 발견할 수 있는지 이해하는 데 도움이 된다. 우리 태양계에 있는 행성이나 소행성은 가끔 멀리 떨어진 별 앞을 지나기도 하는데, 이때 별빛이 어떻게 변하는지 관측하면 행성 대기나 소행성 모양뿐만 아니라 태양계에 관한 새로운 정보를 얻을 수 있다.

2017년 개기일식과 마찬가지로, 이런 현상을 관측하려면 특정한 장소로 이동해야 한다. 일식 관측은 엄청나게 힘든 작업일 수 있다. 태양 앞을 지나는 달이든, 별빛을 순간적으로 가리는 작은 소행성이든 일식과 유사한 모든 현상은 실제로 지구에 그림자를 드리운다. 그리고 이 그림자는 지구의 작은 부분만을 덮는다. 우리가 매우 운이 좋아서 바로 정확한 장소에 좋은 망원경을 갖고 있지 않다면, 관측자가 그림자를 따라 여행해야 한다는 뜻이다. 2017년, 그렇게 많은 사람이 오리건주에서 사우스캐롤라이나주까지 가느다랗게 뻗은 구간을 따라 모여들어 일식을 관측한 이유다. 이 띠는 달이 지구와 태양 사이를 지나며 만드는 그림자가 드리워지는 경로였다.

이런 종류의 현상을 연구하는 천문학자들은 우주적 그림자를 쫓아 장비를 짊어지고 사방으로 어마어마한 원정을 떠나야 한다. 이런 현상이 이미 존재하는 천문대 위를 지나는 경우가 거의 없기 때문에, 우리가 천문대를 들고 쫓아다녀야 한다. 짐으로 쌀 수 있는 규모의 장비를 그림자가 도착할 어느 곳으로든 끌고 다니며 마치 순회 서커스처럼 관측을 한다.

그림자가 보일 곳을 특정하는 일 자체도 어려울 수 있다. 천문학자들은 지구, 달, 태양의 상대적인 운동을 수학적으로 꽤 잘 기술할 수 있고, 일식의 그림자가 생기는 순간이나 위치를 완벽하게 예측할 수 있다. 하지만, 예를 들어 우리가 다루는 대상이 크기, 질량, 거리에 대해 확실히 파악하지 못한 멀리 떨어진 소행성이며, 소행성이 희미한 별을 배경으로 지나간다면 계산이 훨씬 지저분하고 불확실해진다. 그래서 어떤 소행성이 특정한 별 앞을 지나는 엄폐나 통과를 관측하려는 연구 그룹의 경우, 여러 팀을 다른 잠재적인 장소들에 나눠 파견해 수일에 걸쳐 관측해야 할 수도 있다. 게다가 일식이 항상 이상적인 관측 장소에서 좋은 날씨일 때 일어난다는 보장이 없다. 천문학자가 엄청난 노력을 기울여 정확한 장소에서 정확한 시각에 꼭 맞춰 준비했더라도, 재수 없게 떠가는 구름 한 조각 때문에 계획이 망가질 수 있다.

✦ ✦ ✦

'과학 탐험'이라는 표현은 머릿속에 20세기 초 탐험가들을 떠올리게 하는 경향이 있다. 그들은 사냥총을 메고 말 몇 마리를 끌며 오직 기지만 갖고 끈질기게 미지의 땅에 발을 내디뎠다. 역사적으로 유명한 모험이었던 일식 관측도 있지만, 그런 식의 모험은 오늘날에도 이어진다.

지난 세기의 일식 원정 이야기로 채워진 책은 많다. 예를 들면 데이비드 배런David Baron의 《미국의 일식American Eclipse》은 남북 전쟁이 끝난 도금 시대, 북미에서 볼 수 있었던 1878년 일식을 연구하기 위한 세계적인 쟁탈전을 다룬다. 과학적으로 가장 유명한 일식 관측은 의심할 여지없이 아서 에딩턴Arthur Eddington의 1919년 원정이다. 에딩턴은 일식 관측으로 아인슈타인의 일반상대성 이론을 검증하고자 했다. 아인슈타인의 이론에 따르면, 태양은 배경 별에 대해 마치 '렌즈'처럼 작용해 자기 주변을 지나가는 별빛을 굴절시켜야 했다. 태양이 시공간에 미치는 중력 효과 때문에 일어나는 현상으로, 우리가 보기에 별은 하늘에서 원래 위치와는 조금 다른 곳에 있는 듯 보이게 될 것이었다. 이론을 관측으로 확인하는 데 있어 가장 큰 문제는 태양이 너무 밝다는 사실이었다. 태양은 일반적으로 하늘에 있는 다른 별들보다 훨씬 밝게 빛나기에 그 부근의 별을 관측할 수 없다. 일식이 일어나면 편리하게 태양이 가려지기에 문제가 해결됐고, 아서 에딩턴은 일식 동안 태양 가까이 보이는 별들의 위치를 관측할 수 있었다. 에딩턴은 그저 1919년 기준으로 최첨단이었던 천문 관측 기기를 싸 들고 일식의 경로를 찾아 들어가기만 하면 되었다.

2017년, 미국에서 평소라면 조용할 동네들이 천문 애호가들로 들끓었다. 그들은 각자 차를 몰고 와 카메라를 들고 일식이 일어나는 경로 속으로 들어갔다. 하지만 와이오밍주의 교통 체증은 에딩턴의 1919년 원정에 수반한 고통에 비하면 별것 아니었다. 1919년의 일식이 5월 29일 일어날 예정이었는데, 에딩턴은 두 달도 넘게 일찍 영국을 떠나, 옥스퍼드의 천문대에서 빌린 커다란 망원경과 깨지기 쉬운 사진 건판 여러 장을 싣고 서아프리카 해안 부근 프린시페섬까지 항해했다. 원정대는 몇 주씩 앞서 장비를 설치하고 준비를 마쳤지만, 일식 당일 아침 내내 폭우와 두꺼운 구름이 하늘을 뒤덮자 숨을 참고 기다릴 수밖에 없었다. 운이 좋게도 일식이 일어나기 직전 하늘이 갰고, 그들은 아인슈타인의 이론을 확인한 귀중한 사진 몇 장을 찍을 수 있었다.

역사 속의 관측자들 모두 이렇게 운이 좋았던 건 아니다. 장비가 불안정하거나 구름이 시기를 잘못 맞춰 등장한다면 관측을 방해하기에 충분했다. 몇 분짜리 자료를 얻길 희망하며 수개월에 걸쳐 여행한 천문학자에게, 이런 일은 점잖게 표현하더라도 좌절감을 주는 일이었다.

18세기 프랑스 천문학자인 기욤 르 장티Guillaume Le Gentil는 일식 관측의 역사에서 가장 극적인 실패를 경험한 사람이라는 오명을 썼다. 그는 1761년 금성의 태양면 통과를 관측하려고 인도 퐁디셰리로 향했지만,

곧장 문제에 부딪혔다. 여행 중 프랑스와 영국 간 전쟁이 발발했고 퐁디셰리가 영국군에 점령당한 것이다. 르 장티의 배에 타고 있던 프랑스 원정대는 인도를 포기하고 마다가스카르섬 동쪽 해안에 위치한 마우리티우스섬에 정박하기로 했다. 르 장티는 용감하게 배의 흔들리는 갑판 위에서 금성을 관측하려 시도했지만, 결과는 실패였다.

금성 일면 통과는 아주 드물게 일어나지만, 또한 쌍으로 일어난다. 일면 통과 현상 한 쌍은 100년이 넘는 주기마다 한 번 볼 수 있지만, 쌍을 이루는 두 번의 일면 통과는 8년 간격으로 일어난다.* 그리고 1761년의 통과는 한 쌍을 이루는 첫 번째 일면 통과였다. 르 장티는 1769년에 다시 기회가 올 것을 알았고, 8년 동안 인도양에서 시간을 보내다가 다음 통과 때 금성을 관측하기로 했다. 그때엔 일이 잘 풀리며 시작하는 듯 보였다. 1768년, 퐁디셰리는 다시 프랑스령이 되었으며 르 장티를 열광적으로 맞이했고 그는 1년이 넘도록 천문대를 준비했다. 금성 일면 통과는 1769년 6월 4일 일어날 예정이었다. 그날이 되자, 새벽부터 폭풍우가 몰아쳤고 금성이 태양 앞을 지나는 내내 두꺼운 구름이 하늘을 뒤덮었다(그리고 식이 끝나자마자 날이 맑아졌다).

절망에 빠지고 병까지 든 르 장티는 프랑스로 몸을 끌고 돌아왔다. 그리고 지난 11년 동안 편지 한 통 정도는 띄웠어야 했음을 깨달았다. 르 장티의 친구와 가족들이 그가 인도로 떠나 돌아오지 않자 단호한 판단을 내렸던 것이다. 그들은 법적으로 르 장티의 사망을 신고했고, 르

---

* 금성의 태양 공전 주기와 지구의 공전 주기가 대략 8:13의 비율이기 때문에 지구가 태양 주위를 여덟 번 돈 다음 (금성이 태양 주위를 열세 번 돈 다음) 두 행성은 (상대적으로) 거의 같은 위치에 다시 놓인다.

장티의 아내는 다른 사람과 재혼했으며 상속자들 사이에서는 유산을 두고 다툼이 벌어졌다. 게다가 그는 (처음에 자기를 일식 원정에 보냈던) 프랑스 과학 한림원에서 퇴출당했다. 이 모든 시련을 겪은 르 장티는 공식적으로 '역사상 최악의 출장'을 경험했던 사람으로 남았다.

✦ ✦ ✦

오늘날 비행기와 휴대전화 덕분에 여행이 훨씬 수월해졌지만, 태양 천문학자들은 여전히 몇 년마다 일식이 일어나는 경로를 따라 지구 곳곳을 누벼야 한다. 샤디아 하발Shadia Habbal은 일식 관측을 활용해 태양풍과 태양의 자기장을 연구하는데, 열 번이나 일식 원정대를 이끌고 전 세계를 다녔다. 샤디아와 그녀의 팀은 일식을 쫓아다니며 지속해서 태양의 바깥 영역을 연구할 기회를 얻었다. 일식 때는 달이 태양을 완전히 가린 덕분에 태양 바깥쪽이 극명하게 두드러져 보이므로 이 영역을 가장 수월하게 관측할 기회다.

물론 샤디아도 관측과 날씨와 관련해 자기 몫의 불운을 마주한 적이 있다. 1997년 몽골에서의 눈보라, 2002년 남아프리카에서 하필이면 일식 순간에 등장한 구름, 2013년 케냐에서의 모래 폭풍이다. 또한 상당한 수송 관련 문제와 씨름하기도 했다. 연구를 위한 일식 관측 장소는 일식 경로와 지역에서의 예상 기후를 함께 고려해 결정하는데, 샤디아가 2006년 일식 때 경험한 바에 따르면 관측지 선택은 기상학적인 '동시에' 정치적인 문제다. 당시 북아프리카를 지나 리비아 남부에서 일식을 이상적으로 관측할 수 있었는데, 리비아라는 관측 지역이 잠재적 위험 요소였다. 천문학자들에게는 다행으로, 2004년 초 미국 국무부는 당시로서는 20년이 넘었던 리비아 여행 금지령을 해제했다. 곧 리비아는 큰 규모의 일식 원정이 가능한 장소가 되었다. 일식 관측 팀은 실제로 리비아 군의 도움을 받아 남쪽까지 장비를 날랐고, 심지어 그들은 사막 한가운데에 있는 연구 캠프에 인터넷 사용을 위한 위성 접시까지 설치해주었다.

2015년 일식은 북극권을 지났다. 샤디아의 팀은 노르웨이 북쪽 스발바르제도를 이상적인 관측 장소로 선택했다. 아름답고 높게 솟아 분지를 둘러싼 계곡 한가운데에 운영 기지를 차리고, 조심스럽게 장소를 정찰했다. 북극권에서 낮게 뜨는 태양이 개기식 동안 산 위로 보일 장소였다. 당시 출장에서 샤디아의 팀은 시야, 날씨, 장비에 더해 북극곰까지 걱정해야 했다. 다른 천문대에서 볼 수 있는 흑곰은 보통 그저 거리를 두기만 하면 되지만, 북극곰은 완전히 다른 생명체다. 2015년 일식 팀의 대원 몇 명은 조준 사격 훈련을 받았고 노르웨이 북쪽에 닿자마자 소총도 지급받았다. 원정대가 넓게 눈 쌓인 계곡 한가운데에 노출되어 일하는 동안, 누군가는 계속해서 주변을 경계했다. 하지만 북극곰에 대한 공포마저도 너무나 아름다웠던 일식에 비하면 부차적인 문제가 되었다. 일식 동안 태양 코로나는 그들을 감싼 눈 덮인 분지 암벽을 비췄다. 샤디아의 팀이 머물던 마을에서는 개기식이 일어나기 15분 전 가게들이 모두 문을 닫았고 주민들이 밖으로 나와 일식을 구경했다.

샤디아는 다른 특이한 현장으로의 일식 원정에 관해서도 이야기했다. 그녀는 2010년 7월, 프랑스령 폴리네시아에 있었다. 겨울이 끝나가던 3월의 북극권과 비교하면 정반대의 환경이었다. 일식은 정확히 타타코토 산호섬 위를 지났다. 프랑스어를 유창하게 구사하는 샤디아는 섬의 초등학교에서 어린이들을 위한 강연을 했다. 눈을 보호하려면 일식 안경을 쓰는 게 중요하다는 걸 설명하고, 개기식이 일어나자마자 안경을 벗어야 검게 가려진 태양과 타는 듯한 백색의 코로나를 온전히 느낄 수 있다는 얘기도 들려주었다. 강연이 끝나자 교장 선생님이 샤디아를 찾아와 계획을 제안했다. 정확히 개기식이 일어나는 순간을 자기에게 알려준다면 그 순간에 교회 종을 울리겠다는 것이었다. 그리고 섬 주민들에게 종소리가 울리면 안경을 벗고 개기식을 감탄하며 바라보면 된다고 미리 말을 퍼뜨려두겠다고도 했다. 계획은 대성공이었고 타타코토섬에 사는 주민 250여 명은 일식이라는 장관을 즐길 수 있었다.

2017년 일식을 경험한 이후, 이런 우주적 잔치에서 느끼는 날것의 인간적인 감정이 내게도 익숙해졌다. 일식 이야기를 들을 때면 나는 와이오밍주 잭슨 시의 한 마을 전체가 일식을 맞이하며 보였던 모습을 떠올렸다. 가로등마다 현수막이 걸렸고, 식당마다 일식을 주제로 한 맥주나 특별 메뉴를 내놓았으며, 상점에선 일식에서 영감을 받은 각종 장신구를 진열했다. 만약 당신이 일식이 일어나는 경로에 있다면, 개기식의 순간은 놓칠 수 없다. 그리고 해가 잠깐 사라진 순간, 태양 아래 서 있는 모든 사람이 공유하는 우주적인 유대감을 몸으로 느끼리라.

✦ ✦ ✦

일식은 인상적이고 화려한 데다가 연구가 많이 이뤄진 현상이기도 하다. 궤도 계산과 정확한 거리 측정 덕분에, 우리는 일식이 일어나는 장소뿐만 아니라 시각을 초 단위 정밀도로 예측할 수 있다. 하지만 천문학자들이 좀 더 작은 규모의 현상을 들여다보려면, 모든 게 조금 더 성가시고 예측도 약간 더 어려워진다. 배경 별을 지나는 작은 소행성 관측이 한 가지 예다. 천문학자들은 별이 잠시 가려지는 이런 현상을 엄폐라고 부르는데, 일식에 비하면 지속 시간이 훨씬 짧다. 빠르게 움직이는 작은 소행성이 별에서 오는 빛을 기껏해야 몇 초 가릴 뿐이다. 정확히 언제, 어디에 그림자가 드리워지는지도 확신이 아닌 확률의 영역으로 넘어가면서 우리가 소행성까지의 거리와 그것의 공전 궤도, 형태, 크기를 얼마나 잘 알고 있는지에 따라 여러 가지 시간과 장소의 가능성이 펼쳐진다.

그만큼 값비싼 관측이 되기도 한다. 일식은 지구 어디에선가 평균적으로 18개월마다 일어나지만, 특정한 소행성 하나가 충분히 밝은 배경 별 앞을 깔끔하게 지나갈 확률은, 게다가 연구팀이 장비를 들고 움직여 접근 가능한 지역에서 볼 수 있을 확률은 훨씬 낮다. 모든 엄폐 현상은 단 한 번뿐인 기회가 될 정도다.

2014년, 천문학자들은 2014 MU69라는 이름이 붙은 작은 암석 천체를 발견했다. 2014 MU69는 카이퍼대에 있는데, 카이퍼대는 태양계 외곽에서 태양 주위를 도는 작은 암석 천체들이 넓게 퍼진 고리다. 천체 자체는 한 가지 중요한 사실만 빼면 특별히 놀랍지 않았다. 2018년, 우리가 그 천체 가까이 다가갈 수 있으리라는 사실이었다. 2006년 발사한 뉴호라이즌스호는 9년을 날아 명왕성을 지나며 처음으로 왜소행성의 표면 사진을 찍었다. 명왕성 접근 비행은 굉장한 성공이었고, 명왕성을 가까이 지난 뉴호라이즌스호는 계속 태양계 바깥을 향해 날고 있었다. 뉴호라이즌스호의 비행을 예측한 천문학자들은 카이퍼대에서 관측하기 좋을 천체를 찾다가 2014 MU69를 후보로 발견했다. 뉴호라이즌스호는 결국 궤도 수정을 몇 번 거친 다음, 2018년 말부터 2014 MU69 부근에 접근했고, 2019년 1월 1일에 근접 사진을 찍었다. 그러나 뉴호라이즌스호의 방문에 앞서, 천문학자들은 이 요상한 천체에 관해 가능한 한 많은 정보를 얻고 싶었다. 뉴호라이즌스호를 이용한 접근 비행 기회는 딱 한 번이었기에, 미리 많은 자료를 얻으면 방문을 최대한 효과적으로 이용할 수 있기 때문이다.

이 도전은 엄폐 관측자들의 역할이 빛날 기회였다. 천문학자들은 2014 MU69가 작다는 사실(관측 결과 마침내 그것은 35킬로미터 길이의 천체라고 밝혀졌다)과 아주 어둡다는 사실(암석 천체이기 때문인데 2014 MU69는 직접 빛을 내지 않았고 약하게 반사하는 태양 빛 덕분에 발견되었다)을 알았다. 하지만 궤도 계산에 따르면 2014 MU69가 2017년 7월 3일, 10일, 17일에 서로 다른 세 개의 별 앞을 지날 예정이었다. 엄폐를 관측하려고 연구팀이 지구 곳곳으로 흩어졌다. 그들은 이동 가능한 망원경 수십 대를 들고 남아프리카와 아르헨티나로 떠났다. 그해 7월, 여러 팀이 횡재를 했고 각자가 선택한 관측지에서 2014 MU69에 의해 순식간에 드리워진 그림자를 관측하는 데 성공했다. 관측 자료를 이용해서 이 작은 천체의 궤도와 형태를 더욱 정확히 유추하게 되었다.

소피아까지 대열에 합류했다. 비행 천문대는 움직일 수 있기에 이벤트가 일어나는 경로를 쫓아 비행이 가능하다는 독특한 장점이 있다. MIT에서 관측 수업을 가르쳤던 짐 엘리엇 교수님은 이전에 카이퍼 비행 천문대를 사용해 이런 관측의 가능성을 확인한 적이 있다. 엘리엇 교수님은 뒤에 있는 별 앞을 지나가는 명왕성과 천왕성을 관측해서 명왕성의 대기와 천왕성 고리를 발견했다. 소피아는 2017년 크라이스트처치 파견에서, 7월 10일의 비행을 2014 MU69의 그림자를 쫓는 데 할애했다. 1초 단위까지 짜인 비행경로와 일정을 준비한 소피아 팀은 엄폐의 흔적을 담아내는 데 성공했고 연구자들이 이 불가사의한 천체의 형태와 주변 환경을 더 이해하는 데 도움을 주었다.

2014 MU69 엄폐 현상의 주요 관측은 다 합쳐도 기껏해야 1, 2분 정도의 자료였지만 충분했다. 망원경 수십 대와 연구팀 멤버들과 긴 여행 시간의 조합은 2014 MU69가 흥미롭게 길쭉한 모양이라는 사실을 밝혀냈다. 마치 두 개의 천체가 붙어 있거나 아주 가까이에서 서로 회전하고 있는 듯 보였다. 관측 자료는 뉴호라이즌스호가 접근 비행 계획을 정밀 조정할 수 있도록 도왔고, 접근해서 찍어 보내온 첫 번째 사진은 연구팀의 분석이 정확했다는 사실을 즉시 드러냈다. 우주선이 전송한 2014 MU69의 정교한 고화질 이미지를 보면, 그것은 마치 눈 뭉치 두 개가 서로 붙어 눈사람을 만든 모양이었다. 지구에서 64억 킬로미터나 떨어진 2014 MU69는 인류가 우주선으로 다가간 가장 멀리 떨어진 천체였다.

과학을 위해 앞다퉈 가는 과정에서, 희미한 별빛의 그림자를 간절히 뒤쫓는 천문학자들의 길에 다양한 방법으로 장애물이 등장할 수 있다. 타이밍 자체가 살벌하다. 2014 MU69의 엄폐는 길어야 몇 초간 일어나는 짧은 현상이었다. 그러나 엄폐의 지속 기간을 따져보면 다른 천체의 엄폐와 비교해 특별히 짧다고 말하긴 어려웠다. 연구팀은 수천 킬로미터를 여행해서 깊숙이 외떨어진 장소에서 관측을 준비한다. 그리고 충분한 여유 시간을 갖고 훨씬 앞서 관측 일정을 계획한다. 하지만 단순한 계산 실수 하나라든지, 순간적인 기기 오작동, 불운한 시점에 나타나는 구름이 모험 전체를 망쳐 자료를 하나도 얻지 못할 수도 있다.

접근성에 관해 얘기를 하자면, 관측 장소도 걷잡을 수 없이 변할 수 있다. 엄폐 관측자들의 여행은 범위가 다양하다. "천체가 바로 머리 위를 지나니까 팔로마산까지 운전해 올라가면 돼"라고 말하는 사람도 있고, 어떤 이들은 스위스 산기슭의 작은 마을까지 오래 걸어 올라가야 한다고, 또는 여러분이 이름을 댈 수 있는 어떤 바다에든 흩어진 외딴 섬으로 여행해야 한다고 할지도 모른다. 또한 장비 문제처럼 평소라면 대수롭지 않게 넘길 일도 인적이 드문 지역에서는 해결하기 어려운 문제가 되기도 한다.

한편으로 이런 특별한 사건은 일식을 기다리는 것과 같은 수준의 활기와 열정을 불러올 수도 있다. 래리 와세르먼Larry Wasserman은 소란스러웠던 코모도로 리바다비아Comodoro Rivadavia에서의 경험을 기억한다. 2017년, 2014 MU69 관측 팀은 아르헨티나 남부에 있는 인구 18만 명의 도시인 이곳에 도착했다. 지역 신문 기사에서 관측을 다뤘다. 영어 사용자들이 많지 않은 그 도시에서 래리가 자질구레한 일을 처리하러 나갈 때든, 점심을 먹으러 갈 때든 지역 주민들은 지나가는 그를 잡아 세웠다. 그리고 그에게 당신이 마을에 오기로 되어 있는 천문 원정팀의 일원이냐고 물었다. 관측 날 밤, 광해를 최소화하도록 도시의 가로등 불빛이 꺼졌고 국가 주요 고속도로는 통행이 금지되고 몇 시간 동안 봉쇄됐다. 연구팀의 걱정 중 하나는 거센 바람이었다. 바람에 이동용 망원경이 흔들리면 좋은 자료를 얻기 어려울 수 있었기 때문이다. 트럭 운전사들은 이 문제를 해결한다고 관측 장비들 주변으로 트럭을 세워 바람막이가 되어주었다. 시끄럽던 코모도로 리바다비아에서 그날 밤 모든 것이 일시적으로 멈췄다. 오직 2014 MU69가 가까운 별을 덮는 찰나의 관측을 허락하기 위해서였다.

이런 이야기를 듣다 보면 천문학의 재미있는 아이러니가 떠오른다. 우선, 근본적으로 모든 직업 천문학자들은 점성술이 분명히, 의심할 나위 없이, 과학적 근거가 없는 이야기라는 데 만장일치로 동의할 것이다. 점성술은 사람의 행동과 지상의 사건을 별과 행성의 겉보기 위치에 따라 예측하는 수상쩍은 미신에 지나지 않는다. 과학을 조금이라도 공부한 사람이라면 하늘에서 벌어지는 현상이 인간의 타고난 성질, 습관이나 운명과 절대적으로 아무 관련이 없다는 걸 쉽사리 이해할 수 있다. 예를 들어 수성의 겉보기 운동('수성의 역행'은 수성과 지구의 상대적인 공전 속도 차이 때문에 일어나는 현상인데, 가끔 수성이 하늘에서 거꾸로 움직이는 듯한 착각을 일으킨다)이나 어떤 별자리가 태양 뒤에 보이지 않게 놓여 있을 때 우리가 태어났는지(그렇다. 태어날 때 자기 생일에 해당하는 별자리를 애초에 볼 수도 없다. 대낮에 떠 있기 때문이다) 따위 말이다. 전문적인 교육과 훈련을 받아 밤하늘에 관한 한 분명한 전문가인 천문학자 중 점성술을 믿는 사람을 단 한 명도 본 적이 없다.

한편 언젠가 동료 한 명은 우리 천문학자들이 누구보다도 실제로 '정말' 별에 의해 좌지우지되는 삶을 산다고 유쾌하게 말했다. 물론 미신적이거나 형이상학적인 방향을 뜻한 건 아니다. 고장 난 망원경이나 바람이 많이 부는 밤은 박사학위 심사를 연기시킬 수도 있고 결국 젊은 연구자의 진로나 인생 계획에까지 영향을 줄 수 있다. 나쁜 타이밍에 떠난 엄폐 관측 원정은 관측 성공을 축하하는 신문 머리기사를 침울한 귀향으로 바꿔버릴 수 있다. 르 장티는 확실히 금성 일면 통과 때문에 삶이 뒤집혔다. 그처럼 극적이지는 않았지만, 두 살 때 집 뒤뜰에서 본 핼리 혜성의 광경은 분명히 나를 MIT까지 몰고 갔고, 거기에서 데이브를 만나게 했다. 이어 내가 자란 곳에서 1만 킬로미터나 떨어진 하와이까지 가서 대학원 공부를 하게 했다. 천문학자라는 직업 때문에 나는 전 세계 곳곳을 여행했다. 그리고 우리 가족 열댓 명은 와이오밍주의 골프 코스에서 모여 첫 일식을 관측했다. 어쩌면 기회와 선택의 반복이었을지 모른다. 우주의 통계적인 꿈틀거림이 직업과 운명을 우주에 맡기기로 정한 우리의 독특한 결정과 어우러졌던 걸지도 모른다. 점성술 자체는 허상일지라도, 천문학자들은 하늘이 얼마나 강력하게 우리 삶에 영향을 미치는지 익숙하게 알고 있다.

✦ ✦ ✦

2017년 일식이 끝나고, 와이오밍 골프 코스에서 사람들의 활동이 잦아들었다. 우리 가족과 나는 근처를 서성거리며 마지막 순간을 음미했다. 우리는 종종 일식 안경을 끼고 해를 올려다봤고, 태양은 천천히 달 뒤로 모습을 드러내며 원래 모양에 가까워졌다. 우리는 봤던 장면에 대해 수다를 떨었다. 어떤 사람들은 벌써 2024년 4월, 미국에서 볼 수 있는 다음 개기일식에 관해 얘기했다. 그땐 일식의 띠가 멕시코에서 텍사스주를 거쳐 미국 동부 메인주와 캐나다의 노바스코샤까지 잇는 호를 그린다. 그리고 일식 베테랑뿐 아니라 오늘 골프 코스의 군중 속에서 새로운 일식 애호가가 된 사람들이 짧은 운전이나 비행 끝에 다시 일식을 볼 기회가 될 것이다.

돌이켜 생각해보면, 그날은 진실로 대단한 사건들의 융합이었다. 몇 년에 걸쳐 여행을 계획하고 준비한 사람들 수백 명이 짐을 싸 들고 와이오밍주의 이 특정한 장소로 몰려들었다. 시야를 가로막는 구름 한 조각도 없었다. 아마 가장 충격적인 건 일식 그 자체였다. 이 사실을 놓치기 쉬운데, 지구에서 일어나는 개기일식은 진정 깜짝 놀랄 만한 운명의 장난이다. 태양계의 마법인 일식은, 지금껏 발견한 다른 별을 공전하는 수천 개의 외계 행성 중에서도 지구를 희귀한 존재로 구별되게 할 것이다. 우리는 여전히 외계 행성과 행성 주위를 돌고 있을지 모를 달에 대해 활동적으로 연구하며 알아가고 있지만, 한 가지는 확실하다. 우리 태양계 한가운데 자리 잡아 우리에게서 1억 5,000만 킬로미터 떨어진 별과 고작 38만 킬로미터쯤 떨어진 완벽한 구 모양의 작은 달이 하늘에서 완전히 꼭 들어맞는 크기로 보일 확률은 진실로 정말 낮다. 만약 가까운 미래에 우리가 어떤 종류의 항성 간 여행을 할 수 있게 되어 우호적인 지적 생명체 사회와 교류한다고 생각해보자. 그리되면 지구의 일식은 애리조나의 그랜드 캐니언이 사람들을 잡아끄는 방식으로, 외계인들이 지구를 찾게 하는 행성 관광의 이유가 되리라.

겉으로 드러나지 않은 내막이 있었기에 그때는 비록 상대적으로 적은 수의 사람들만 알고 있었을 테지만, 일식이 일어나던 8월에는 다른 기막힌 뜻밖의 행운도 찾아왔다. 그 사건이 바로 내가 일식이 끝나고 얼마 안 있어 휴대전화를 꺼내 인터넷을 확인한 이유였다. 전국에 흩어진 천문학자 친구들이 소셜 미디어에 무더기로 올린 개기식 사진을 감상하는 동시에 이메일을 주시했다. 그리고 당시에는 아이다호주 선밸리에서 고에너지 천체물리학 학회도 열리고 있었다. 개기일식의 광경과 출장을 동시에 즐기려고 과학자 무리가 전략적으로 그곳을 학회 장소로 선택해 참석하고 있었다. 그러나 그 사건 때문에 과학자들은 모여서 시골의 느린 인터넷을 한탄할 수밖에 없었다.

일식이 일어나기 딱 나흘 전, 우리가 이전에 전혀 검출한 적 없는 종류의 신호가 지구에 도착했다. 1억 3천만 광년 떨어진 곳에서 우주 공간을 뚫고 달려온 신호는 천문학자들을 극도로 흥분시킨 동시에 조용한 혼란에 빠뜨렸다.

10

시험 질량

2017년의 일식이 일어나기 나흘 전인 8월 17일 오후, 데이브와 나는 동네 아이스크림 가게 앞에 줄 서 기다리고 있었다. 나는 어떤 맛을 고를까 생각하는 동시에 생일을 맞은 아버지와 축하 문자를 주고받느라, 그리고 며칠 뒤면 인생 첫 번째 일식을 데이브와 우리 가족과 함께 본다는 사실에 얼마나 가슴이 부풀어 있는지를 데이브에게 쏟아내느라 바빴다.

문자를 주고받으며 아이스크림을 고르는 사이, 필 매시에게서 이메일이 도착했다. 우리는 여전히 적색초거성 연구를 같이 진행했고, 함께 일하는 공동 연구자가 그날 밤 칠레에서 우리 프로젝트 중 하나를 위해 관측할 예정임을 알고 있었다. 필은 다른 천문학자인 이도 버거 Edo Berger로부터 온 급한 이메일을 전달했다. 이도는 망원경 관측 일정에서 우리 이름을 확인해 이메일을 보냈고, 일정을 바꿔서 우리가 계획했던 프로그램 대신 다른 관측을 해달라고 간청했다. 관측을 시작할 수 있을 만큼 어두워지면 우리 망원경의 능력을 사용해 전 하늘에 걸친 탐사를 즉시 시작해달라는 요청이었다. 새롭게 나타난 기이한 천체를 찾기 위해서였다.

그날 오전 하버드대학 위원회 회의에 참여하고 있던 이도의 휴대전화에 알람이 떴다. 이도는 특별한 공동 연구팀의 일원이었고, 연구팀은 내부 메일링 리스트가 있었다. 어떤 특정한 종류의 천문학적 발견이 일어나는 순간 즉시 사람들에게 연락을 취해 소식을 전하기 위해서였다. 공동 연구팀이 몇 년이나 기다려온 이메일 알람은 미국 동부 시각으로 한낮 즈음 도착했고, 수신인들에게 남반구 하늘에서 나타난 새로운 발견을 알렸다. 칠레는 아직 오전이었기 때문에, 이도를 포함해 알람을 받은 이들은 칠레에서 해가 지면 망원경을 열고 그곳 팀원들이 행동에 돌입하기 전까지 열 시간 동안 준비할 여유가 있었다.

그보다 더 이른 동부 시각 오전 8시 41분쯤, 펜실베니아주립대학에서 천문학을 연구하는 대학원생 코디 메시크Cody Messick는 막 지도교수에게 다친 목 때문에 그날 재택근무를 하겠다고 알렸다. 그러고는 집에서 업무를 시작할 준비를 마치고 아래층으로 내려가고 있었다. 그때 연구실에서 온 자동 문자 알람이 휴대전화에 나타났다. 문자 내용을 읽은 코디는 자기 눈을 의심하며 계단에서 얼어붙었다.

워싱턴주에 있는 관측소(전 세계에 단 세 개뿐인 중력파 관측소 중 하나)에서 방금 중력파를 검출했다는 신호였다.

✦ ✦ ✦

중력파는 시공간 구조의 압축으로 가장 잘 설명할 수 있다. 이게 무슨 말인지 이해하기 위해, 양손으로 슬링키*를 들고 있다고 생각해보자. 우리는 두 가지 다른 방법을 이용해 슬링키에서 파동이 전해지게 할 수 있다. 첫 번째로, 한쪽 끝을 들어 올리면 굽은 물결이 한쪽 끝에서 다른 쪽 끝까지 전달되는 것을 볼 수 있다. 하지만 이런 모습은 중력파가 전달되는 방식과는 거리가 멀다. 대신, 당신이 슬링키를 들고 한쪽 손을 다른 쪽 손 가까이 움직이며 슬링키를 눌렀다고 해보자. 이때는 코일이 압축되었다가 다시 풀어지며 파동이 전달된다. 이 압축파의 모양이 중력파가 퍼지는 모습과 유사하다. 다만 유일한 차이가 있다. 중력파는 광속으로 전달되며 시공간 자체를 그 안에 있는 모든 물질과 함께 압축시키고 늘린다는 것이다. 중력파가 지구를 통과하면, 지구도 압축되었다가 다시 늘어난다.

중력파는 경이로운 물리학의 영역으로 구분되는데, 우주를 기술하는 수학에 따르면 단순히 중력파는 '존재해야' 한다. 아인슈타인의 유명한 일반상대성이론은 중력, 공간, 시간 사이의 관계를 기술하는데, 열 개의 수학 방정식으로 이루어져 있다. 1916년 아인슈타인은 수식의 결과 중 하나로 중력파가 존재해야 한다는 사실을 찾아냈다. 하지만 중력파의 존재를 (그리고 더 나아가 우주적 규모를 기술하는 물리를) 증명하는 건 어려운 도전이었다. 순수한 수학은 중력파가 일어날 수 있다고

* 용수철 모양 장난감.

말하는 동시에, '아주 작은' 규모로 나타날 것이란 예측을 보여주었기 때문이다. 이는 아인슈타인이 자기 연구에서 자세히 다뤘던 부분이다. 예를 들어 질량의 합이 태양 질량의 60배쯤 되는 두 블랙홀이 격변하는 충돌을 겪더라도, 이 사건이 만드는 시공간의 일그러짐은 양성자 크기의 1,000분의 1 수준이다. 아인슈타인조차도 이런 크기의 파동은 대단히 작아서 검출할 수 없으리라고 믿었다.

마침내 해결책이 간섭계의 형태로 등장했는데, 간섭계는 여러 광원에서 오는 빛을 합성하는 기기다. 만약 간섭계라는 단어가 낯설지 않다면, 전파천문학 이야기를 기억하기 때문일 것이다. 전파천문학은 간섭계 기술을 사용해 떨어진 거리를 잘 알고 있는 망원경 여러 대 각각에서 받은 신호를 합성해 자료를 얻는다. 중력파 간섭계도 기본적으로 같은 원리를 활용해 다른 현상을 관측한다. 중력파 간섭계는 일정한 거리를 움직인 빛을 합성하고, 빛이 정확히 얼마만큼의 거리를 이동했는지 측정한다.

기본 원리는 다음과 같다. 두 개의 기다랗고 곧게 뻗은 팔이 중력파 검출기를 구성하고, 팔들은 서로 직각으로 놓여 중앙 건물에 연결되어 있다. 건물에는 강력한 레이저가 있어 각각의 팔로 빛을 쏜다. 두 개의 팔 끝에는 완벽한 거울이 매달려 레이저를 반사해서 다시 돌려보내는데, 이 거울을 '시험 질량test mass'이라고 부른다. 검출기 시스템 전체는 시설을 종합적으로 활용해, 두 팔 길이를 믿기 힘든 정확도로 계속 측정한다. 보통 날이라면, 양쪽 팔에 비춘 레이저는 정확히 같은 거리를 움직이고, 반사된 다음엔 정확히 동시에 건물에 도착한다. 그리고 깔끔하게 서로의 빛을 상쇄시켜 어떤 신호도 만들지 않는다.

하지만 중력파가 지구를 지난다면 상황이 달라진다. 중력파는 순간적으로 두 팔의 길이에도 영향을 주어, 한쪽은 줄이고 다른 하나는 늘인다. 이런 일이 벌어지면, 두 팔의 길이가 일시적으로 아주 약간 달라진다. 시험 질량들이 팔과 함께 움직이기 때문에 반사된 레이저가 이 변화를 감지해 신호를 만든다. 두 블랙홀의 충돌 같은 사건이 중력파를 내뿜으면 검출기는 '처프chirp'라고 알려진 독특한 신호를 감지한다. 만약 중력파의 주파수를 소리로 변환한다면, 그것은 1초도 지속하지 않는 사이에 극적으로 음높이를 올리는 음표 하나를 닮았다.

개념은 아름답도록 단순하지만, 기기를 제작해 실험을 구현하는 일은 지독히 복잡하다. 중력파가 만드는 작은 동요를 검출할 수 있을 만큼 민감한 검출기는 다른 모든 신호에 영향을 받는다는 점이 문제다. 잘 만든 검출기는 분명히 수십억 광년 떨어진 곳에서 충돌하는 블랙홀이 만드는 시공간의 요동을 찾아낼 것이다. 하지만 동시에 지진이나 관측소 근처를 지나는 트럭이 만드는 진동뿐 아니라 검출기의 팔과 시험 질량이 떨리게 하는 수백 가지 종류의 외부 신호가 쏟아진다. 그렇다면 진정 어려운 문제는 중력파 검출이 아니라, 다른 관련 없는 모든 신호, 즉 '잡음'을 검출하지 '않는' 일이다. 그래야만 아인슈타인이 옳았음을 선포할 작은 처프 신호를 다른 신호들 사이에 떠내려 보내지 않을 수 있다.

수십 년 동안, 중력파 검출기 세 대가 세계에서 가장 정교하고 민감한 천체물리학 실험이 되고자 부지런히 작동했다. 순전히 물리학에 대한 믿음 때문이었다. 중력파가 실제로 존재하고, 우리는 신호를 검출할 것이며, 이론에 따르면 중력파 검출은 그저 더 정밀한 측정을 하도록 기기 성능을 향상할 수 있느냐의 문제였다. 검출기 두 대가 공동으로 라이고, 즉 레이저간섭중력파관측소Laser Interferometer Gravitational-Wave Observatory, LIGO를 구성했다. 라이고는 미국 땅 조용한 구석에 자리를 잡았다. 라이고 핸포드LIGO Hanford는 워싱턴주 동쪽에, 라이고 리빙스턴LIGO Livingston은 루이지애나주 남동쪽에 세워졌다. 세 번째 관측소인 버고 간섭계Virgo interferometer는 유럽의 공동 연구인데, 이탈리아 피사 남동쪽 작은 마을인 산토 스테파노 아 마체라타에 세워졌다. 세 대의 검출기는 모두 2000년대 초반부터 운영을 시작했고, 과학자, 공학자, 지원 인력 수천 명이 열심히 일하면서 시설을 하나도 빠짐없이 완벽하게 만들고자 노력했다. 세계 최초로 빛이 아닌 중력파를 관측한 천문대가 되기 위해서.

✦ ✦ ✦

5월의 조용한 화요일, 나는 라이고 핸포드를 방문하러 나섰다. 시애틀에서 세 시간 동안 동쪽으로 운전을 하자 주변은 태평양 북서쪽, 무성한 상록수로 뒤덮인 산에서 색 바랜 넓은 평지로 변해갔다. 워싱턴주의 라이고 검출기는 리치랜드 시에서 약 16킬로미터쯤 북쪽으로 떨어진 워싱턴주 남동부 컬럼비아 분지에 자리한다. 전 세계의 산꼭대기에 있는(그리고 비행하는) 천문대를 방문했던 나는 중력파 관측소를 뭔가 어둡고 신비로운 곳이라 상상했다. 일종의 섬뜩한 물리학 분야로 연구자들이 중력에 관한 깊은 수수께끼를 캐는 모습을 떠올렸다. 하지만 라이고에 가까워지자, 분위기는 팜데일에 있는 소피아 기지나 VLA로

워싱턴주 동부의 라이고 항공사진.
©Caltech/MIT/LIGO Laboratory

올라가던 길을 연상시켰다. 넓은 사막의 순전한 광활함이 최첨단 과학을 가능케 하는 느낌이었다.

안에서 벌어지는 최첨단 과학을 생각하면, 밖에선 아주 따분해 보이는 관측소가 거의 우습기까지 했다. 표지판들을 보니 주 도로에서 벗어남을 알 수 있었고, 텅 빈 건물 몇 채와 말쑥하게 자리 잡은 방문자 센터 앞에 평범한 주차장이 보였다. 자세히 들여다보니, 간섭계의 두 팔을 덮은 두 개의 단조로운 회색 콘크리트 벽이 저 멀리까지 뻗어 있었다. 나중에 본관 건물 옥상에 올라갔을 때에야, 실제로 검출기 팔이 얼마나 말도 안 되게, '수학적으로' 곧게 뻗어 있는지를 눈으로 확인할 수 있었다. 팔 각각은 4킬로미터 길이에 달했고, 너무 긴 나머지 지구 표면의 곡률까지 고려해서 건설했다. 중심 건물에서도 팔 각각의 절반까지만 볼 수 있었다. 팔 가운데에 중간 기지가 서 있어, 나머지 절반은 건물 뒤로 전부 가려 보이지 않았기 때문이다. 아무튼 라이고에 운전해 가다 보면, 관측소는 그저 콘크리트같이 보인다.

콘크리트 벽은 실험을 보호하는 핵심적인 부분이다. 실제 간섭계 팔 각각은 지름 1.2미터 스테인리스 스틸 관으로, 땅에서 떨어져 들어 올려 있으며 거의 완벽에 가까운 진공 상태로 항시 유지한다. 심지어 우주에서의 진공 상태보다 더 진공에 가까운 수준이다. 프로젝트 계획 단계에서 관을 대기에 노출한 상태로 건설하는 방법을 한동안 고려한 적이 있다. 그러면 비용을 줄일 수 있고, 몇 킬로미터에 이르는 콘크리트 아치를 만드는 데도 많은 돈이 들어가기 때문이었는데 결국 보호벽을 추가했다. 콘크리트 벽은 여러 번 떨어진 번개로부터 진공관을 보호해 라이고를 몇 번씩 구했다. 피뢰침이 있었지만 워싱턴과 루이지애나의 검출기 모두 콘크리트에는 탄 자국이 남았다. 핸포드 관측소는 교통사고도 견뎠다. 지프를 타고 불법으로 비포장도로를 달리던 운전자가 자신과 차 모두 다칠 만큼 세게 벽에 충돌했지만, 간섭계는 멀쩡했다.

콘크리트 벽과 관련해 잠시나마 등장했던 유일한 문제는, 쥐 오줌이었다. 초기 건설 단계에서 단열재로 벽 안쪽을 채웠는데, 공사가 끝나자 누구도 그것을 제거할 그럴듯한 이유를 찾지 못했다. 그런데 알고 보니 보금자리를 만들고자 하는 쥐들에게는 단열재가 천국이었다. 처음에 단열재 안의 쥐 소굴은 그저 귀찮은 일이었고, 루이지애나 관측소에서 문제를 발견하기 전까지는 실제로 별다른 우려가 없었다. 그러나 쥐 오줌과 벽 안의 습도 때문에 박테리아가 서식하기 시작했고 관마다 미세한 구멍이 생기면서 진공 환경을 위협했다. 사람들은 이걸 발견한 다음 쥐를 쫓아내고, 단열재를 빼버린 다음 구멍을 수리했다.

라이고 핸포드에 도착한 다음, 레이저 진공 장비 구역Laser and Vacuum Equipment Area, LVEA으로 이동할 준비를 하기 전 본관 건물로 향해 제어실을 둘러보았다(컴퓨터 여러 대와 한쪽 벽에 커다란 스크린들이 늘어선 제어실은 나사 미션 제어 센터의 축소판 같았다). 레이저 진공 장비 구역은 커다란 중앙 실험실로 레이저와 시험 질량 몇 개, 다른 장비를 갖춘 곳이다.

라이고 대중 홍보팀과 이메일을 주고받았을 때 그들은 꼭 화요일에 방문하기를 권했는데, 화요일은 주간 유지 보수를 위해 검출기를 정지하는 날이었기 때문이다. 그래서 평소라면 출입이 통제되었을 검출기 일부를 방문할 수 있었다. 출입을 막는 이유는 강력한 레이저로 다가갈 나의 안전 때문이 아니었다. 문제가 생길 경우를 대비해 눈을 보호하는 번쩍거리는 녹색 반사 고글 한 쌍을 받았으니 비록 안전도 꽤 진지하게 다루기는 했지만. LVEA는 클린 룸(청정실)이었으므로 헬멧과 신발 덮개도 받았다. 실제로 그들이 걱정하는 건 내 안전이 아니라 발걸음이었다. 검출기가 작동하면, LVEA를 걸어 다니는 사람은 '인공 잡음'이라고 부르는 신호를 만들기 때문이었다. 단순히 우리가 검출기가 세워진 콘크리트 바닥을 걷기만 해도 인공 잡음이 생긴다. 가이드는 우리가 정오까지는 LVEA에서 나가야 한다고 이야기하며, 검출기 입장에서는 마치 코끼리 걸음 같은 우리 발걸음의 잔향이 잦아들기까지 시간을 조금 준 다음 라이고 직원들이 이른 오후에 장비를 다시 켤 예정이라고 설명했다.

다시 말하지만, 라이고는 양성자 크기보다 수천 배나 작은 규모의 섭동을 감지할 수 있다. 실제로 그만 한 민감도를 처리하기 위해 어떤 조건이 필요한지 실제 눈으로 보니 놀라웠다. 가장 놀랄 만한 기술은 검출기 팔 끝에 매달린 시험 질량에서 엿볼 수 있었다.

시험 질량 각각은 지름이 30센티미터 조금 넘고 두께는 20센티미터 정도인 원형 거울인데, 무게가 거의 40킬로그램에 달한다(크고 무거운 거울일수록 쉽게 흔들리지 않는다). 순도 높은 석영유리로 만든 이 거울은 라이고 레이저가 방출하는 적외선을 반사하도록 설계되었다. 시험 질량은 4-링크 진자 시스템에 매달려 있고(각각의 연결부는 거울로 전달되는 외부 진동을 죽이는 역할을 한다) 고작 4밀리미터 두께의 유리 섬유가 거울을 지탱한다. 섬유 각각은 약 13킬로그램의 무게를 견딜 수 있지만, 다른 외부 자극에는 극도로 민감하다. 유리 섬유 하나를 손가락으로 잘못 만졌다가는 피부에서 나온 유분 때문에 균열이 생겨 유리가 산산이 조각날 수 있다. 그래도 핸포드 현장에서 직접 만드는 이 유리 섬유는 시험 질량을 매다는 데 이상적이다. 진자 운동에서 마찰을 적게 일으키는 데다가, 재료 내부의 분자 운동도 금속으로 만든 줄보다 개선되어 거울에 전달되는 미세한 진동을 감소시키기 때문이다.

제어실로 돌아와 사람들과 잡음원에 관해 대화를 나누면서 라이고의 민감도에 대해 완전히 이해할 수 있었다. 매일 반복되는 라이고 운영에서 중요한 요소는 그렇게 철저히 기기의 온갖 세부 사항에 주의를 기울이면서도 여전히 다양한 잡음을 추적 관찰하고 제어하는 것이다. 신속한 자료 처리 중에 중력파로 의심되는 신호를 발견하면, 가장 먼저 해야 할 분석 작업 중 하나는 근방에서 어떤 일들이 일어나고 있었는지 꼼꼼히 확인한 뒤 혹시 잡음을 더해 거짓 경보를 울린 경우인지 확인하는 일이다.

오른쪽에 있는 모니터 한 쌍엔 파란색, 노란색, 빨간색 선이 떠 있었고 선들은 천천히 화면을 지나가며 시간에 따라 아래위로 굽이쳤다. 제어실에 있는 라이고 직원 중 한 명에게 내가 무엇을 보고 있는지 물었다. 그들은 발걸음 같은 인공 잡음이나, 건물을 흔드는 바람 같은 잡음원을 모니터하는 중이라고 설명했다. 나는 화면 하나를 가리키고, 위에 붙은 라벨을 읽었다.

"'바람에 의한 미세 지진 잡음'이라는 게 뭐죠?"

"대부분 바다에서 치는 파도예요. 북아메리카 판에 부딪히는 파도요. 꽤 지속적으로 배경 잡음을 만들어내요."

'말도 안 돼.' 우리는 바닷가에서 300킬로미터도 넘게 떨어져 있었다.

잡음 레벨을 보여주는 같은 화면에, 불쑥 거대하게 솟은 뾰족한 파형이 보였다. 약 20시간 전에 나타난 신호였다. 내가 관측소를 방문한 때는 파푸아뉴기니를 강타한 규모 7.2의 지진이 일어난 지 하루가 조금 되지 않아서였다. 워싱턴과 루이지애나 검출기들은 지구 반대편에서 일어난 이 지진의 메아리 때문에 몇 시간 동안 흔들렸고, 한동안 다른 신호를 측정하지 못했다. 라이고는 지진에 대비해 특수 절차를 준비해두었다. 오퍼레이터들에 따르면 지진파는 지진이 일어난 즉시 순간적으로 나타나는 게 아니라 지구를 통해 전파되기 때문에, 큰 지진이 일어났을 때라도 몇 분에서 30분에 이르기까지 대비할 시간이 있고 관측소는 그에 따라 적절히 대처한다. 작은 지진이라면, 시험 질량을 중력파를 측정하기엔 덜 민감하지만 동시에 주변 진동에 영향을 덜 받는 배열로 옮긴다. 큰 지진이 일어나면, 시험 질량의 설정을 덜 제한된 상태로 바꿔 실제로 자유롭게 흔들리도록 한다. 그러면 시험 질량은 원래 정렬된 상태에서 벗어나기는 하지만, 진동이 주는 장기적인 영향을 최소화할 수 있다. 그리고 여진이 물러가면 검출기를 원래 상태로 돌려 관측을 재개한다.

잡음의 원인은 끝이 없었다. 라이고 운영 초기, 루이지애나 관측소는 인근 벌목지에서 발생하는 잡음을 처리하느라 고생했다. 워싱턴 검출기에는 매년 봄 컬럼비아 강에서의 댐 방류가 잡혔다. 머리 위로 높이 나는 헬리콥터 날개의 진동이나, 현장에 주차한 차량에서 돌아가는 프로판 엔진 그리고 비까지도 잡음의 이유가 되었다.

워싱턴에서 최근 발견한 흥미로운 잡음원은 검출기를 냉각할 때 쓰는 액체 질소 탱크와 관련이 있었다. 날씨가 따뜻해지면, 대기 중의 물이 탱크로 연결되는 관 주변에 달라붙어 얼음을 만들었다. 진취적인 까마귀들은 더운 날 손쉽게 물을 찾을 수 있는 그곳에 나타나 얼음을 부리로 쪼기 시작했다. '툭, 툭, 툭' 하고 관을 치며 검출기에 잡음을 일으키는 이유를 찾기 위해 기기 전체에 걸쳐 조사가 시작되었다. 얼음에 수상쩍게 까마귀 부리 크기와 딱 맞는 크기로 팬 자국이 남은 걸 과학자들이 찾아내면서 수수께끼는 마침내 해결되었다. 누군가는 그 발견이 영원히 남도록 꼼꼼하게 (쪼아 먹은 흔적, 현장에서 발각된 까마귀, 성공적으로 잡음을 재현하기 위해 까마귀를 흉내 내며 관을 쪼던 대학원생의 사진과 함께 완성해서) 로그에 기록했다. 관측소에서는 결국 탱크에 연결한 관을 교체해 얼음이 쌓이지 않도록 했다. 그리고 라이고 내부 소식지는 범죄자를 '목마른 까마귀'라고 소개했다.

흥미롭게도 전자기적인 빛이 아닌 중력파를 검출하는 관측소에서도, 밤이 되면 관측 조건이 살짝 더 좋아졌다. 찬 공기 덕분에 바람도 잠잠해졌고, 인근 고속도로를 달리는 트럭 기사들이 줄어들면서 인공 잡음도 약해졌다(그리고 아침이 되면 기사들이 다시 도로로 돌아와 트럭 잡음이 증가했다. 트럭 신호는 고속도로에 가장 가까이 있는 검출기 팔에서부터 모습을 드러냈다).

라이고도 다른 천문대와 마찬가지로 오퍼레이터 팀을 고용해, 1년 내내 관측이 이뤄지는 동안 그 팀이 제어실에서 일하며 검출기를 운영한다는 사실이 놀라웠다(나는 어쩌면 누군가 단순히 레이저를 껐다가 켜고 중력파 신호가 도착하기를 기다리는 모습을 상상했던 것 같다). 대신 이곳의 오퍼레이터들은 계속해서 관측에 참여하며 거울 위치가 정확히 정렬되도록 수동으로 조정했고, 지진 경보도 감시했고, 그들이 찾아낼 수 있는 잡음들을 제어했으며, 처리하지 못했던 잡음원들을 신중히 추적했다. 라이고 관측소와 다른 천문대 오퍼레이터 사이의 공통점이 또 하나 있었다. 라이고 오퍼레이터이자 대학원생인 넛시니 키분추Nutsinee Kijbunchoo는 라스 캄파나스 천문대의 헤르만 올리바레와 정말 똑같이 만화가이며, 중력파 연구 중에 종종 천문학자의 삶을 그린다.

✦ ✦ ✦

라이고에 대해 조금이라도 아는 사람이라면, 중력파 검출이 엄청난 업적이며 곧장 노벨상을 탈 만한 결과라는 사실을 부정하지 못했다. 이건 가볍게 다룰 일이 아니었다. 여러 대륙에 포진한 연구자 수천 명으로 구성된 연구팀, 시설을 운영하는 수많은 사람의 관리, 자료를 확인하고 분석해서 결과를 논문으로 쓰는 작업은 거대한 기계 자체만큼 복잡했다. 라이고는 탁월하게도 꽤 이른 시점부터 간섭계뿐만 아니라 인간들도 잡음과 민감도에 대한 시험이 필요하다는 사실을 인지했다.

그 결과 '암맹 주입'이라는 절차가 더해졌다. 라이고 개발 초기 단계에서 소규모의 연구팀 하나는 중대하지만 비밀스러운 임무를 맡았다. 그들은 실제 중력파처럼 보이도록 설계한 가짜 신호를 검출기에서 오는 자료의 흐름에 주입할 수 있었다. 이런 전략은 연구에서 꽤 흔한데, 사람들과 자료 분석 소프트웨어가 특정한 신호를 검출하는 데 믿을 만한지 시험하는 중요한 역할을 한다. 공교롭게도, 라이고의 암맹 주입은 두 가지 목적을 추가로 달성했다.

첫 번째는 라이고 팀 전체를 시험하는 것이었다. 연구팀은 암맹 주입이 가능하다는 사실을 알고 있었지만, 모든 연구자는 그들이 발견하는 어떤 신호라도 잠재적으로 실제 신호처럼 다뤄야 한다는 지시를 받았다. 암맹 주입을 실행하는 사람 몇 명을 제외하고는 어떤 신호가 진실이고 거짓인지 알지 못했기 때문이다. 라이고가 진짜 신호를 받든, 가짜 신호를 받든 관계없이 연구팀은 자료를 분석하고 물리량을 찾아내 어떤 종류의 천체물리학적 현상(두 블랙홀인지? 얼마나 무거운지? 우리에게서 얼마나 멀리 떨어진 천체인지? 등등)이 신호를 만들었는지 판단하고, 심지어 중대한 결과를 발표할 논문 초안 작성까지 마쳐야 함을 뜻했다. 진정 중력파 검출이었는지 암맹 주입이었는지 전혀 모른 채로 말이다.

신호의 정체는 오직 최종적으로 열릴 대규모 팀 전체 회의에서, '봉투 개봉'이라고 일컫는 과정을 통해 밝힐 예정이었다. '봉투 개봉'이라는 별명은 아카데미 시상식에서처럼, 암맹 주입 팀이 전달한 밀봉된 봉투를 누군가 열어 라이고 자료에 가짜 신호가 주입되었는지를 밝히자는 아이디어에서 따왔다(최근 이 '봉투'가 실제로는 발표 슬라이드를 담은 휴대용 저장 장치였다). 그제야 연구팀은 그들이 암맹 주입을 갖고 연구했는지, 실제 중력파였는지를 알게 되는 것이었다.

암맹 주입은 또한 연구팀 팀원들이 내부 정보에 대해 함구할 수 있는지를 시험하기도 했다. 첫 번째 중력파 관측이 될 수 있는 예비 검출은 엄청나게 흥미로운 결과였다. 하지만 연구팀은 자료를 몇 달 동안 아주 면밀히 검토해서 잡음원이 아니라 중력파 신호임을 확인해야 했다. 그리고 자료 분석 과정에서는 수백 명의 연구자가 신호 뒤에 숨겨진 근본적인 물리 현상을 파헤치고 이 내용이 획기적인 연구 논문 내용 대부분을 채울 것이었다. 라이고는 소식이 유출되지 않도록 신경을 써야만 했다. 연구팀이 반박의 여지 없이 명백히 중력파 검출을 확신할 수 있기 전에는, 누구도 친구나 가족이나 동료에게 정보를 알려주어 말이 퍼져나갈 위험을 만들어서는 안 되었다. '세이건 척도', 즉 칼 세이건이 "대단한 주장은 대단한 근거가 필요하다"라고 말했던 것처럼 라이고는 그 엄청난 발견의 증거를 실제로 충분히 확인하기 전에 발견에 관한 소문이 퍼지지 않도록 극도로 주의를 기울여야 했다.

암맹 주입에 관한 소문은 천문학계 내부에 널리 퍼졌다. 나는 그것이 의도적이었다고 거의 확신한다. 라이고에 전혀 관계가 없는 우리조차도 사악한 가짜 신호가 나타날 수 있으며 팀원은 대부분 아무것도 모른다는 이야기를 들어 알았다. 소문은 일종의 재밌는 이중 보험처럼 작용했다. 라이고 프로젝트에 참여하는 어떤 연구자가 '정말' 무심코 비밀을 말하더라도, 그 사실을 알아챈 사람은 또한 성급히 중력파 검출을 속단하지 않을 것이다. 왜냐하면 누가 알겠는가? 물론 라이고 연구자가 자기 연구에 관해 설명할 때 문득 수상쩍은 부분을 보일 수 있지만, 그도 그저 암맹 주입 중 하나에 속았을지도 모를 일이었기 때문이다.

암맹 주입 시스템은 라이고 초기 관측에서 훌륭하게 작동했다. 종종 암맹 주입이 검출되었고, 연구팀은 기분 좋게 소식을 받아들였다(그리고 그들이 몇 달 동안 가짜 신호를 거대한 시험처럼 다루며 고생했다는 폭로도 전해졌다). 천문학계 전체는 여전히 소식을 모르고 넘어갔다. 마침내 진짜 중력파 신호가 도착하더라도, 라이고 팀은 꼭 언제나 그랬듯이 (암맹 주입 팀 몇 명을 제외하고는) 모두가 또 다른 가짜 신호를 듣고 있는지 실제 신호인지를 알지 못하고 자료 분석을 진행할 것이 분명해 보였다.

이 모든 계획은 2015년 9월 14일, 실제 첫 중력파 검출이 이뤄지자 꽤 극적으로 실패했다. 민감도를 높이기 위해 5년에 걸친 어마어마한 업그레이드를 마치고, 라이고는 막 검출기에 다시 시동을 걸고 있었다. 그날 검출기는 켜져 있었지만 '공식적으로' 관측하는 중은 아니었다. 대신 라이고는 엔지니어링 런이라고 부르는 상태에 놓여 있었다. 검출기가 켜져 있고 자료를 수집했으나, 어떤 보조 시스템들은 아직도 꺼진 상태였다. 그리고 그 보조 시스템 중 하나가 암맹 주입 장치였다. 라이고 팀원들은 전날까지 암맹 주입 장치를 적절히 조정하려고 손보았고, 장치는 여전히 작동 전이었다.

9월 14일 이른 아침, 라이고 검출기에 블랙홀 두 개가 병합하며 만든 어마어마한 처프 신호가 나타났고, 몇몇 사람은 즉시 그것이 진짜 중력파인가 의심하기 시작했다.

자료는 아름다웠다. 신호가 너무 선명했던 나머지 이전에 암맹 주입을 경험했던 라이고 팀 일부는 처음에 회의적이었고 그것은 분명히 직접 손을 댄 가짜 신호여야 한다고 생각했다. 암맹 주입을 책임진 사람들은 곧 자기들끼리 대화를 통해 주입 장치가 켜진 적이 없었음을 확인했다. 그리고 실제로 라이고 팀원 몇 명은 몇 달 동안 악성 주입의 가능성에 대해 연구했다. 그들은 누군가 몰래 라이고 검출기에 접근할 권한을 획득해 거대하고 정교한 과학적 농간의 일부로, 어떻게든 가짜 신호를 주입할 수 있는지 따져보았다. 마침내 그것도 불가능하다는 사실이 밝혀졌다. 라이고가 9월에 검출한 중력파 신호는 화려했고, 분명했으며, 진짜였다.

라이고에서 나온 소식은 몇 달 동안 은밀하게 다른 천문학자들에게 퍼져나가기 시작했지만, 이때는 거대한 규모의 암맹 주입 보험이 실제로 제 값어치를 했다. 공동 연구팀은 암맹 주입 시스템이 작동하지 않고 있었다는 핵심적인 세부 정보를 조심스럽게 비밀로 했다. 그래서 라이고 프로젝트를 연구하는 동료들이 뭔가에 대해 부자연스러울 정도로 들뜬 것처럼 보인다는 말을 전해 듣는 우리조차도, 그들이 아무것도 아닌 결과를 가지고 흥분해 있는 건지 아닌지를 가늠할 수 없었다.

2015년 10월, 나는 어떤 학회에 참석했다. 학회에는 죽어가는 별들, 중력파, 갑작스레 밤하늘에 등장했다가 사라지는 시간 영역 천문학 현상을 연구하는 천문학자들이 모였다. 자유 토론 세션 하나에 참가하려고 신청했는데, 그 회의의 제목은 "이봐, 만약 언젠가 우리가 중력파를 찾는다면 어떨까?"였다. 세션 참가자 중에는 전통적인 천문학자들과 중력파 연구자들이 고르게 반반씩 있었다. 모두 자리에 앉자, 라이고 과학자 한 사람이 거의 곧바로 말을 시작했다. "좋아요, 여기

엠바고*가 걸린 연구 결과가 있는 분들?" 커다란 컨퍼런스 테이블 한 쪽에 모여 앉아 있던 중력파 그룹 사람들이 모두 손을 들었고, 그들은 짓궂은 미소를 참는 데 완전히 실패했다. 전통적인 천문학자 쪽 사람들 눈이 휘둥그레졌다. "좋아요, 그렇다면" 하고 라이고 연구자가 말을 이어나갔고, 만족스러운 웃음을 지으며 의자에 앉았다. "이제 어서 토의를 시작해보죠. 우리는… 그저 듣기만 할게요." 확실히 중력파 커뮤니티에서 '뭔가'가 벌어지고 있다는 사실을 우리 모두에게 암시한 순간이었다. 하지만 우리는 모두 곧 아무 일도 없었다는 듯 대화를 이어나갔다. 왜냐하면 라이고 쪽 테이블에 앉은 동료들이 또 다른 암맹 주입에 속았을 수도 있으니까, 그렇지 않은가?

2015년 9월 14일 검출된 중력파는 우리로부터 14억 광년 떨어진, 각각 태양 질량의 29배와 36배인 두 블랙홀이 충돌해 병합해서 만든 신호로 밝혀졌다. 몇 달간의 연구와 확인과 재확인 끝에, 발견을 공표하기 위한 영광스러운 기자 회견이 2016년 2월 11일로 계획되었다. 공식 발표 전까지 소식을 비밀로 하려던 라이고 공동 연구팀 전체의 몇 년간에 걸친 연습과 노력에도 불구하고, 아마 상상할 수 있는 가장 재미없는 방법으로 기사 엠바고가 15분 먼저 깨져버렸다. 에린 리 라이언Erin Lee Ryan은 나사 고더드 우주 비행 센터 연구원이었고, 그날 오전 곧 벌어질 공식 발표를 축하하는 파티에 참석했다. 그곳에서 나사는 '첫 중력파 검출을 축하하며!'라는 글씨가 쓰인 케이크를 내놓았다. 에린은 신나서 케이크 사진을 찍은 다음 유쾌하게 트위터에 사진을 올렸다. 그리

* 정해진 기간까지 소식의 보도나 공유가 금지된 상태.

고 세계 곳곳의 과학 기자들은 흥분해서 공식 발표에 앞서 유리한 출발을 하려고 달려들었다. 수십 년의 노력, 여러 번의 암맹 주입 연습, 수천 명의 양심적인 침묵이 평범한 케이크 하나와 트윗 하나에 깨져버렸다. 이래서 나는 동료들이 외계인의 존재에 대해 은폐하고 있을지 모른다는 걱정을 하지 않는다.

✦ ✦ ✦

중력파 검출 발표는 획기적이었고 전 세계 뉴스 기사의 첫머리를 장식했으며 라이너 와이스Rainer Weiss, 킵 손Kip Thorne, 배리 배리시Barry Barish는 2017년 노벨 물리학상을 받았다. 라이너 와이스와 킵 손 둘 다 이론뿐만 아니라 검출기 제작에 선구적인 기여를 했고, 배리 배리시는 40여 명이던 그룹을 거대한 국제 공동 연구팀으로 키우며 라이고의 과학적 성장을 지휘했다. 배리의 공 역시 앞의 두 사람과 동등하게 놀라운 업적이었다. 중력파 발견은 수십 년에 걸친 투지와 헌신, 놀랄 만한 기술적 작업이 성과를 올렸음을 증명했고, 천문학의 새 장이 열림을 보여주었다.

'다중신호천문학multimessenger astronomy'이라는 용어는 한 천체에 대해 다양한 종류의 자료를 얻어 합성하는, 천문학에서의 성배와 같은 개념이다. 멀리 떨어진 천체에 대해 거의 전자기파 일부 영역에만 한정된 관측을 하는 분야에서, 같은 천체에 대해 다른 정량화할 수 있는 신호가 검출 가능하다면 과학 연구가 즉시 훨씬 탄탄해진다. 우리는 이전에 이런 관측을 딱 한 번 이룬 적이 있다. 1987년, 아주 가까운 초신성에서 전자기파 영역의 빛과 뉴트리노(미세한 아원자 입자) 조금을 검출했던 때다. 빛과 입자는 우주에서 온 두 '신호' 역할을 했고, 초신성을 연구할 수 있는 다양한 도구가 되어주었다. 중력파는 세 번째 종류의 신호로, 우리가 우주적인 현상에서 검출할 수 있는 완전 새로운 형태의 자료를 제공하며 천문학의 새 시대를 여는 듯 보인다.

2015년의 중력파 검출 때, 여전히 우리는 다중신호라는 정의에 가까이 다가가지 못했다. 라이고가 관측한 블랙홀 충돌은 '오직' 중력파를 통해서만 발견되었다. 발견이 흥미로웠던 만큼, 이 새로운 과학적 목표에 관심이 쏟아졌고, 모든 사람이 다음 단계의 커다란 발견을 기대하기 시작했다. 중력파와 전자기파인 빛의 섬광을 '동시에' 만들어내는, 진정한 다중신호 현상을 말이다.

모두 이것이 어려운 관측임을 이해했다. 서로 충돌하는 블랙홀을 발견하기는 했지만, 대부분 천문학자는 이런 종류의 사건에서 빛이 번쩍이는 현상을 기대하기 어렵다는 데 동의했기 때문이다.

하지만 충돌하는 중성자별에 대해서는 예측이 달라진다. 중성자별은 무거운 별이 초신성으로 폭발해 죽은 다음 남긴 붕괴한 핵으로, 빠르게 회전하는 경우에는 전파 망원경을 통해 펄서로 관측되는 천체다. 붕괴 중에 별의 핵을 이루는 모든 질량은 도시 하나 크기의 영역을 가득 메우고, 놀라울 만큼 높은 밀도의 천체를 형성해 중성자별이 된다(중성자별을 한 티스푼만큼 뜨면 산 하나보다 무게가 더 나간다). 중성자별은 오직 양자역학의 규칙 중 하나인 파울리의 배타 원리Pauli exclusion principle에 따라 붕괴를 멈춘다. 파울리의 배타 원리에 따르면, 중성자 같은 아원자 입자는 계 내에서 동일한 양자 상태를 차지할 수 없다. 만약 중성자별이 더 붕괴하려고 한다면(그리고 밀도를 더 높이려 한다면) 중성자는 좁은 공간으로 너무 강력하게 떠밀려 자기와 주변 중성자들이 이 원리를 위배하기 시작한다. 이런 상황을 피하고자, 중성자들은 바깥 방향으로 압력을 가해 실제로 중력 붕괴를 멈춘다. 우주에서 가장 이상한 천체 중 하나가 남겨지는 것이다. 중성자별은 죽은 별의 겉껍질의 작은 흔적인 동시에, 양자역학에 의해 기술되는, 가끔은 1초에 수백 번 혹은 수천 번씩 회전하는 천체다.

중성자별은 극한의 천체로 블랙홀의 가까운 사촌쯤 된다. 그래서 쌍성계를 이루는 중성자별 두 개가 서로 회전하다가 충돌하면, 중력적으로 매우 격렬한 사건이다. 두 중성자별의 충돌과 합병도 중력파를 만들어내는데, 두 개의 병합하는 블랙홀과 유사한 처프 신호를 보여주지만 주기가 더 길고 에너지는 낮다. 결정적으로, 중성자별끼리의 충돌에서는 짧은 순간 동안 고에너지의 빛 방출이 일어나리라 예측하는데, 지구에서 관측한다면 2초 이하로 짧게 지속하는 감마선 분출로 보일 것이다. 동시에 킬로노바라고 알려진 훨씬 긴 빛의 방출이 나타난다. 킬로노바는 초신성보다는 약하지만 중성자별 병합 이후에 거대한 봉화처럼 밝게 빛나며 그 뒤로 며칠 동안 타오를 것이다. 만약 병합하는 두 중성자별에서 중력파를 검출한다면, 전자기파 영역을 관측하는 전 세계 천문대들은 즉시 킬로노바에서 온 빛을 찾기 위해, 천체가 어두워지기 전에 필사적으로 세계적인 탐색에 나설 것이다.

그러나 탐색은 말처럼 쉽지 않다. 중력파 신호만을 가지고서는 밤하늘에서 천체의 위치를 찾기가 극도로 어렵다. 워싱턴과 루이지애나에 있는 라이고 검출기를 함께 사용하면, 어떤 검출기가 사건을 먼저 감지했는지와 신호 자체의 세부 사항 몇 가지를 가지고 중력파 발생 위치를 대략적으로 추론할 수 있다. 이탈리아에 있는 버고 검출기까지 더하면, 세 곳의 관측소가 삼각 측량을 활용해 중력파 신호가 어디에서 왔는지 조금 더 나은 추정을 할 수 있다. 하지만 여전히 충돌하는 중성자별에서 오는 빛을 찾는 탐색이 가능하려면, 더 작은 영역의 하늘로 범위를 좁혀야 한다. 그리고 킬로노바를 추적하는 연구자들은 킬로노바로 추정하는 천체가 오직 중력파 발생 이후에 새로 등장했는지를 증명해야 한다. 그러려면 같은 영역의 하늘을 운 좋게 이전에 관측한 적이 있어 사건 전과 후를 비교할 수 있어야 한다. 게다가 다른 짧은 주기의 변광 천체가 아니라 정말 킬로노바인지도 검증해야 한다. 이를 위해서는 천체를 자세히 관측해서 이론적인 예측과 들어맞는지 확인해야 한다. 결국 아주 빠르고, 아주 정밀하게 관측할 수 있는 능력이 필요할 뿐 아니라 방대한 자료를 활용해 사건 발생 이전의 관측 기록을 찾을 수 있어야 한다는 뜻이다.

전 세계의 중력파 관측소가 병합하는 블랙홀에서 점점 더 많은 실제 중력파 신호를 검출하면서, 빛을 관측하는 천문학자들은 활을 들고 시위를 당기고 있는 듯 보였다. 여러 연구 그룹은 넓은 하늘을 탐색하기 위해 서로 다른 기법을 개발했다. 가능성이 있는 신호에 대한 후속 관측을 하는 데 있어 다른 망원경에 대한 소유권이나 우선권을 주장하기도 했다. 그리고 만약 병합하는 중성자별에서 중력파가 마침내 검출된다면 정확히 어떻게 관측에 뛰어들지 자세한 계획을 세웠다. 2017년 8월 17일 이른 아침 도착한, 바로 그런 종류의 신호였다.

✦ ✦ ✦

코디 메시크가 계단에서 휴대전화를 붙잡고 얼어붙었을 때, 그는 자기가 실제 중력파를 보고 있는지 완전히 확신하지 못했다. 자동 문자 알람에서 묘사하는 신호는 분명히 이상했다. 그런 신호가 자료에서 우연히 나타날 확률은 1만분의 1밖에 되지 않았다. 그러나 또 다른 쌍블랙홀 병합처럼 보이지도 않았다. 신호가 더 길고 약했으며, 워싱턴주의 라이고 핸포드 검출기에만 나타났다. 오랫동안 연구팀 규정은 양쪽 검출기 모두에서 발견한 신호가 아니라면 무시하는 것이었다. 한 검출기에서만 나타난 신호는 정말 우주에서 온 신호라기보다는 지역에서 발생한 잡음일 확률이 훨씬 높았기 때문이다. 하지만 코디는 한 검출기에서만 나타나는 사건들의 알람을 받도록 설정해둔 팀원 중 한 명으로, 혹시 실제 중력파인 경우를 대비해 신호를 자세히 들여다봐야 했다. 낮은 거짓 경보율이 흥미로웠던 코디는 자료를 지도교수인 채드 해나Chad Hanna에게 보냈다. 채드 역시 신호가 중성자별 병합에서 예상하는 모습과 유사함을 알아차렸다. 그는 또한 페르미 감마선 우주망원경이 중력파 신호 발생 1.7초 후에 2초간의 감마선 폭발을 감지했다는 사실도 깨달았다. 감마선 폭발은 정확히 중성자별 병합이 일어나면 전자기파 영역에서 나타나리라 예상하는 고에너지 현상이었다.

코디와 채드는 즉시 연구팀의 다른 팀원들과 통화하며 자료를 파헤치기 시작했다. 그리고 곧 자료를 오염시킨 다른 신호나 잡음원이 없음을 확인했다. 암맹 주입 연습은 중단된 지 오래였고, 동시에 발생한 감마선 폭발 검출은 아주 명백한 증거였다. 채드는 라이고 공동 연구팀에 이 사실을 알려야 한다는 데 동의했다. 하지만 그는 자기가 흥분해서 너무 떨고 있기에 이메일을 바로 쓰기 어렵겠다며 잠시 후에 추가 메시지를 보내겠다고 했다. 결국 코디가 공동 연구팀에 첫 번째 이메일을 보냈다. 그들은 쌍중성자별 병합으로 보이는 후보 신호를 찾았으며, 거짓 경보가 아닌 게 거의 확실하고, 감마선 폭발과 동시에 등장했다는 사실을 알렸다.

이메일을 받은 팀원들은 온라인 대화와 논의에 뛰어들어 자료를 파고들기 시작했다(만화가인 라이고 오퍼레이터 넛시니는 이런 발견에 대한 그림을 그렸다. 그림은 굉장히 적절했다. 그림 속 오퍼레이터는 잠에서 깨 몸을 가누지 못하며 침대에서 휴대전화를 들고 있다. 그리고 검출에 관해 떠드는 메시지들의 맹공격 때문에 거의 매트리스 위로 솟구친다). 연구팀이 다뤄야 했던 첫 번째 질문은 왜 라이고 핸포드만 검출을 보고했는지였다. 이탈리아에 있는 버고 검출기에는 자료 전송 문제가 있었다. 정말 신호가 심우주에서 등장한 실제 중력파 검출이라면, 루이지애나주에 있는 라이고 리빙스턴 역시 신호를 검출해 알람을 보냈어야 했다. 무엇이 문제였을까?

누군가 해당 시각의 라이고 리빙스턴 자료를 열어 확인하자 즉시 답을 알게 되었다. 자료를 눈으로 보면 바로 중성자별 병합에 의한 느린, 갑자기 등장한 처프 신호를 목격할 수 있었다. 하지만 그 위로는 글리치라고 불리는 흉측한 검출기 잡음이 함께 보였다. 마치 사진 한 귀퉁이에 사진가의 엄지손가락이 뜬금없이 찍힌 듯한, 우리가 원하지 않는 신호다. 컴퓨터는 글리치가 생겨 자료가 오염되었을 경우에는 알람을 내보내지 않도록 설정해 두었기에, 라이고 리빙스턴은 신호 검출을 알리지 않았다. 다행히 글리치는 측정해서 제거할 수 있었으므로, 연구

쌍중성자별 병합 검출 소식을 그린 넛시니 키분추의 만화.
©Nutsinee Kijbunchoo

팀은 아름다운 중성자별 병합 신호 한 쌍을 두 검출기 양쪽에서 얻었다. 루이지애나 검출기가 3밀리초 먼저 검출한 신호였다.

루이지애나 자료가 남은 퍼즐을 맞추자, 마지막까지 버티던 조심스러운 과학적 신중함이란 온데간데없어지며 연구팀은 흥분으로 날뛰었다. 중력파와 감마선 폭발이 '함께' 등장한 이 새로운 현상에는 GW170817이라는 이름이 붙었다. 2017년 8월 17일 검출된 중력파라는 뜻이었고, 중력파와 전자기파 검출이 동시에 일어난 다중신호 검출의 첫 번째 후보 천체였다.

감마선 자료는 대단히 유망한 징후였지만 아직도 확실한 성공은 아니었다. 어쨌든 감마선 폭발은 우연의 결과였을 수도 있었고, 폭발은 엄청 짧았으며, 감마선 폭발은 발생 위치를 찾기가 매우 까다로운 천체다. 천문학자들이 지상 망원경을 사용해 뚜렷이 새롭게 나타난 밝은 빛을 찾아 그것이 GW 170817에 해당하는 킬로노바라는 사실을 분명히 밝히기 전까지, 누구도 확실한 이야기를 할 수 없었다. 킬로노바, 감마선 폭발, 중력파 검출 세 조각이 들어맞아야만, 오직 그때에야 천문학자들은 최종적으로 자기들이 무엇을 찾았는지 확신할 수 있었다.

버고 검출기에서의 자료를 더하자, 중력파 연구팀은 하늘 어디에서 신호가 왔는지 범위를 대단히 좁힐 수 있었다. 쌍중성자별 병합은 남반구 하늘에서 나타났으며, 대략 보름달 150개가 들어찰 만한 영역 안쪽 어디에선가 일어난 사건이었다. 하늘에서 탐색해야 하는 영역은 여전히 넓었다. 라이고는 이런 사실을 알고 중력파를 쫓는 데 특히 관심 많은 천문학자들에게 광범위한 공지를 내보냈다. 이런 식의 이벤트가 벌어지면 바로 덤빌 준비가 항상 되어 있는 사람들이었다.

그래서 공지를 받은 이도 버거가 그날 오후 필에게 이메일을 보내고, 이어 필은 내게 이메일을 전달했다. 죽어가는 별들과 중력파를 연구하는 천문학자 커뮤니티는 광란에 휩싸였고 그들은 남반구 망원경들을 징발해서 GW 170817과 관련한 킬로노바의 흔적을 찾으려 준비했다. 결국 70대가 넘는 망원경이 관측에 동원되었다.

연구팀은 마침내 칠레에 어둠이 찾아오자 관측을 개시했고, 대박을 터뜨리기 시작하기까지는 채 두 시간도 걸리지 않았다. 발견한 킬로노바는 너무 평이하게 보였던 나머지 거의 실망스러울 수준이었다. 1억 3천만 광년 떨어진, 전혀 특별하지 않은 은하 변두리에 작은 파란 점이 보였다. 거의 확실히 이전에는 그곳에 없던 천체였다. 라이고 자료가 추정한 거리는 완벽하게 들어맞았고, 예상하던 킬로노바의 모습과도 똑같았다.

작은 파란 점이었든 아니든 간에, 열광적으로 흥분한 천문학자들이 작은 얼룩의 빛을 정확한 장소에서 찾아낸 것만으로도 사실 대단한 일이다. 그리고 다른 그룹들은 각자 이 새로운 천체를 발견하며 다양한 반응을 보였다. 이도 버거 팀의 연구원인 라이언 처르닉Ryan Chornock은 킬로노바에서 왔을 어떤 새로운 빛이라도 찾아보려 자료를 열심히 들여다보고 있었다. 그리고 팀 전체에 이메일을 돌렸다. 이메일 본문은 "와, 젠장"이 전부였고 그는 발견한 이미지를 첨부했다. 다른 팀에서 일하던 천문학자인 찰리 킬패트릭Charlie Kilpatrick은 대신 절제된 표현을 선택했다. 그는 "뭔가 찾았음"이라는 말을 그룹 대화에 남겼다. 그러고는 곧 킬로노바를 보여주는 스크린숏을 공유했다. 총 다섯 개 팀이 독립적으로, 서로 이십 분도 되지 않는 간격으로 GW 170817에 해당하는 킬로노바를 찾았다.

발견은 첫 번째 단계였다. 킬로노바를 찾자, 천문학자들은 곧바로 킬로노바가 자리 잡은 하늘 한구석에서 온 빛 한 줌을 가지고 가능한 모든 과학을 짜내기 시작했다. 이미징과 분광 관측을 준비하고, 엑스선과 자외선과 가시광선과 적외선과 전파에 이르는 모든 전자기파 영역을 활용해 크고 작은 망원경을 가지고 킬로노바와 그것이 위치한 은하를 관측했다. 이 하늘 영역을 향할 수 있던 거의 모든 망원경에서, 중력파를 연구하는 천문학자들에 더해 우연히 맞는 때에 맞는 망원경에 앉아 있던 천문학자들까지 다 같이 손을 모아 연구를 도우며 경쟁에 뛰어들었다.

설상가상으로, 이런 천문학자 중 상당수는 8월 21일 벌어질 개기일식을 위해 미국에서 가장 외딴 동네들로 가 있었다. 후속 관측 그룹 중 하나를 이끌던 만시 카슬리왈Mansi Kasliwal은 칼텍에서 주최한 대규모 공개 관측 이벤트에서 봉사 중이었다. 그녀는 자기도 일식을 관측하면서 1만 명에 이르는 열정적인 참가자들과 걸음마를 배우는 자기 아이까지 돌봐야 하는 상황에 놓였다. 동시에 자기 연구팀 팀원들이 전하는 소식을 받고 허블우주망원경에서 최종 관측 계획에 관해 묻는, 분초를 다투는 전화에 답해야 했다. 다른 연구팀의 마리아 드라우트Maria Drout와 천문학자 몇 명은 아이다호주에 있는 학교에서 일식 이벤트를 위해 봉사하고 있었다. 그들은 일식을 몇 달 앞두고 유타를 가로질러 운전해 가는 캠핑 여행을 계획했지만, 차에 있는 모든 사람은 중력파 후속 관측에 관여하고 있었다. 마리아와 동료들은 끝내 차 뒷좌석에서 미약한 휴대전화 신호를 테더링해 노트북 컴퓨터로 작업했고, 와이파이를 쓸 수 있는 레스토랑에 들러 새 자료를 다운받았고, 텐트에서 자료를 분석했다.

GW 170817은 비밀 유지 시도가 처참히 실패한 또 다른 사례였다. 발견에 관한 루머가 삽시간에 인터넷에 퍼졌고, 실제로 관에 못을 박은 건 허블우주망원경 소유의 트위터 계정이었다. 약 1년 전부터 @spacetelelive 계정은 허블우주망원경이 무엇을 관측하는지, 자동 생성한 간단한 트윗을 포스팅하기 시작했다. 예를 들면 "나는 X 박사의 연구를 위해 Y라는 카메라를 사용해 Z라는 천체를 관측하고 있습니다" 같은 내용이었다. 허블우주망원경의 천체 목록과 관측 계획 데이터베이스에서 정보를 추출해 내보내는 것이었다. 킬로노바를 발견하자마자, 이도 버거 팀은 정신없이 서둘러 허블우주망원경에 관측을 요청했다. 점점 희미해져 가는 쌍중성자별을 겨누어, 지상에서 관측할 수 없는 자외선의 빛을 관측해달라고 간절히 요청했다. 긴급 상황이었던지라, 그들은 관측 제안 대상에 'BNS 병합Binary Neutron Star merger(쌍중성자별 병합)'이라는 단순하고 복잡하지 않은 이름을 사용했다. 천문학자나 과학 기자라면 누구든 곧바로 뜻을 알아차릴 수 있는 약어였다.

이도의 팀은 이런 실수를 관측 전 알아차려 허블우주망원경에 연락해 관측 대상명을 수정해달라고 했지만, 끝내 변경은 이뤄지지 않았다. 허블은 킬로노바를 향했고, 제안한 관측을 수행했으며, 명랑하게 트윗을 날려 쌍중성자별 병합을 관측하고 있다는 사실을 알렸다. 이미 엎질러진 물이었다. 처음으로 다중신호 중력파가 관측되었음을 추측하는 글이 한 시간도 안 되어 온라인에 등장했다. 킬로노바를 관측하려고 재빨리 움직이던 다른 팀에 소속된 앤디 하웰Andy Howell은 허블우주망원경 트위터보다는 덜 직접적인 표현을 활용했다. 그는 후속 관측을 하던 첫날 밤 "오늘 밤은 인류 역사상 어느 누가 들려주었던 이야기보다도 천문 관측을 바라보는 것이 흥미로운, 그런 밤들 중 하나다"[29]라는 트윗을 남겼다.

킬로노바의 발견과 그 결과로 이어진 후속 관측 경쟁은 모든 과학자가 정중히 무시하려고 노력하는 사실을 부각했다. 정치였다. 킬로노바는 매 순간 어두워지는 중이었고, 물론 속도 경쟁 뒤에는 과학이 있었다. 하지만 모두가 첫 발견자가 되고 싶어 하는 더 근본적인 인간적 동기도 있었다.

작은 천문학계 안에서, 대부분의 연구팀은 어떤 사람들과 경쟁을 하는지 정확히 알았다. 연구팀 중 몇몇은 벌써 수년을 이어온 경쟁 관계가 있었고, 이전까지 우호적인 관계를 유지하다가 다른 훌륭한 망원경에서 우선권을 따내려 경쟁하는 중에 급격히 사이가 안 좋아진 팀들도 있었다. 어느 분야나 그러하듯, 어떤 천문학자들은 순전히 기회주의적이었고 피할 수 없는 언론 보도에서 앞줄 중앙에 서서 명성과 인정을 얻으려는 데 혈안이 되어 있었다. 다른 사람들은 이 엉망인 상황을 완전히 일축하며 과학에 집중하려 노력했다. 대부분의 사람은 그 중간 어디쯤 있었다. 가능한 한 신중하게 그리고 신속하게 연구를 진행하되 자기 연구팀 팀원들의 진로와 꿈을 지키고자 노력했다. 특히 대학원생이나 박사후연구원 같은 젊은 과학자들을 염두에 둔 대처였다.

결국 후속 관측 서커스는 끔찍한 저격, 무효가 된 거래, 밀실에서의 회합 등을 보이며 엉망이 되었다. 아직도 천문학계 내에서는 그 당시의 상황을 당혹스럽고 실망스러웠다고 생각한다. 라이고 측에서는 상황을 멍하니 지켜보았다. 몇천 명에 이르는 라이고 연구팀은 거대하고 통솔된 조직처럼 움직였다. 그래서 일부 천문학자 무리가 머리 잘린 닭처럼 이곳저곳 쑤시고 다니더라도, 그들이 다시 뒤로 물러나 중력파 연구팀 쪽에서 한 방향으로 나아가도록 만들었다.

정치적인 싸움과는 별개로, GW 170817은 정말 아름다운 과학을 만들어냈다. 초기의 쟁탈전에도 불구하고, 결국 자료는 (최소한 공식적으로는) 적절히 검토를 거친 다음 동료 평가를 받은 여러 편의 시리즈 논문으로 정리해 발표되었다. 쌍중성자별 병합에 의한 중력파 검출을 발표한 라이고의 주 논문에는 3,684명이 저자로 이름을 올렸다. 〈천체물리학저널〉은 그 주제에 관한 논문 제출이 이뤄지자마자 각각의 연구 논문이 신중하게, 그리고 신속하게 동료 평가를 마칠 수 있도록 온갖 노력을 기울였다. 또한 후속 관측 연구를 진행한 천문학자들이 보내온 서른세 편 논문 전체를 단독으로 다룬 특별 호를 출간해 이 획기적인 사건을 매우 자세히 다뤘다.

✦ ✦ ✦

처음에 몇 번 이어진 중력파 검출의 여파 속에서, 이제 라이고는 모험을 건 물리 실험이 아니라 공학과 인내의 영광스러운 승리가 되었다. 열 개가 넘는 중력파가 관측된 이후, 중력파 검출은 더 이상 비밀이 아니다. 라이고는 이제 확인을 마치면 트위터를 통해 새로운 검출을 알린다. 천문학자들은 첫 쌍중성자별 충돌에 해당하는 천체를 찾으려던 거친 경쟁에서 벗어났다. 최근 학회에서는 천문학자들 모두 곧 일어날 거라 확신하는 유사한 향후 중력파 검출에 대한 조직화한, 공동의 후속 관측 논의를 하고 있다. 앞으로의 관측이 조금은 더 순조롭겠지만, 앞다퉈 GW 170817 킬로노바를 찾으려던 쟁탈전이 그런 종류의 마지막 사건이 아닐 것은 확실하다.

또한 처음도 아니었다. 중력파는 분명히 새로운 종류의 신호였다. 하지만 하늘에서 갑작스레 등장한 천체를 확인하고 그것이 사라지기 전에 쫓아 관측하는 건 오랫동안 유서 깊게 내려온 천문학 분야다. 이런 관측은 지난 수십 년 동안 우리가 망원경을 사용하는 방법에 있어 커다란 변화를 불러왔다.

11

사전에 계획하지 않은 관측

오스카 두알데Oscar Duhalde는 진정 유일무이한 천문학적 발견에 지분이 있다. 그는 현재 전 지구에서 유일하게, 맨눈으로 초신성을 발견한 적이 있는 사람이다. 아마 인류 역사를 통틀어서도 몇 안 되는 사람 중 하나일지 모른다.

오스카는 칠레 라스 캄파나스 천문대 망원경 오퍼레이터다. 1987년 2월 24일 이른 새벽, 그는 천문대 1미터 망원경에서 근무하며 수동으로 망원경을 가이드했다. 그날 밤 관측하던 두 천문학자가 CCD 카메라를 노출하며 자료를 얻고 있었다. 수동 가이드는 단순하지만 꽤 지루한 작업이다. 오퍼레이터는 부단히 망원경 위치를 바꿔 천문학자들이 연구하려는 천체가 반드시 망원경 시야 정중앙에 놓여 있도록 해야 했다. 그날 밤 네 시간 연속으로 가이드 작업을 하던 오스카는 결국 새벽 두 시경 짧은 휴식을 취하려고 천문학자들에게 일을 넘겼다. 그는 제어실 아래층으로 내려가 커피를 준비했다. 커피를 내리는 동안, 별빛을 쬐러 밖으로 나갔다.

고개를 들어 올렸을 때, 그는 평소와 뭔가 약간 다른 것을 알아차렸다.

머리 위로는 대마젤란은하Large Magellanic Cloud, LMC가 떠 있었다. 대마젤란은하는 우리은하의 작은 위성 은하로, 약 16만 3,000광년쯤 떨어져 있다. 그렇게 먼 거리의 은하에 있는 별들은 하나하나가 또렷하게 반짝이는 별빛의 집합이라기보다는 일종의 밝은 안개처럼 녹아든다. 그래서 '대마젤란 성운'이라는 적절한 이름이 붙었다. 잘 훈련된 눈을 갖고 있다면 뒤엉켜 새로 태어나는 별들, 밝은 성단들, 군데군데 별빛을 막는 성간먼지까지 익숙한 구조 몇 가지를 짚어낼 수 있다. 하지만 대부분 천문학자에게조차도 LMC는 남반구 하늘을 장식하는 아름다운 천체일 뿐, 기억 속에서 LMC의 상세한 구조를 떠올릴 수 있는 사람은 거의 없다.

그러나 공교롭게도 오스카는 LMC를 자기 손바닥 보듯 정확히 기억했다. 그는 천문대에 취직했던 초반에 앨런 샌디지Allan Sandage라는 천문학자의 야간 조수 역할을 맡았다. 사진 건판으로 관측하던 시절이다. 앨런은 관측천문학의 거장 중 한 명으로, 그의 과학적 유산은 1950년대까지 거슬러 올라간다. 앨런은 오랫동안 LMC를 관측했고, 라스 캄파나스에서 관측하며 족히 수백 장은 될 법한 사진 건판을 사용했기 때문에 야간 조수였던 오스카가 앨런의 사진 건판 수백 장을 '현상'했다. 오스카는 LMC를 구석구석 잘 알았다.

그날 밤, LMC에 새로운 별이 보였다.

오스카는 놀라서 잠깐 LMC를 바라보았다. 그가 망원경에서 일한 모든 세월 동안 변한 적 없었던 은하에 이상하고 '밝은', 새로운 별이 등장했다. 이 새로운 별이 무엇일지, 왜 자기가 이전에는 보지 못했는지 곰곰이 생각했다. 커피가 다 내려졌는지 확인하러 건물 안으로 들어왔지만 정신은 아직 바깥에 머물렀다. 처음에는 위성이 아닐까 생각했지만 별은 한자리에서 밝게 빛났다. 커피 머신을 확인하고 한 번 더 밖으로 나갔는데도 여전히 별이 분명히 그곳에 보였다. '도대체 저게 뭐지?' 그는 궁금했다.

기억의 저편에서, 오스카는 최근에 초신성을 탐색하던 어떤 연구 그룹을 어렴풋이 떠올렸다. 그는 멀리서 일어난 별 폭발도 인근 은하들 거리에서는 밝게 새로운 점으로 빛날 수 있다는 사실을 알았다. 하지만 당시에 초신성 탐색 대부분은 거대한 은하에 초점을 맞추고 있었다. LMC처럼 조그맣고 규모가 작은 은하와 달리 큰 은하에는 죽을 준비를 마친 별이 한 무더기씩 차 있었기 때문이었다. 여전히 자기가 막 발견한 이상한 새로운 별이 뭔가 흥미로운 천체일지 모른다는 생각이 그의 머릿속을 채웠다. 오스카는 위층에 올라가면 관측자들에게 이 얘기를 해야겠다고 마음먹었다.

불행히 오스카가 제어실에 도착하자 컴퓨터가 관측이 끝났음을 알렸고, 두 천문학자는 기쁘게 오퍼레이터를 맞으며 다음 대상으로 망원경을 움직이자고 말했다. 오스카는 허겁지겁 망원경을 돌리고 돔도 회전시키고, 다음 관측을 준비했다. 그는 낯선 새 천체에 관해 순간적으로 잊어버렸다.

두 시간쯤 지났을까, 천문대의 다른 망원경으로 관측하던 천문학자인 이언 셸튼Ian Shelton이 제어실 문을 박차고 들어와 급히 오스카를 지나갔다. 이언이 방 안의 다른 천문학자들과 들떠서 떠들기 시작하는 순간에도 오스카는 자기 일에 집중했다. 그러다 오스카는 우연히 대화 일부를 들었다. 이언이 세찬 바람 때문에 관측을 일찌감치 포기하고 망원경에서 사진 건판을 살펴보다가, 건판들을 현상해서 전날 찍은 사진과 비교했는데 나란히 놓인 LMC 사진 두 장에서 새롭게 등장한 별이 눈에 띄었다는 것이다. 정말 LMC에서 이상한 새로운 천체가 나타났나?

방 건너편에서 오스카가 그들을 올려다보며 말했다. "아 맞아! 아까 밖에 나갔을 때 그 별을 봤어."[30]

그 후 며칠간 정신없이 이어진 한바탕 난리 끝에 곧 오스카가 처음 발견했던 LMC의 특이한 새 별에 SN 1987A라는 이름이 붙었다. 1987년 발견한 첫 번째 초신성이라는 뜻이었다. 초신성은 충분히 밝았기 때문에 하늘 어느 방향을 봐야 하는지만 알면 이언과 다른 천문학자들이 쉽게 그것을 찾을 수 있었다. 이후 기록에 따르면 뉴질랜드, 호주, 남아프리카에 있는 다른 남반구 망원경들도 그날 밤늦게 초신성을 관측했다. 하지만 누구에게 관측 시각을 듣더라도 초신성을 최초로 발견한 건 오스카의 맨눈 관측이었다.

천문학자들은 여러 해 동안 초신성을 발견해왔지만, 그것들은 상대적으로 훨씬 먼 은하에 있었다. 지구에서 맨눈으로 볼 수 있었던 마지막 초신성은 SN 1987A가 발견되기 383년 전인 1604년에 등장했다. 심지어 망원경 발명보다도 몇 년 앞선 때의 일이다. 거의 우리은하 앞마당에 나타난 초신성은 별의 폭발이 잦아들면서 빛이 어둡게 사라지기 전 빛의 폭발을 연구하고자 하는 천문학자들 간에 격렬한 쟁탈전을 촉발했다. 또한 일본, 러시아, 미국에서 진행하던 실험들이 SN 1987A

의 폭발로 생긴 중성미자를 검출해서 이 초신성은 다중신호 천문학의 첫 번째 사례가 되었다. 오늘날까지도 SN 1987A는 우리가 현대에 관측할 수 있었던 초신성 중 가장 가까운 천체이며, 아직도 우리가 '사전에 계획하지 않은 관측Target of Opportunity, ToO'이라고 부르는 연구의 가장 극적인 예시다.

✦ ✦ ✦

사람들은 하늘이 정적이고 변하지 않는다고 믿곤 한다. 천문학적인 시간은 보통 수백만 년에서 수십억 년에 이르러 있다. 밤하늘을 매일 올려다보면, 하늘은 거의 똑같은 모습으로 보인다. 달이 차고 기울고, 태양계 행성들이 하늘을 가로지르고, 우리는 계절에 따라 천구의 다른 영역을 보지만, 별과 별자리 들은 제자리에 머무르는 듯 보인다.

그런데 의외인 것은, 사람들도 짧다고 느낄 만한 시간 척도로 변하는 천체들이 있다는 사실이다. 일, 시간, 심지어 초 단위로 나타나는 현상도 있다. 수백만 년, 수십억 년에 이르는 우주적 시간 규모에도 불구하고 별의 죽음, 별에서 나타나는 플레어, 소행성이나 혜성의 접근은 종종 놀라울 만큼 빠르게 일어난다.

초신성은 죽어가는 별이 맞는 폭발적인 최후다. 별은 거침없이 내부로 향하는 중력에 대항해 핵에서 일종의 핵융합로를 돌리며 맞서 싸우는데, 수소를 헬륨으로, 헬륨을 탄소로 융합하며 에너지원으로 활용한다. 우주에서 가장 무거운 별들은 생의 마지막에 다다르면 갖가지 연료원을 급히 써버리고, 단지 며칠이라도 더 살아남으려고 필사적으로 산소와 네온과 규소를 융합한다. 끝내 실패할 노력이다. 결국 철로 구성된 핵이 남고, 철은 핵융합 반응의 결과로 에너지를 '생성'하지 않고 '소모'해버린다. 이 순간, 중력은 수백만 년을 벌인 싸움*의 최종 승자가 되고 별의 핵은 1초도 걸리지 않아 붕괴한다. 별의 바깥층도 중력 때문에 안쪽으로 떨어지며, 붕괴하고 남은 핵에 부딪힌 다음 시속 1억 킬로미터의 속력으로 성간 공간으로 날아간다. 이런 반발로 일어난 폭발이 내뿜는 어마어마한 빛은 별이 살던 은하 전체에 맞먹는 수준으로 밝게 빛난다.

이 정도 밝기의 불꽃 축제라면 놓치기가 꽤 어렵겠다고 상상할지 모른다.

그러나 실제로 폭발하는 별을 목격하기는 매우 어렵다. 단순하게도 거리 문제가 그 이유 중 하나다. '은하 전체보다 밝다는' 건 인상적이지만, 그런 은하들조차도 자세히 들여다보려면 충분히 큰 망원경이 필요하다. 우리가 지금까지 현대적인 망원경으로 연구한 모든 초신성은(오스카가 맨눈으로 발견했던 초신성까지도) 외부은하에 있었다. 그리고 수십 년 동안 초신성 탐색은 헌신적인 아마추어 천문가들과 끈질긴 초신성 사냥꾼들의 노고에 의지했다. 그들은 인근 은하를 찍고 또 찍어 새 별처럼 보이는 특히 밝은 천체가 갑자기 나타났는지 확인했다('초신성supernova'이라는 이름 자체가 새롭다는 뜻을 지닌 라틴어 단어 'novus'에서 일부 유래했다). 평균적인 초신성은 며칠 사이에 밝아졌다가 다시 어두워지

---

* 별이 오랜 세월 빛을 내며 안정적인 상태를 유지할 수 있는 것은 핵융합반응에서 발생하는 별이 만드는 압력경사력과 중력이 평형을 이루기 때문이다. 질량을 바깥쪽으로 지탱하는 힘이 사라지면 평형 상태가 이뤄지지 못하고 중력 수축이 일어난다.

기에, 초신성이 최대 밝기에 이른 순간에서 1, 2주 사이에 모습을 포착하지 못한다면 그것을 다시 찾아 관측할 기회가 영영 사라진다.

이것이 폭발하는 별을 연구하는 작업에서의 어려움이다. 초신성은 하룻밤 새 나타났다가 다음 날이면 사라질 수 있기에, 천문학자들은 늦기 전에 얻은 쥐꼬리만 한 자료에 의지해 허둥지둥 관측한 현상을 설명하려 노력한다. ToO라는 새로운 형태의 관측도 빠른 대응의 필요성에서 나왔다. ToO 관측에서, 관측자는 특정한 형태의 폭발이 발견된다면 실질적으로 망원경 징발을 제안할 수 있다. 그러고 나면 멀리 있는 망원경을 사용해(원래 망원경에서 관측하기로 되어 있던 천문학자를 제치고) 잽싸게 새로운 천체를 겨누고 관측에 뛰어들 수 있다. 신속한 대응은 초신성 ToO 관측자들의 성배가 되었다. 초신성 폭발의 최초 몇 시간, 아니 최초 몇 분의 관측이 별의 죽음 직후 가장 이른 순간의 흔적을 보여줄 수 있다. 말 그대로 별에 가장 가까이 있는 물질을 비추면서 폭발이 얼마나 세게, 빠르게 일어났는지에 대한 많은 정보를 알려주고, 어떤 극한의 물리적 과정을 통해 물질을 우주 공간으로 날려버리는지 이해하는 데 도움을 준다.

다만 누군가 ToO 관측을 요청할 때 생기는 유일한 문제는, 거짓 경보다.

브라이언 슈미트Brian Schmidt는 그의 연구팀과 함께 한 초신성 관측을 통해 우주 팽창을 연구한 획기적인 작업으로 2011년 노벨 물리학상을 받은 천문학자다. 어느 날 밤, 그는 여러 연구자에게 숨 가쁘게 이메일을 보냈다. 특히 어둡고 맑은 밤이었는데, 지평선 부근 전갈자리에 나타나 새로운 별처럼 보이는 낯선 천체를 발견했다. 전갈자리는 꽤 밝은 별들로 이뤄져 있고 친숙한 별자리였기 때문에 이 갑작스러운 별의 출현이 상당한 흥분을 유발했다. 브라이언은 200명이 넘는 사람들에게 이메일을 보냈다. 신나서 자기가 새로운 밝은 천체를 찾아냈음을 알렸다! 천체는 맨눈으로도 보였다! 전갈자리에, 지평선 바로 위로 보였다! 심지어 인근에 있는 아마추어 천문가도 발견을 확인해주었다! 물론 브라이언의 무언의 메시지는, 모든 사람이 바로 뛰어들어 이 신비로운 새 천체의 관측을 즉시 시작해야 한다는 것이었다. 맨눈으로 관측 가능한 다음 초신성이기를 바라면서, 심지어 더 훌륭하게 우리은하에서 나타난 초신성이기를 희망하면서 말이다.

우리은하의 초신성은 1604년 이후 발견된 적이 없다. 우리은하에 있는 별의 수와 나이를 생각했을 때, 현재 우리는 100년 즈음마다 이웃 항성계에서 폭발하는 별을 볼 수 있을 것으로 추측한다. 그 예측에 따르면, 우리은하 안에서 초신성이 오늘 당장 나타나더라도 이상하지 않다.

같은 은하 안에 이웃한 가까운 거리에서, 우리은하 초신성의 출현은 '극적'일 수 있다. 우리가 지금까지 연구한 외부은하에서의 작은 깜빡임보다 훨씬 더 감격스러울 수 있다. 1054년 7월 4일, 지구에서 고작 6,500광년 떨어진 별의 죽음으로 만들어진 초신성은 너무 밝아서 하늘에서 해와 달을 제외한 모든 천체보다 밝았다. 2주 동안 그 초신성은 대낮에도 보였으며 중국, 일본, 아랍의 역사 기록에 남겨졌다. 뉴멕시코주 차코 캐니언에 남은 고대 푸에블로족의 상형 문자에도 그려졌다. 1054년 초신성의 잔해인 게성운은 오늘날 하늘에서 가장 유명하고 아름답게 촬영되는 천체 중 하나다.

이날의, 이 시대의 우리은하 초신성은 아주 화려할 것이었다. 나는 언제나 가까이 있는 별이 내일 폭발한다면 무슨 일이 일어날까 하는 상상을 즐겼다. 갑자기 하늘에서 나타난 점 광원이 순식간에 밝고 또 밝아져 밤에 별빛으로 책을 읽거나 낮에도 볼 수 있을 만큼 밝아진다면, 초기 목격은 현재 지리적인 상황에 따라 실제로 진정한 공황을 야기할 수 있다. 만약 천체가 정말 초신성이라고 밝혀진다면 항성천문학계를 가운데 두고 전 세계적인 광란이 시작될 것이다. 어쨌든 최소한 지구의 절반 영역에서 이 광경을 놓칠 수 없기 때문이다. 초신성은 뉴스를 뒤덮을 것이고, 고유의 해시태그를 가지고 트위터 트렌딩에도 출현할 것이다. 심야 토크쇼 진행자가 초신성을 가지고 농담을 하고, 초신성 사진이 지구상의 모든 스마트폰마다 나타날 것이다. 그리고 나를 포함한 지구상의 관측천문학자들은 흥분으로 미쳐버릴 것이다.

브라이언 슈미트도 이걸 알았고 지금 상황에서 새 초신성을 향해 가장 빠르게 망원경을 겨눈 첫 번째 천문학자가 되는 것이 자신에게 전부를 의미한다는 사실도 알았다. 과학 연구를 위해서도, 뒤따르는 대소동에서 앞자리를 차지하기 위해서도 중요한 일이었다. 그의 팀이 작업에 돌입하자 브라이언은 직접 전화를 돌리면서 머릿속으로 누가 어떤 망원경에 ToO 관측을 위해 연락할 수 있는지 정리하기 시작했다. 분명히 금세기를 장식할 초신성이 될 천체를 쫓기 위해서였다. 그리고 어느 별이 새롭게 죽어 하늘에서 그 위치에 나타났을지 알아보려고 천체 목록을 훑어 나갔다.

30분쯤 지나, 브라이언은 추가 이메일을 보냈고 긴박함은 사라졌다. "아까의 이메일은 신경 쓰지 마세요. 제가 멍청했어요. 그 천체는 수성이었어요."

✦ ✦ ✦

여타 분야와 마찬가지로 천문학계에서도 거짓 경보 일화들을 사랑한다. 전파 폭발인 줄 알았는데 전자레인지였고, 죽은 별인 줄 알았는데 행성이었다는 등의 이야기들 말이다. 젊은 관측자에게 이런 이야기는 과학을 하는 방법을 알려주는 탁월한 실천적 증명이다. 그리고 우리에게는 어떻게 의심을 품어야 하는지, 어떻게 자료에서 말발굽 소리를 들으면 "얼룩말이 아니라, 말을 생각해야"*하는지를 가르친다. 충돌하는 두 별이 양자물리학 이론에 따라 감마선 폭발을 만들고 시공간 구조에 압축파를 만드는지를 그럴싸하게 증명할 수 있는 과학 분야에서, 적절한 수준의 회의적 감각을 유지하는 일은 중요하다.

지난 2005년, 뉴멕시코주에서 VLA 투어 가이드를 했던 여름 인턴십 동안, 나는 네덜란드에 있는 웨스터보크 전파 망원경 간섭계에서 얻은 자료를 사용하는 프로젝트에 배정되었다. 웨스터보크 간섭계는 전파 망원경 열네 개가 일직선으로 놓인 간섭계다. 거의 따분하기까지 했던 이미지 자료를 계속 넘기는 중에, 갑자기 새롭게 예상하지 못했던 신호가 파일 몇 개에서 등장하는 것을 발견하고선 흥분에 휩싸였다. 무엇을 발견했는지 조심스레 노트도 남겼다. 신호가 변하는 듯 보였기 때문이다. 어떤 자료에서 그 신호는 다른 자료에서보다 분명히 밝았다. 오

* 희귀한 것이 아니라 흔한 것을 떠올리라는 서양 속담.

래된 연구 논문도 검색했지만 비슷한 신호에 대한 언급을 찾을 수 없었다. 그림과 도표를 만들기 시작했다. 누구든 마주치는 사람을 붙잡고 이 대단한 새 발견에 대해 어떻게 생각하는지 물을 심산이었다. 물론 나는 흥미로운 사실을 찾아냈다! 누구도 이런 신호를 보고한 적이 없었다! 신호는 시간에 따라 급격히 변하고 있었다! 나는 (뉴멕시코식 화법으로) VLA 건너*에서 일하고 있었다. VLA는 영화 〈콘택트〉** 촬영지고, 외계인이라는 단어를 인정할 준비가 되어 있다! 라는 생각들이 1초도 안 되는 사이에 머릿속을 스쳐 갔다.

기대가 실망으로 바뀌기까지는 하루도 채 걸리지 않았다. 열네 대 전파 망원경에서 받은 자료를 정렬하자, 변화하는 신호가 언제나 일과 시간 중에 가장 강하고 천문대 운영 건물에 가장 가까운 망원경 접시에서 강하다는 사실이 금세 자명해졌다. 에밀리 페트로프와 그녀의 연구팀이 페리톤의 수수께끼를 해결하기도 몇 년 전 일이었다. 하지만 외계에서 온 어떤 신호라면 모든 접시에서 동일하게 보여야 한다는 것 정도는 알고 있었다. 그건 외계 신호 검출이 아니었다. 누군가가 팩스를 받거나 와플을 데운 흔적을 목격한 것이었다. 어휴, 이런.

하지만 여전히 이상한 신호를 쫓는 일은 매혹적이다. '진정' 기이한 무언가를 찾는다는 건 그저 언제나 신나는 일이니까. 이상한, 놀라운, 설명하기 어려운 현상은 모두 획기적인 발견의 비옥한 초석이다.

1962년 5월, 대니얼 바비어Daniel Barbier와 니나 모르굴레프Nina Morguleff

---

* 소코로 시의 미국 국립 전파 천문대 본부에서 VLA까지는 차로 한 시간여 걸리는 짧지 않은 거리다.

** 이 영화에는 외계 문명이 보낸 신호를 분석하는 여성 천문학자의 모습이 등장한다.

는 프랑스의 오트 프로방스 천문대 193센티미터 망원경에서 관측하고 있었다. 그들은 가까운 별들로 구성한 관측 목록을 훑으며 별의 대기에서 화학 조성을 분석하려고 스펙트럼을 찍고 있었다. 대부분의 관측자처럼, 그들은 몇 달간의 연구 이후 자신들이 다루는 자료에 매우 익숙해져 있었다. 그리고 한눈에 분광 자료에서 삐쭉 솟거나 움푹 파인 스펙트럼*을 가리키며 주요 원소들이 만드는, 특정 파장이나 색깔에 해당하는 고유 신호를 구분할 수 있었다.

보통 별의 화학적 조성은 시간에 따라 매우 안정적으로 유지된다. 그렇기 때문에 프랑스 관측자들은 같은 별을 세 번 연속으로 관측한 자료를 분석했을 때, 포타슘 원소에서 나오는 밝은 오렌지빛이 단 하나의 스펙트럼에서만 출현하자 놀랄 수밖에 없었다. 포타슘 자체는 아주 이상한 건 아니었지만, 세 번의 관측 중 한 관측에서만 갑작스레 등장한 신호는 분명히 수상했다. 그들이 새롭고 독특한 형태의 항성 플레어를 보고 있음을 암시했다.

별은 언제나 갑자기 밝았다가 어두워지는 플레어 현상을 보여주는데, 별의 바깥층에 자기 에너지가 쌓이다가 방출되기 때문에 일어나는 결과다. 우리 태양도 주기적으로 작은 태양 플레어를 분출하며 빛과 플라스마, 전하를 띤 대전 입자를 쏟아낸다. 그렇긴 하지만, 은하 절반을 가로질러 볼 수 있을 만큼 거대한 플레어는 훨씬 더 극적이다. 일반적인 항성 플레어는 기껏해야 몇 분간 지속하기에 하나만 관측해도 행운이다. 플레어 연구는 별의 내부 물리, 바깥층, 심지어 플레어가 주변 행

* 전자는 방출선, 후자는 흡수선을 말한다.

성에 존재 가능한 생명체에 영향을 미치는지에 대해서까지 배울 수 있는 값진 방법의 하나다. 지금껏 나타난 적 없던 형태의 플레어는 새로운 종류의 항성물리를 뜻했다.

신난 대니얼과 나나는 새롭게 발견된 '포타슘-플레어'에 대한 짧은 요약을 써서 〈천체물리학저널〉에 투고했다. 그 후로 몇 년간 '포타슘-플레어 별' 두 개가 추가로 발견되자 흥분은 점점 더 커졌다. 천문학에서는 운이 좋아야 현상을 볼 수 있기 때문에 자료가 워낙 제한적이고, 천체 한 개는 특이하다고 여기지만 세 개는 실질적으로 범주가 된다. 포타슘-플레어 별은 1966년까지 계속 나타나면서 타당한 새로운 발견이 되려는 듯 보였다.

다만 한 가지 문제가 있었다. 포타슘-플레어는 오직 오트 프로방스 천문대에서만 검출되었고, 플레어 별 세 개는 모두 같은 공동 연구팀에 속한 천문학자들에 의해서만 발견되었다는 사실이었다. 실제로 그게 세 개 별들의 '유일한' 공통점이었다. 하나는 태양과 같았고, 다른 하나는 더 뜨거웠으며, 마지막 하나는 이상한 자기장을 띠었고, 갑작스러운 포타슘 폭발을 설명할 수 있을 만한 유사점을 하나도 공유하지 않았다.

캘리포니아에 있는 천문학자들이었던 밥 윙Bob Wing, 마누엘 페임버트Manuel Peimbert, 하이런 스핀래드Hyron Spinrad는 실제 포타슘-플레어 별의 가능성에 대해 매우 관심이 많았지만, 한편으로 오트 프로방스에서의 발견에 회의적이었다. 포타슘-플레어를 찾고자 릭 천문대에서 162개의 별을 관측했지만 단 하나도 발견할 수 없었기 때문이다. 이런 사실은 새로운 질문을 낳았다. 망원경이 관측한 짧은 포타슘 방출의 폭발을 일으킬 수 있는 다른 어떤 현상이 있을까?

포타슘 방출을 일으킨 원인은 기대보다 더 가까이 있었음이 드러났다. 프랑스 천문학자와 기술자 일부가 흡연자들이었던 것이다. 특히 대니얼 바비어는 관측 런 중에 파이프 담배를 피우는 사람으로 알려져 있었다.

알고 보니 포타슘은 성냥의 스펙트럼에서 가장 강한 특징이었다.

캘리포니아 그룹은 릭 천문대 120인치(약 3미터) 망원경을 사용한 독특한 관측 런에서 그런 사실을 조사했다. 그들은 분광기 근처 여러 위치에 서서 성냥에 불을 붙이며, 자료에서 포타슘-플레어를 재현해낼 수 있는지를 확인했다. 또한 자기들의 이론을 설명하려고 이베트 안드리아Yvette Andrillat에게도 연락했다. 이베트는 포타슘-플레어를 관측한 프랑스 천문학자 중 한 명이었다. 다른 과학자들처럼 천문학자도 재밌는 퍼즐 놀이를 사랑한다. 비록 수수께끼를 푸는 과정이 자기 연구가 틀렸음을 증명하더라도 말이다. 이베트도 즉시 오트 프로방스에서 비슷한 실험을 시작했다. 결국 프랑스에서 분광기를 보관하던 방은 (또한 자정에 담배 한 대를 태우며 휴식을 하기에 좋은 장소였던) 회전 가능한 유리판을 기기의 일부로 사용했고, 성냥을 그을 때 생기는 빛을 유리가 반사해 직접 분광기 검출기로 보낼 수 있었다는 사실이 밝혀졌다.

이 모든 노력의 결과는 더 기쁜 마음이 담긴 천문학 논문으로 발표되었다. 연구팀은 용감하게 망원경 제안서를 승인한 조지 프레스턴에게 공을 돌렸다. 제안서는 한 문장으로 압축하자면 "이보세요, 우리는 망원경 주변에서 성냥불을 붙이며 장난 좀 치고 싶습니다"와 다를 바가 없었다. 어처구니없든 아니든 간에 모든 실험은 꼼꼼한 기록으로 남았다. 미국 천문학자들은 세심하게 종이 성냥, 부엌용 성냥, 안전성냥을 시험해 '안드리아 부인'과 연락을 주고받으며 "프랑스와 미국 성냥 사이에는 큰 차이가 없어 보인다"[31]라는 기록을 남겼다. 천문학계는 논문에서 성냥 스펙트럼에 존재하는 주요 원소들이 나열된 편리한 표를 얻었다. 오트 프로방스의 분광기실은 금연 구역으로 지정되었고, 수수께끼도 풀렸다.

성냥은 마지막으로 한 번 더 등장했다. 1958년, 조지 월러스타인(최근에 관측 60주년을 기념했던 워싱턴 대학의 동료)은 큰개자리 VY라는 독특한 적색초거성에서 포타슘 방출을 관측했다. 당시에 그는 별 바깥층에서 나타나는 희귀한 물리적인 조건이 이유라고 생각했다. 거의 10년이 지나, 그는 윙, 페임버트, 스핀래드의 논문 평가자가 되었다. 다시 몇 년이 지나, 조지는 동료들과 큰개자리 VY에 관한 새로운 논문을 출간했으며, 태연하게 실제 포타슘 방출이 그 별에서 새 관측으로 확인되었다며 성냥불 설명은 "적용되지 않는다. 왜냐하면 관측자가 비흡연자이기 때문이다"[32]라고 썼다.

✦ ✦ ✦

ToO 천문학은 우리가 뭔가 새로운 천체를 발견했다고 생각해서, 천체가 사라지기 전에 가능한 한 빨리 자료를 얻어야 하는 긴급한 상황에서 발전해왔다. 초신성 폭발과 (진짜) 플레어 별은 종종 '시간 영역' 천문학이라고 불리는 분야의 단지 두 가지 예일 뿐이다. 이 분야는 밤하늘에서 빠르게 변하는 천체를 연구하는 학문이다. 폭발하는 별이나 플레어 별 같은 시간 영역 천체들은, 잠깐 나타나는 사건이기에 사라지기 전에 곧장 덤벼들어 연구해야 한다. 빠르게 하늘을 가로지르는 소행성이나, 시간에 따라 규칙적으로 밝기가 변하는 별 등의 천체는 주기적으로, 때로는 정확한 시간 간격으로 추적해야 한다.

초신성 SN 1987A의 발견은 천문전보중앙국의 회람을 통해 발표되었다. 오늘날 이런 식의 발표는 온라인에서 이뤄지고 사람들에게 새로운 초신성이나 다른 변광 현상이 나타났음을 알린다. 물론 거짓 경보도 가끔 올라온다. 열정적인 천문학자는 이따금 실수로 행성을 새로운 초신성으로 착각해 브라이언과 비슷한 잘못을 저지른다. 2018년, 어떤 흥분한 천문학자는 '천문학자들의 전보Astronomer's Telegram, ATel' 웹사이트에 '아주 밝은' 새로운 천체가 궁수자리에서 등장했다고 게시했다. 그는 40분 후, 소심하게 업데이트를 전했다. 밝은 천체는 그냥 화성이었다고. 화성은 태양 주위를 도는 일반적인 궤도를 따르면서 궁수자리를 지나는 중이었다. 천문학계는 그의 실수와 열정을 이해했고, 모두 그 사건을 자연스럽게 받아들였다. 다만 ATel 웹사이트 관리자는 그 천문학자를 위해 화성 발견을 축하하는 증서를 만들어주었다.

발견을 알리는 일은 그저 첫 번째 고비에 지나지 않는다. 진짜 어려움은 ToO 관측을 위해 망원경 접근 허가를 얻는 데에서 생긴다. 일반적으로 망원경 시간은 관측 훨씬 전부터 배정되고, 제안서를 작성한 다음 실제로 망원경에 앉아 자료를 얻는 순간까지는 수개월이 걸린다. 반면 ToO 관측은 제안에서 관측까지가 몇 시간 또는 몇 분 안에 이뤄져야 한다. 그리고 이 과정은 천문학자에 따라, 관측 대상에 따라, 사용하려는 천문대에 따라 굉장히 달라진다.

가끔은 이런 종류의 움직이고 변화하는 천체를 관측하려는 결연한 노력의 일부로, 또는 그저 우연으로, 천문학자가 이미 망원경에 앉아 있다. 1992년, 데이브 쥬잇Dave Jewitt과 제인 루Jane Luu는 하와이대학의 88인치(약 2.2미터) 망원경에서 카이퍼 벨트 천체를 탐색하기 위한 전용 관측을 수행 중이었다. (비행천문학의 선구자인 제러드 카이퍼의 이름을 딴) 카이퍼 벨트는 작은 태양계 천체들로 이뤄진 넓적한 고리로, 대개 암석과 얼음으로 구성되어 있다. 해왕성 궤도를 막 지나서 시작하며 태양에서 74억 킬로미터 떨어진 곳까지 뻗어 있다. 오늘날 명왕성과 명왕성의 위성인 카론은 카이퍼 벨트 천체로 분류된다. 하지만 1992년, 명왕성이 여전히 행성 대접을 받던 시절 데이브와 제인은 이 가상의 작은 태양계 천체 군단에 속한 첫 번째 천체를 발견하려는 탐색을 이끌고 있었다.

밤하늘에서 움직이거나 변화하는 천체를 탐색하려면 하늘에서 같은 영역의 사진 두 장을 찍어 비교해서, 변한 모습이 있는지 찾아야 한다. 그들의 관측 방법은 이런 방식의 여러 다른 관측과 같았다. 다만 데이브와 제인의 경우, 관측하는 각각의 하늘 영역에서 이미지 네 장을 연속으로 찍어 비교한 다음 움직이는 천체를 찾고 있었다. 그들은 특히 '천천히' 움직이는 천체에 관심이 많았다. 빠르게 움직이는 작은 천체는 지구 가까이 있는 소행성일 수 있었지만, 느리게 움직이는 천체는 더 멀리 있을 것이었기 때문이다(당신이 움직이는 차나 기차에서 흘러가는 풍경을 보면 알아차리는 사실과 같은 원리다. 근처의 가까운 나무나 건물은 매우 빠르게 지나가지만, 더 멀리 있는 주요 지형지물은 시야에서 상대적으로 천천히 움직인다).

데이브와 제인은 그때까지 5년을 찾아 헤맸다. 1992년 8월 어느 하룻밤, 그들은 하늘의 새로운 부분에서 관측한 첫 사진 두 장을 앞뒤로 넘겨 확인했고 아주 천천히 움직이는 천체가 눈에 들어왔다. 조심스러운 흥분과 함께 살펴보자, 천체는 그들이 카이퍼 벨트 천체에서 기대하는 것과 정확히 같은 모습을 보여주었다. 세 번째와 네 번째 사진을 보자 천체는 느리게 곧은 선을 그리며 움직였고, 기대를 확인해주었다. 이 순간에 예정된 관측 프로그램에 따르면 두 천문학자는 하늘에서 새로운 영역으로 넘어갔어야 했다. 그러나 그 대신, 이 이상하고 새로운 천체를 남은 밤 동안 쫓으며 가능한 한 많은 자료를 얻고 관측하던 곳에 머물렀다. 계획 변경의 부분적인 이유는 과학 연구였지만, 다른 이유는 신중함이었다. 어쨌든 천체가 끊임없이 움직였기에, 만약 다시는 영영 찾지 못할 만큼 멀어져 버리면 어떻게 하겠는가? 결국 데이브와 제인은 천체까지의 거리와 그것의 크기를 측정하는 데 성공해 카이퍼 벨트 천체의 첫 발견을 입증했다. 오늘날, 알비온이라고 알려진 그 암석 천체는 지름이 약 100킬로미터가 넘고 태양에서 약 64억 킬로미터 떨어져 태양을 공전한다. 그리고 알비온은 약 3만 5,000개로 추정되는 비슷한 카이퍼 벨트 천체 중 하나다.

어떤 경우 천문학자들은 친구 때문에, 알음알음으로 아는 연구자들 때문에 또는 단순히 설득당해서 흥미로운 천체를 쫓는다. 이도 버거가 GW 170817의 대응 천체를 관측해달라고 부탁하며 나와 동료들에게 보냈던 이메일은 이런 경우였다. 이도는 망원경 일정에서 우리 이름을 보았고, 이메일을 보내 급한 자기 관측을 위해 우리 시간을 방해해도 괜찮겠느냐고 물을 수 있을 정도로 친했다. 어떤 때에는 천문학자가 그냥 망원경에 전화하거나 메시지를 보낸다. 이렇게 해서 관측자와 연결이 닿으면 관측 중에 천체 하나를 더해도 괜찮을지 혹은 계획한 일정을 조금 변경해도 괜찮을지 직접 묻는다.

이미 망원경에서 관측할 준비를 마친 사람을 붙잡는 건 꽤 편한 접근 방식이다. 그렇지만 결정권 또한 관측자가 갖고 있어 의견을 따를 수밖에 없다. 천문학자들은 물론 그런 요청을 거부할 권리가 있다. 어떤 사람들은 종종 흥미로운 발견을 위해 선뜻 자기 관측 일정을 살짝 조율해주지만, 다른 경우에는 조율할 수 없는 관측 계획이 짜여 있거나 단순히 요청을 거절하기도 한다(내가 아는 천문학자 몇 명은 이런 전화를 받고선 "잘못 거셨어요"라고 퉁명스럽게 대답하며 끊어버린 적이 있다. 그들은 또 다른 폭발하는 별 때문에 일정을 뒤집기보다는 오래전부터 계획한 자기 과학 연구에 매달리고 싶었던 모양이다).

이런 접근은 한편 일종의 경쟁으로 변모한다. 여러 그룹이 관측자의 시간에 대해 소유권을 앞서 주장하기 위해 경쟁하기 때문이다. 켁 망원경에서 관측하던 어느 날, 나는 두 경쟁 그룹의 연구자들에게서 이메일 두 통을 잇달아 받았다. 그들은 멀지 않은 곳에 감마선 폭발로 보이는 천체의 희미해지는 빛을 포착하기를 희망하며, 각각 관측을 부탁하고 있었다. 둘 다 같은 좌표였다. 결국 그 특정한 사건은 거짓 경보로 알려졌다. 너무 신속히 거짓이었음이 드러난 나머지 내가 그 천체의 관측 자료를 얻기도 전에 일이 일단락되었다. 하지만 아직도 그날 밤의 발견이 실제 감마선 폭발이었다면 어땠을지 궁금하다. 만약 관측했더라면, 얻은 자료를 어떤 팀에게 넘겼어야 할까? 내게 먼저 연락한 팀에게 주었어야 했나? 아니면 더 잘 아는 연구자들에게? 더 훌륭한 과학을 할 것으로 생각되는 팀에게? 미래의 연구나 직장과 관련해 내가 더 환심을 사고 싶은 사람들에게? 거짓 경보 뉴스가 도착하기 전까지 내 생각은 이런 상상에까지 이르렀다. 자료를 얻으면 마치 유치원 선생님처럼 그걸 꼭 손에 쥐고, 두 그룹 중 하나에게 자료를 주기 전에 둘에게 사이좋게 지내라고 타일러야 할까. 이렇게 한몫 챙길 생각만 하는 ToO 관측의 접근 방식에서, 사람들은 딜레마에 빠졌다. 여러 가지 좋거나 나쁜 이유로 내린 그들의 결정이 그 이후 과학의 경로를 판가름할 수밖에 없었다.

망원경을 점령하려는 이런 옛날 미국 서부식 접근에서 균형을 맞추기 위해, 오늘날 천문대 대부분은 ToO 관측 처리를 위한 전용 시스템을 갖췄을 가능성이 높다. 그리고 관측자는 특별히 ToO라고 지정된 망원경 시간에 대해서만 제안서를 제출할 수 있다. 간단히 말해, 천문학자는 '만약 중력파와 감마선 폭발이 동시에 검출되면, 우리 팀이 추적 관측을 위해 ToO를 요청할 권한을 갖고 있습니다'라고 말할 수 있다. 이런 방법은 훨씬 효율적이고, 기본적으로 미리 연구팀들이 과학 연구를 기반으로 신속한 접근 권한을 얻도록 경쟁시킨다. 어떤 망원경은 심지어 여러 단계의 ToO 관측을 구별해서 관측 일정에 '지장이 없는(앞으로 며칠 안에 이 천체를 관측해주세요)' 기준이나 '지장이 있는(지금 하는 걸 모두 멈추고 지금, 당장, 바로 망원경을 돌리세요)' 기준 따위를 나눈다. 하지만 이런 경우라도 가장 고전적으로 운영하는 천문대에서는 ToO가 누군가 어렵게 따낸 시간에 불쑥 끼어들 수밖에 없다.

GW 170817 킬로노바 관측 때 이런 다양한 옵션이 모두 사용되었다. 심지어 그때도 추적 관측은 혼란 그 자체였다. 망원경에 있던 사람들은 미친 듯이 관측 계획을 수정했고, 관측하던 친구를 둔 천문학자들은 자신들이 가능한 모든 연결 수단을 동원해 연락을 퍼부었고, 이미 승인된 ToO 시간을 갖고 있던 그룹들은 누가 망원경 접근 허가를 받아야 하는지를 놓고 논쟁을 벌였다. 예를 들어, 어떤 팀이 미래에 있을 가상의 감마선 폭발에 이어 킬로노바 '발견'을 위해 ToO 시간을 땄다고 하자. 킬로노바가 이미 발견된 상황이라면, 다른 팀은 미리 시간을 딴 팀이 더는 ToO 관측 권한이 없다고 따질 수 있었다. 왜냐하면 발견을 위한 관측이 아니라 추적 관측에 관여하고 있기 때문이었다.

제한된 자원과 나타났던 만큼 빠르게 희미해질 수 있는 단발성 사건을 놓고 단순한 현실은, ToO를 얻기 위한 첫 번째 팀이 되려는 경쟁 자체가 험악해질 수 있다는 것이다. 어떤 경우에는 순전히 과학적인 이유다. 초신성과 같은 천체는 서둘러 자료를 얻을수록 폭발의 순간에 더 가까이 다가갈 수 있다. 초신성에서 오는 초기 빛의 번쩍임은 별의 바깥 대기와 주변 환경뿐만 아니라 별 내부 깊이에서 일어나는 극한의 물리에 대한 독특한 정보를 담고 있다. 게다가 폭발은 매우 짧은 순간 일어난다. 만약 이 결정적인 첫 순간을 관측으로 포착한다면, 관측 자료는 우리가 다른 어떤 방법을 통해서도 캐낼 수 없는 정보의 금광이 된다.

빠르게 대응해서 첫 번째가 되는 것이 단순히 좋은 장사이기 때문이기도 하다. 새 소행성 발견이나 새로운 별 폭발에 대한 획기적인 첫 번째 자료 획득에 대해 소유권을 주장할 수 있는 팀은 추후 연구비 신청 때 유리한 고지를 점령할지 모른다. 순전한 인지도 효과에 더해 그들의 연구 방법이 결과를 얻었다는 확실한 증거까지 갖고 있다는 두 가지 이유 때문이다. 어떤 팀도 새로운 현상을 발견한 '두 번째' 그룹이 되려고 자원과 노력을 쏟고 싶어 하지는 않는다. 같은 결과를 알리는 과학 논문을 두 편씩 출간할 이유도 없거니와, 학술지에서 일반적인 규칙은 선착순이기 때문이다. 학계에서는 당신이 흥미로운 과학 연구를 진행하고 있더라도, 같은 주제로 더 빠르게 논문을 게재한 다른 연구팀이 나타나 당신을 제치고 연구를 발표하는 경우가 비일비재하다. 이런 상황을 가리켜 영어 표현 그대로 '스쿱'*이라고 한다.

나는 2012년에 동료들을 이끌고 이상한 별을 관측하기 위한 격렬한 쟁탈전을 벌인 적이 있다. 처음 봤을 때는 그 별이 자기 죽음을 거짓으로 꾸미고 있는 듯했다. 2009년에 처음으로 하늘에 나타난 이 별은 며칠 만에 급격히 밝아지더니 그 후로 몇 달에 걸쳐 천천히 어두워지며 정확히 흔해 빠진 초신성처럼 행동했다. 관측자들은 이 녀석을 찾아냈고 충실하게 그해 250번째로 나타난 초신성이라는 뜻으로 SN 2009ip라는 이름을 붙여 목록에 올렸다. 그리고 시간이 흘렀다.

1년 뒤인 2010년, 예측하지 못했던 두 번째 섬광과 함께 SN 2009ip가 돌아왔다. 자기가 아직 죽지 않았음을 알리는 듯했다. 이 별은 두 번 더 그런 모습을 보였다. 그러고는 2012년 실로 웅장한 퍼포먼스를 보였다. 단 여섯 시간 만에 스무 배나 커졌고, 마침내 우리가 진짜 굉장한 모습을 보게 되리란 확신을 하게 했다. 어쩌면 초신성이었을지도 모를 2012년의 현상 뒤에, 여러 팀이 소매를 걷고 나섰다. 모두 이 별이 끝내 정말로 죽음을 맞이한 것인지 아닌지에 대한 확실한 답을 처음으로

* 숟가락 따위로 떠낸다는 의미.

얻고자 필사적으로 뛰어들었다. 우리 팀은 재빠르게 아파치 포인트 천문대의 3.5미터 망원경을 섭외해 스펙트럼을 찍기 시작했다. 별의 밝기 변화만 아니라 진화하는 화학 조성까지 연구하면 별에서 일어나는 현상에 대해 더 많이 배울 수 있으리라는 논리였다. 겨우 몇 주 뒤, 각기 다른 그룹에서 급하게 관측한 스펙트럼을 가지고 출간한 연구 논문들이 온라인에 등장할 때까지도 우리는 여전히 자료를 분석하느라 바빴다.

다른 팀에서 발표한 논문들을 보자, 내 가슴이 덜컹 내려앉았다. 우리는 경주에서 졌다. 사소한 듯 보일지라도, 첫 번째가 된다는 것에는 부정할 수 없는 희열이 있었다. 과학자들은 지식의 추구와 퍼즐 해결, 발견의 순간을 꿈꾼다. 하지만 누구의 환상 속에서도 처음이 아닌 두 번째로 현상을 발견하는 모습이 그려지지 않는다는 것 역시 사실이었다.

그렇긴 하지만, 경주가 끝난 건 아니었다. 실제로 SN 2009ip 연구는 단거리 경주가 아닌 마라톤으로 변해갔다. 누구도 SN 2009ip에 대해 급하게 얻은 자료를 가지고 어떤 결론을 내려야 하는지 몰랐기 때문이다. 우리가 2009년 이후 별의 단말마를 보고 있다는 데는 모두 동의했다. 별은 엄청난 양의 질량을 멀리까지 내뿜었고, 이는 초신성 폭발 때 물질이 격렬하게 흩어지는 모습과 매우 닮았다. 다만 누구도 2012년의 사건이 또 다른 항성 폭발의 한 종류였는지, 실제 초신성 폭발이었는지 확실히 말할 수 없었다. 의견이 갈렸다. 나는 2012년에 별이 진짜 폭발했다고 생각했다. 다른 연구자들은 내 주장을 설득력 있게 반박하며 그것은 다른 가짜 폭발일 뿐이라고 주장했다. 우리는 계속 자료를 분석해 연구했고 SN 2009ip에 일어났던 현상에 대한 가능한 어떤 실마리라도 찾기를 희망하면서 마침내 논문을 게재했다.

얄궂게도 질문에 대해 제대로 답할 수 있는 유일한 방법은 기다림이었다. 수년 동안의 기다림. SN 2009ip가 점차 어두워졌고, 동료들과 나는 그 천체가 자리 잡은 하늘 한구석에 눈 한쪽을 고정한 채 녀석이 돌아오지 않을까 하며 기다렸다. 별 소식이 없을 때도 어떤 천문학자들이 관측을 계속했다. 그리고 기다렸다. 그리고 관측했다. 그 이상한 별이 처음 폭발해서 무대에 모습을 드러낸 지 10년이 지났고, 아직 누구도 또 다른 신호를 보지 못했지만 우리는 여전히 SN 2009ip가 정말 사라져버렸는지 확실히 알 수 없다.

과학적 발견이 이루어질 때의 속도 경쟁은 천문학에서만 벌어지는 일도 아니고, 초신성 연구 분야에만 존재하는 일도 아니다. 그리고 어느 수준의 경쟁적인 노력은 이롭다. 여러 팀이 각자 자기 연구 방식을 완성해 나가도록 이끌기 때문이다. 하지만 가끔은 이런 경주가 도움도 되지 않고 심지어 웃음거리로 전락한다. 수십 년 전, 전파천문학에서는 다른 우주적인 경주가 펼쳐졌다. 성간운에서 빛나는 다양한 분자의 흔적을 처음으로 찾으려는 노력이었다. 이 신호를, 예를 들어 물이나 에탄올이나 어쩌면 당 분자를, 처음으로 찾는 그룹이 된다는 건 신나는 일이었다("천문학자들이 우주에서 알코올을 찾았다!"라는 머리기사를 본다면 흥미롭지 않겠는가). 당시에 어떤 연구 팀들은 자기들 다음 차례로 전파 망원경을 쓰려고 온 연구팀들이 야간 로그를 꺼내 훔쳐본다는 걸 알아차렸다. 이전 팀이 성공적으로 관측한 듯 보였던 천체나 전파 파장을 확인하면서, 직접 같은 자료를 얻어 논문을 내려고 서둘렀던 것이다. 첫 발견을 이뤄낸 팀이 경쟁 팀의 존재를 알아차리기 전에 새 연구를 '스쿱' 하려던 시도였다. 결국 사람들은 완전 터무니없는 속임수 작전을 쓰기에 이르렀다. 로그 북에 의도적으로 다른 좌표를 기록하거나, 연습장에 잘못된 파장을 휘갈겨 놓은 다음 '실수로' 쓰레기통에 남겨 다음에 관측하러 온 팀이 찾아내도록 하는 따위 일을 벌였다.

이건 단순한 인간의 본능과도 관계가 있다. 그리고 솔직히 말하면, 내가 웨스터보크에서 외계인으로 착각한 발견에 환상을 가졌던 이유와도 관련이 있다. 왜 GW 170817과 SN 2009ip가 학계 전체의 경쟁으로 번졌는지, 왜 천문학자들이 가끔 성급하게 행성을 초신성으로 착각하는지와도 관련이 있다. 처음이 되는 건, 어떤 현상을 발견한 첫 번째 사람이 되는 건, 과학에서 희귀하지만 대단한 '유레카!'의 순간을 맛보는 건 멋진 일이다. 물론 발견은 첫 단계일 뿐이지만(과학 연구는 그저 빠르게가 아니라 신중하고 정확하게도 이뤄져야 한다), 최신 과학의 극적인 사건들과 분주함에 뛰어드는 건 엄청난 감격을 일으킨다.

동시에 연구 과정과 경쟁에서 기준도 끊임없이 변한다. 오늘날에는 라이고가 트위터를 통해 중력파 신호 발견을 알리지만, 비밀에 가려져 있던 초기 중력파 발견을 떠올려보라. 초신성도 이제는 매우 평범하다. 맨눈으로 보이는 초신성은 예외지만, 우리는 초신성 수만 개를 찾았다. 그러니 초신성 하나를 발견하는 건 흥미롭지만 더는 다른 모든 관측을 멈추고 달려들 만한 사건은 아니다. 별 하나하나의 죽음을 연구하려던 총력을 기울인 경주도 잦아들었다. 초신성 표본을 여러 개 수집한 다음 독특한 녀석들에 주의를 기울이는 건 과학적으로 의미 있는 시도로 남아 있다. 하지만 운에 매달려 초신성 하나씩을 관측하는 일, 분

열적이고 혼란스러운 ToO 관측은 불필요한 동시에 덜 효율적인 과정이 되었다.

✦ ✦ ✦

이런 작업에 이상적인 도구는 오스카가 했던 일을 할 수 있는 자동화된 관측 기계다. 즉, 밤하늘에서 어떤 영역의 모습을 기억해서 무엇이든 변한 게 있는지 확인하는 작업을 하면 된다. 그러면 언제든 뭔가 발견된 곳으로 그저 망원경을 돌려 필요한 자료를 얻기만 하면 된다. 또한 우리는 이상적으로 비행기에 올라타지 않고, 그날 밤 다른 관측자가 관대하기를 바라지 않고도 이렇게 새롭고 갑작스러운 관측을 할 수 있길 염원한다. 미리 다른 관측 구성을 계획하거나 망원경에 가까이 가지 않고서도 관측할 수 있다면 더욱더 훌륭하리라.

이런 형태의 관측은 역시 말처럼 쉽지 않지만, 여전히 피할 수 없는 질문을 남긴다. 우리가 관측을 더 효과적이고 효율적으로 만들려면, 급한 대응이 필요하지 않은 귀중한 천문 관측을 매일 지속하는 동시에 갑작스레 발생하는 사건들도 뒤쫓으려면, 현재와 미래의 기술을 적용해 문제를 해결할 방법을 고민하기 시작해야 한다.

12

받은편지함 속 초신성

컴퓨터에서 가볍게 울리는 '찰칵' 소리에 노출이 끝났음을 알아차렸다. 카메라 셔터음을 흉내 낸 작은 소리는 아파치 포인트 3.5미터 망원경 뒤에 달린 카메라가 천체로부터 빛을 모으는 작업을 막 끝냈다고 알려주는 편리한 신호였다. 관측하던 은하는 우리에게서 2,500만 광년 떨어져 있었고 놀랍게도 바로 이 독특한 은하에서는 지난 100년간 초신성이 열 번이나 폭발했다. 보통 은하에서 초신성이 대략 한 세기마다 한 개씩 나타난다는 사실을 생각하면 이상하기 짝이 없었다. 나는 이 은하에 남아 있는 가스와 먼지와 별을 관측해서 왜 그렇게 많은 별이 자주 죽어 나가는지를 이해하고 싶었다. 관측은 마치 과학수사에서 법의학 분석을 하는 것 같았다.

노출이 끝났으니 망원경 오퍼레이터에게 움직일 준비가 되었다고 알렸다. 그러고는 망원경이 다음 천체를 향하도록 명령어를 입력했다. 망원경을 같은 은하 이편에서 저편으로 겨누어 다른 초신성 폭발 지점을 관측할 예정이라 망원경은 아주 조금 자리를 바꿨을 뿐이다. 분광기 설정을 조금 변경하고선 망원경이 정확한 좌표를 가리키는지 확인하려고 가이드 카메라를 힐끗 쳐다보았다. 그다음에 노출 버튼을 눌러 다음 관측을 시작했다.

망원경과 카메라가 작동하면서 노출이 시작되자 긴장을 풀고 주방 의자에서 천천히 몸을 뒤로 기울였다. 누구도 잠에서 깨우고 싶지 않았다. 그러고는 8번가 스타벅스에서 사 온 커피 한 모금을 들이켰다. 스타벅스 골목까지는 금방이었다. 가게가 닫기 전에 커피를 사 올 생각이었고, 바깥에는 눈이 거세게 쏟아지기 시작하고 있었다. 30분짜리 노출은 두 블록을 후딱 가로질러 커피를 사 오기에 충분한 시간이었지만 여유 있게 돌아오고 싶었다. 지금의 노출이 끝나기 전에, 다음 관측 대상인 초신성 폭발 위치로 망원경을 어떻게 움직이면 좋을지 미리 해둔 계산을 다시 확인할 셈이었다.

그렇다, 나는 관측 중이었다. 하지만 망원경은 뉴멕시코주 중부에, 나는 크리스마스 연휴를 앞두고 사촌들을 만나려고 뉴욕에 머무르고 있었다. 나는 사촌네 집 테이블 위에 노트북 컴퓨터를 올려놓고 두드리며 분광기를 제어하고 망원경 위치를 정밀하게 조정하고 있었다. 뉴멕시코주에 있는 유일한 망원경 오퍼레이터와 작은 채팅창에서 대화를 나누면서. 우리는 천체들을 어떤 순서로 관측할지 내가 계획한 일정에 관해 간단히 논의했고, 뉴멕시코주 하늘 상태는 어떤지 얘기했다(다행히 그곳 날씨는 좋았다. 눈보라가 몰아치는 맨해튼 날씨보다는 확실히). 오늘 밤 관측 프로그램이 끝나기 전까지 바람이 불어올지 묻기도 했는데 망원경 부근에서 바람이 불어 하얀 모래를 흩날리면 돔을 닫아야 해서 관측이 어려워질 수 있기 때문이었다.

몇 시간 쪽잠을 자고 늦은 아침에서야 눈을 떴다. 뉴멕시코주의 망원경 관측 시간에 맞춰 밤을 새운 나와는 달리, 맨해튼은 활기를 띠어 분주했다. 오랜 습관대로 밤사이 받은 이메일을 확인하려고 눈을 완전히 뜨기도 전에 손부터 더듬거리며 휴대전화를 찾았다. 마침 칠레에 있는 제미니 사우스 8.1미터 망원경에서 보낸 새 이메일이 도착해 있었다. 칠레 세로 파춘Cerro Pachón 꼭대기의 밤하늘은 아름다울 정도로 컴컴하고 맑았으며, 망원경은 적색초거성 하나를 관측했다. 제미니 망원경의 분광기를 사용해 관측하도록 허가를 받은 내 적색초거성 목록 중 한 천체였다. 베개에서 머리를 털고 일어나 여전히 왼쪽 눈을 떠보려 안간힘을 쓰며 이메일을 읽어 내려갔다. 좋은 소식이었다. 내가 잠든 사이, 아니면 아파치 포인트 망원경으로 관측하느라 바빴던 동안 제미니 망원경은 요청한 모든 관측을 마쳤다. 자료는 제미니 서버에서 언제든 내려받을 수 있었다.

한 번도 두 개의 망원경으로 동시에 관측해본 적이 없었기에 그날 경험은 약간 비현실적으로 느껴졌다. 나는 그 순간 뉴멕시코주의 훌륭한 밤과 멀리 떨어진 칠레 산꼭대기에서 맑은 날씨 두 시간이 선사한 자료를 한꺼번에 손에 들고 있었다. 심지어 사촌네 집을 떠나지도 않은 채로 말이다. 내가 오늘 좀비와 별다르지 않을 것은 사실이었다. 밤새워 일했음에도 천문대에 머무르지 않았기에 쉽게 천문학자의 일과에 따라 하루를 보낼 수 없었다. 데이브와 인근 커피숍에서 온종일 같이 일하기로 약속했고, 자질구레한 일들을 처리한 다음에는 밤 기차를 타기 전 친구들을 만날 예정이었다. 제안서에 적었던 대로 제미니 관측이 정확하게 이뤄졌는지는 직접 자료를 확인하기 전까지 알 수 없었다. 그래도 밤샘 작업치고는 나쁘지 않았다.

돌아누워 창문 밖을 내다보자 눈에 들어온 광경이 순간적으로 낯설게 느껴졌다. 새크라멘토 산맥에 솟은 겨울 소나무나 칠레의 찌는 듯한 광활한 여름 사막 대신, 길 건너로 건물 벽과 창턱에 녹은 눈이 보였다.

아파치 포인트와 제미니 망원경에서 관측한 자료는 전부 훌륭했다. 그날 두 곳 모두의 밤하늘이 아름다웠으리라 짐작했다.

✦ ✦ ✦

천문학자가 꼭 망원경에 직접 머무르며 관측을 하지 않아도 된다는 생각은 이미 과거에 등장했다. 천문학자의 편의를 위해, 그리고 관측을 더 효율적으로 진행하기 위해 천문학자들은 오래전부터 원격 관측을 이용했다.

가장 오래된 연구용 원격 관측의 예는 킷픽 천문대에서 1968년까지 거슬러 올라간다. 당시 천문학자들은 며칠 밤 동안 투손에 있는 컴퓨터를 가지고 킷픽 천문대에 있는 망원경을 원격으로 조정했는데, 망원경은 투손에서 약 65킬로미터나 떨어져 있었다. 이런 일반적인 원격 관측 모델에서 천문학자는 관측이 이뤄지는 동안 깨어 있으면서 활발히 관측에 참여했다. 망원경으로부터 멀리 떨어진 곳에서 의사소통하고 있을 뿐이었다. 대부분 원격 관측은 망원경과 통신할 수 있도록 특별하게 꾸민 지정 제어실에서 이뤄졌다. 원격 관측실은 컴퓨터 스크린 여러 대와 천문학자들이 오퍼레이터와 대화를 나눌 수 있는 화상회의 시스템을 갖췄다. 오퍼레이터는 대체로 여전히 망원경에 머물렀다.

그 후 원격 관측은 더욱더 흔해졌다. 산꼭대기가 아닌 지표면에서 관측에 참여하는 건 높은 고도에 올라가면 나타나는 육체적 부담을 피하는 좋은 방법이다. 예를 들어 마우나케아의 켁 망원경을 사용하는 천문학자는 와이메아에 있는 켁 본부에서 관측하게 된다. 와이메아는 하와이 빅 아일랜드 북쪽 녹색 구릉지대에 위치한 작은 마을이다. 충분한 산소, 길 건너의 레스토랑과 커피숍처럼 와이메아에서 관측할 때 주어지는 혜택은 부인하기 어렵다.

그러나 천문학자들의 인지 부조화가 가끔 우스운 상황을 연출했다. 어떤 관측자들은 와이메아에서 창을 때리는 빗소리를 들을 때면 순간적으로 반사적 공황 상태에 빠졌다. 관측하려면 분명히 망원경 돔이 열려 있어야 하기 때문이다. 고전적 관측에 수년간 길든 관측자는 자신이 어디에 있는지 깨닫기 전까지 빗소리 때문에 "맙소사, 거울에 비가 떨어지잖아"라고 외치며 공포를 느낄 소지가 있었다.

해수면 높이 마을에서의 관측이란 또한 주간 일정의 단점을 상대해야 함을 뜻하기도 했다. 켁 본부는 방문 관측자들을 암막 커튼이 갖춰진 기숙사에 머무르게 하고 정숙 시간을 지키면서 그들이 할 수 있는 한 주간 소음을 최소화하려고 노력했다. 하지만 다른 하와이 섬들처럼 빅 아일랜드 곳곳에도 야생 닭이 들끓었다. 특히 억척스럽고 완강한 늙은 수탉 한 마리가 있었는데, 이 녀석은 몇 년 동안 켁 방문 관측자 숙소를 사적인 공간처럼 선포하고 살았다. 나는 수탉이 모든 사람에게 해가 떴음을 시끄럽게 알리는 동안 오전 9시에 잠이 깬 많은 천문학자가 몸을 가누지 못해 비틀거리며 프랑스 닭고기 요리인 코코뱅 조리법을 구글에 검색하지 않았을까 생각한다.

망원경에서 30킬로미터 떨어진 와이메아에서 관측을 감독하는 대신, 하와이대학과 몇몇 캘리포니아 대학 관측자들은 하와이의 다른 섬이나 심지어 태평양 건너 수백 혹은 수천 킬로미터 떨어진 곳에서도 같은 작업을 할 수 있다. 이 대학들은 지정된 켁 망원경 시간 일부를 보유한 학교들이다. 이곳들 대학 천문학과에는 전용 원격 관측실이 있고, 여기서 일하는 천문학자들은 밤에 관측 런을 가려고 학과 건물을 떠날 필요조차 없다.

아파치 포인트 천문대 3.5미터 망원경은 한 발짝 더 나갔다. 그곳에선 원격 관측 소프트웨어를 개발했고 천문학자들은 어떤 노트북 컴퓨터에라도 프로그램을 설치한 다음 자기가 원하는 곳에서 관측할 수 있다. 사무실이든, 거실 소파든, 사촌네 집 부엌 테이블이든, 인터넷 연결만 가능하다면 어디서든지 관측할 수 있다. 나는 뉴욕, 콜로라도, 시애틀의 아파트, 심지어 연구 출장으로 동료를 방문하면서 스위스 제네바에 있는 사무실에서까지 관측한 적이 있다. 유럽에서 관측하면 시차 덕분에 특히 편했다. 스위스에 있을 때, 나는 뉴멕시코주 시각으로 자정에서 오전 5시까지 관측하기로 되어 있었는데, 그건 스위스 시간대에서 오전 8시에서 오후 1시까지였다. 더할 나위 없이 편했지만, 밤잠을 충분히 자고 일어나 차를 내린 다음 사무실에 앉아 지구 반대편에 있는 망원경을 열면서 일상의 하루를 시작하는 느낌은 한편으로는 조금 이상했다.

원격 관측은 망원경까지 여행하는 수고를 덜어주는(그리고 비용과 환경적인 영향까지도 줄여주는) 틀림없이 호화로운 경험일 수 있다. 반면에 천문학자들이 산에 있지 않을 때 놓치는 세세한 부분이 있다. 산꼭대기와 망원경으로부터 수천 킬로미터씩 떨어져 있으면 스크린이 보여주는 이미지와 현실의 밤하늘 사이에 이상한 간극이 만들어지며 관측이 마치 비디오 게임처럼 느껴지기 시작한다. 망원경에서 제거된 천문학자들은 더는 구름 사이로 맑은 하늘을 찾아 쫓아다닐 일도 없다. 오퍼레이터가 구름 낀 하늘이라고 선언하면, 그저 구름 낀 하늘이다. 망원경 건물 밖을 거닐며 구름이 없는 부분이 어디인지 확인하면서 희망을 품고 그날 밤 관측 계획을 수정할 수도 없다. 종종 날씨 상황은 확실하지도 않다. 아파치 포인트는 날씨 정보를 보여주는 웹사이트가 있어 천문학자들이 하늘 상태를 확인할 수 있지만, 그게 전부는 아니다.

콜로라도에서 아파치 포인트 망원경 원격 관측을 한 적이 있다. 내 관측 프로그램은 밤 12시 30분부터 새벽 5시 30분까지였다. 당시에 나는 몇 가지 이유로, 이른 저녁에 잠을 자두는 대신 그냥 밤을 통째로 새는 편이 낫겠다고 생각했다. 밤 11시 30분쯤, 지쳐 있었지만 관측 런을 앞두고 결연히 채비했고, 날씨 웹사이트를 보니 놀랍게도 하늘이 맑았다. 일을 시작할 준비를 하려고 진한 에스프레소 한 대접을 내려 통째로 마셨다. 그리고 노트북 컴퓨터 앞에 앉아 원격 관측 소프트웨어에 로그인했다. 카페인이 에너지를 과도하게 충전해준 덕분에 안정 심박수는 130대에 이르렀다.

망원경 오퍼레이터가 채팅창에 거의 곧바로 등장했다. "안녕, 에밀리. 보아하니 산꼭대기가 낮은 구름에 송두리째 덮여버린 것 같아. 오늘 밤 우리가 망원경을 열지 못할 거라고 생각해. 네 전화번호를 알려주고 잠자리에 드는 게 어때? 한숨 자고, 만약 상황이 좋아지면 내가 전화를 해줄게." 카페인을 충분히 들이켜 밤샐 준비가 되어 있던 나는 거의 확실히 일어나지 않을 관측 런을 준비하고선 눈꺼풀을 씰룩거리며 거실에 남겨졌다. 이날의 교훈이었다. 커피는 관측 시작이 확정된 '다음에' 들이켜기.

천문대가 아닌 곳에서의 응급상황도 가끔 문제가 된다. 거실에서 관측하는 건 다 좋고 훌륭하다. 인터넷이 끊기기 전까지는. 언젠가 아파치 포인트 원격 관측을 할 때였다. 인터넷이 하필이면 관측 중에 끊기자, 아파트를 떠나 미친 듯한 자정의 자전거 경주를 해야 했다. 오퍼레이터에게는 마치 천문학자가 카메라 노출 중에 사라진 것처럼 보였고, 나는 새벽 2시에도 인터넷이 안정적일 학과 사무실을 향해 정신없이 페달을 밟는 상황에 부닥쳐 있었다. 관측 시간을 조금이라도 덜 잃으려는 발버둥이었다. 어떤 천문학자들은 원격 관측 중에 눈보라 때문에 건물에 갇히거나 화재경보가 울려 건물 밖으로 피신했다. 그들이 관측하는 멀리 떨어져 있는 망원경은 천문학자와 다시 연락이 닿기를 바라며 행복하게, 그리고 미동도 없이 완벽한 날씨 속에 앉아 있는 동안.

원격 관측에는 또 다른 단점이 있다. 천문학자들이 일상생활에서 완전히 도망칠 수 없다는 사실이다. 산꼭대기 천문대에 자신을 가두는 일은 어쩌면 시련일지 모르나 거기에는 어떤 고립의 기쁨이 있다. 당신은 천문대에 관측하러 갔고 그게 전부다. 그와 달리 직업 천문학자가 여전히 평상시 생활 속에 있다면, 그들은 자기 일상을 관측 런에서 완전히 분리하기가 사실상 불가능하다. 길가의 사무실에서 관측하거나 부엌 식탁에서 노트북으로 관측하는 천문학자는 자주 자리를 떠난다. 집으로 돌아가 아이들을 학교에 데려다주거나 여전히 자기에게 주간에 맡겨진 일을 처리할 준비로 바쁘다. 나는 밤샘 관측을 마친 다음 두 시간 만 자고 멍한 표정으로 강의한 적도 있고, 한 동료는 이른 저녁 긴 노출 동안 아이들에게 침대에서 동화를 읽어준 적도 있다고 한다.

평소와 같이 소파나 사무실에 앉아 있다 보면, 어쩌다가 컴퓨터 스크린에서 마우스를 클릭하고 키보드를 두드리는 동작이 수천 킬로미터 떨어진 곳에 있는 몇 톤짜리 기기를 실제 물리적으로 '움직인다'는 사실을 잊기 쉽다. 아파치 포인트 천문대에서 원격 관측자가 원격 소프트웨어를 사용해 관측하기 전 실제로 망원경을 방문해 교육을 받아야 한다고 주장하는 이유다. 원격 관측의 편리함과 접근성은 부인할 수 없지만, 멀리 떨어진 망원경에 한 번도 가보지 않고 자료를 받기만 하는 건, 천문학자와 그들이 사용하는 도구 사이의 지속적인 단절을 천천히 불러올 수 있다. 세계적인 천문대 망원경들을 실제로 접하며 배우는 기회는 갈수록 더 줄어들고 있다.

✦ ✦ ✦

원격 관측을 하는 동안 천문학자들은 망원경을 아주 멀리서 사용하지만, 여전히 실시간으로 관측에 활발하게 참여한다. 이런 관측 방식에서 자료를 최종적으로 사용할 천문학자는 노출을 시작하고 끝내는 사람이고, 관측을 예정대로 진행하거나 필요에 따라 목록을 수정하기도 하고, 망원경들이 얼마나 멀리 있든 자기 손에 망원경이 있는 한 잠들지 않고 깨어 열심히 관측한다.

원격 관측에는 큐queue 관측이라고 불리는 다른 방식도 있다.

일반적으로 천문학자들은 이미 관측 준비를 마친 상태로 망원경에 도착한다. 훌륭한 관측자라면 망원경 시간을 얻으려고 제안서를 쓸 때 어떤 천체를 어떤 순서로 관측할지, 어떤 망원경 기기를 어떤 설정으로 사용하고 싶은지, 얼마나 긴 노출을 주어야 하는지, 심지어 관측을 대략 어떤 순서로 할지까지 고려한다. 관측 중에 이미지를 직접 찍어 확인하고 결과를 봐가면서 더 좋은 자료를 얻도록 시도하는 게 큰 도움이 되는 건 사실이다. 하지만 많은 경우 관측자가 너무 철저히 준비한 나머지 첫 번째 시도 만에 자료를 바로 예측한 대로 얻기도 한다. 이런 식으로 관측이 순조롭게 진행되면, 관측자는 목록을 훑어가며 확인하고 버튼을 클릭하는 것, 셔터를 여닫는 것, 그리고 망원경을 자기가 의도한 순서에 맞춰 정확히 이 천체에서 저 천체로 옮겨 다니는 작업 이외에 할 일이 많지 않을지 모른다. 논리적으로 다음 단계에서 일어날 일을 상상하기는 쉽다. 만약 천문학자가 직접 천문대에 나타나지 않아도 된다면, 그리고 모든 일을 미리 세심하게 계획한 상태라면, 천문학자가 정말 실제로 관측에 참여할 필요가 있을까?

큐 관측을 할 때, 천문학자는 관측 몇 달 전부터 아주 세세한 부분까지 미리 준비한다. 어떤 천체를 관측하고 싶은지, 노출이 얼마큼 필요한지, 망원경 부품 하나하나에서 정확히 어떤 설정을 사용하고 싶은지 생각한 다음 정보를 종합해 일정을 순서에 따라 나열한다. 그러면 천문대는 망원경 시간을 받은 모든 천문학자로부터 계획을 모아 '큐'를 만든다. 큐는 관측 계획을 정렬한 목록을 뜻하고, 큐를 설계하는 목적은 귀중한 망원경 시간을 최적화하는 것이다.

큐 관측을 활용하면 훌륭한 관측 방법을 다양하게 계획할 수 있다.

하룻밤 내내 한 천문학자의 프로그램 전부를 관측하거나 천문학자마다 일정 시간이 할당되어 각각 순서가 돌아가 관측에 참여해야 하는 방식이 아니기 때문이다. 큐 관측에서는 여러 천문학자의 관측 요청을 천체의 위치나 관측에 사용하는 기기에 따라 분류해서 그룹화한 다음 관측 계획을 섞고 짜 맞출 수 있다. 한 천문학자의 관측 프로그램에서 몇 시간이 걸리는 긴 관측이 있다면, 다른 천문학자들의 짧은 노출과 짝을 이뤄 하룻밤 동안 1초도 남김없이 짜내 과학 연구에 쓴다.

허블우주망원경은 명백히 논리적인 이유로 이 관측 방식을 택했다(슬프게도 허블 관측이 우주복을 갖춰 입고 망원경까지 직접 여행하기 위해 발사대로 향하진 않는다). 허블우주망원경 시간은 밤 단위가 아니라 망원경이 지구를 공전하는 궤도 단위로 할당되는데, 허블 시간을 딴 천문학자들은 복잡한 관측 파일을 준비해야 한다. 관측 파일은 망원경 설정부터 매 공전 궤도의 1분 1초를 어떻게 사용할지까지 빈틈없이 상세하게 고려해 만들어야 한다. 관측을 설계하고 꾸미는 작업은 특히 처음 관측하는 사람들에게는 몇 주씩 걸릴 수 있고 관측 일정은 허블 망원경 큐에 올리려면 정확히 마감 시각에 맞춰 제출해야 한다.

내가 처음으로 허블 시간을 받았을 때, 나는 열광했고… 또한 한 달 동안 외국으로 떠나 연구용 노트북 컴퓨터 없이 지낼 준비를 하고 있었다. 데이브와 내가 11년 연애 끝에 결혼식을 올린 지 단 며칠 후 허블 관측을 허가받았다는 소식을 들었고, 신혼여행을 떠나기 몇 시간 전에 제안서가 승인되었다는 이메일이 도착했다. 그리고 관측 계획서 제출 마감일이 우리가 몇 년 동안 계획해왔던 신혼여행과 완벽하게 겹쳐버렸다. 데이브는 그런데도 내가 처음으로 허블 망원경을 쓰게 되었다는 소식을 듣자마자 즉시 우리가 가져가려던 베어본 노트북 컴퓨터에 관측 프로그램을 다운로드받아 실행했고, 나는 찾을 수 있었던 모든 허블 사용 설명서를 모아(그렇다, 망원경도 사용 설명서가 있다. '많고 많은' 설명서가 있다) 이스탄불의 호텔 방에서 필사적으로 관측 계획을 끝내느라 신혼여행의 하루를 썼다.

이런 스타일의 관측은 일반적인 관측 런보다 사전 계획이 더 필요할지는 모르지만, 워낙 효율적이라 지상 망원경 몇 군데도 큐 관측을 도입했다. 하와이와 칠레에 있는 쌍둥이 제미니 8.1미터 같은 지상 망원경에서, 큐 관측은 또한 날씨 때문에 잃는 망원경 시간을 최대한 줄인다. 큐 관측 목록을 활용하면 천문학자들의 제안서를 각각 최적의 날씨 조건에 맞춰 묶을 수 있기 때문이다. 고전적인 관측 방식에서는 만약 천문학자가 망원경에 갔는데 자기가 받은 날에 구름이 꼈다면, 그저 운이 나쁠 뿐이라는 사실을 받아들여야 한다. 그날 밤은 지나갈 테고 망원경은 하릴없이 시간을 보내며 아무 관측도 하지 않는다. 날씨가 좋은 밤에 다시 관측에 도전한다는 선택지는 없다. 하지만 큐 관측은 훨씬 유연하다. 만약 구름이 조금 있는 날씨라면, 큐 관측을 하는 망원경은 약간 덜 이상적인 하늘 상태에서도 가능한 관측을 준비하고, 맑은 날씨가 필요한 관측은 더 좋은 날씨를 기다리며 대기열로 돌아간다.

큐 관측은 틀림없이 고급스러운 관측 방식이다. 새벽 3시까지 몽롱한 상태를 버텨내는 일이나 자기가 받은 밤에 하늘을 군데군데 덮은 구름 사이로 자료를 조금이라도 더 짜내길 희망하며 노력하는 일보다는 메일함에 도착해 있는 새로운 자료 뭉치를 확인하며 일어나는 아침이 훨씬 편하다. 동시에 큐 관측은 천문학자를 관측에서 한 단계 더 제거해버린다.

사실 그게 항상 나쁘지는 않다. 이 책에서 읽은, 지친 관측자가 잠이 모자라 저지르는 수많은 실수를 생각해보라. 다른 여느 분야와 마찬가지로 천문학에서도 언제나 회의적인 러다이트*가 있게 마련이다. 무려 사진 건판의 시대에도 어떤 관측자들은 야간 조수나 학생을 시켜 자료를 얻는 사람을 비웃곤 했다. 단순히 자기가 직접 수집하지 않은 자료는 믿지 못한다고 딱 잘라 말하면서. 하지만 실제로 망원경 오퍼레이터들은 망원경과 관측 기기를 이미 많은 천문학자보다 잘 알고 있으며, 잘 짜인 관측 계획을 전문가의 손에 맡기면 관측이 대부분 굉장히 훌륭하게 흘러간다.

한편 이것은 관측하는 사람이 과학에서 한 걸음 더 멀어진다는 뜻이다. 큐 관측에서 기기 설정이나 망원경 위치 같은 실수는 망원경 오퍼레이터나 훈련받은 관측 전문가에게만큼이나 천문학자들 자신에게도 쉽게 일어날 수 있는 일이다. 하지만 여전히 천문학자는 큐 관측을 마치고 보내온 완벽하지 않은 자료를 받아들이기 힘들어한다. 천문학자가 얼마나 스트레스를 받든, 관측자도 그 자료를 얻기 위해 어떤 노력을 다했는지 할 말이 있을 것이다. 큐 망원경 관측이 말썽 없이 부드럽게 돌아가기는 하지만, 나도 제미니 관측에서 아주 약간 어긋난 영역의 하늘을 관측한 자료나 요청과 조금 다른 기기 설정을 사용한 자료를 받아본 적이 있다. 내가 보낸 큐 관측 계획을 따르는 관측자에게는 별 차이가 아닐지 모른다. 어쩌면 너무 작아서 감지할 수 없을 수준일지도

* 19세기 영국에서 일어난 노동 운동. 새로 등장한 기계들이 노동자의 일자리를 빼앗아 간다는 생각으로 기계를 파괴했다.

모른다. 하지만 실제로 천문학자가 결과를 받아보면 예상과는 엄청 다른 자료를 얻었을 수도 있다.

천문학자가 큐 관측을 하는 망원경에 예전과 같이 방문해 관측 동안 '함께할' 수는 있다. 게다가 어떤 관측은 세부적인 사항이 매우 까다로워 천문학자가 직접 망원경에 있어야 한다. 하지만 그런 때에도 엄격한 큐 관측 방침은 유효하다. 나는 칠레의 제미니 사우스와 하와이의 제미니 노스에서 고전적인 방식으로 관측한 적이 있는데, 여전히 두 망원경 모두에 정확한 관측 대상 목록과 노출 시간과 날씨 조건을 미리 제출해야 했고 목록을 바꾸는 건 엄청 어려웠다. 직접 제미니 사우스에 가서 은하 몇 개를 관측하려고 칠레로 떠나기 며칠 전, 논문을 읽다가 최근 새롭게 발견된 은하를 우연히 알게 되었다. 이 은하를 관측 목록에 추가한다면 좋을 것 같았다. 나는 제미니 망원경 소프트웨어에 로그인해서 큐에 천체를 추가하려 했으나 즉시 그런 변경이 절대 불가능하다는 걸 알게 되었다. 원래 목록을 바탕으로 관측 프로그램을 승인했기 때문에 대상을 추가할 수 없던 것이다. 다른 망원경을 썼더라면 쉽게 처리할 수 있는 종류의 변경이었지만 제미니 큐 시스템에서 모든 천체는 미리 허가를 받아야만 관측할 수 있었다.

망원경에 도착하자, 나는 거의 관중 역할로 강등된 채 망원경 오퍼레이터와 연구 직원이 내 관측 프로그램을 실행하는 것을 바라봤다. 나는 망원경에 있었고 잠깐씩 끼어들어 기기 설정을 살짝 바꾸거나 망원경이 은하를 정확히 관측하도록 하늘에서 맞는 방향을 가리키고 있는지 확인하도록 참견할 수도 있었다. 하지만 대체로 관측이 계획대로 흘러가는지 지켜보는 감독 역할만 맡았다. 상당히 자주 나 자신이 쓸모없다고 느꼈고 망원경에서 큐 관측을 경험한 천문학자들 역시 하는 일 없이 빈둥거리는 듯한, 나와 비슷한 감정을 느꼈다고 고백했다. 누군가에게서 칠레에 있는 다른 큐 관측을 하는 망원경에서는 그곳을 방문하는 천문학자가 망원경 제어판을 만지는 것조차 금지되어 있고 모든 작업은 오퍼레이터와 망원경 직원이 한다는 이야기도 들었다. 아마 그들은 방문 관측자들이 앞뒤로 움직일 수는 있지만 실제로 어디에도 연결되지 않은, '천문학자'라고 쓰인 라벨을 붙인 스위치를 설치해놓았을지도 모른다. 관측에 직접 가야 한다고 주장하는 사람들에게 뭐라도 할 일을 만들어주려고.

내가 망원경에 올라가 관측하던 밤, 다행히 날씨는 계획서에 써 보냈던 날씨 조건과 맞아떨어졌다. 그렇지 않았더라면 우리는 큐에 있는 다른 관측을 했을 테고 그것도 좋은 일이었을 것이다. 만약 구름이 짙게 껴 있거나 시상이 좋지 않았더라면 망원경은 날씨가 좋아지기를 기다리면서 가만히 멈춰 있는 대신 다른 누군가가 쓸 자료를 얻느라 바빴을 테니. 한편으로 나는 흠 잡을 데 없이 훌륭한 하늘 상태가 필요한 상황이 아니었기에 실망스러울 수도 있었다. 제미니 노스에서 관측하려고 하와이로 출장 갔던 동료 하나가 그런 처지에 놓인 적이 있다. 날씨가 너무 좋았던 나머지 그는 관측 시간을 잃고 말았다. 하늘이 너무 완벽해서 특별히 맑은 밤이 필요했던 다른 관측 프로그램이 그의 프로그램을 제치고 큐에 끼어들었고 그는 망원경이 자기 천체가 아닌 완전히 다른 대상을 관측하는 동안 빈둥거릴 수밖에 없었다.

우리는 내 고전적인 제미니 관측을 예정보다 한 시간 일찍 끝냈다. 하늘 한구석에 낀 구름 때문에 목록에서 은하 하나를 포기했기 때문이다. 오퍼레이터는 다시 큐로 돌아가 완전히 다른 관측 프로그램을 시작했다. 논리적으로는 그게 좋은 일이라는 걸 이해했다. 나는 이미 자료를 얻었고 마지막 한 시간이 꼭 필요하지는 않았다. 그리고 어딘가에 있는 다른 천문학자는 다음 날 아침 일어나 자기 관측 프로그램의 새 자료를 받은편지함에서 확인하면서 기뻐할 것이었다. 하지만 내 관측이 컴퓨터 프로그램에 의해 그 즉시 끝나버렸다는 사실은 여전히 이상했다. 망원경에서의 큐 관측은 만족할 만한 수준으로 효율적이었고 신중하게 계획한 제안서 목록을 연달아 해치워가고 있었다. 하지만 망원경이 천문학자의 손에 있던 시절 그들이 즐겼던 재치와 창의성은 관측에서 사라졌다.

✦ ✦ ✦

모든 천문학자는 밤하늘에서 각자의 영역에 대해 호기심이 넘치고, 서로 다른 질문에 답하기 위한 관측을 설계한다. 그렇지만 많은 천문 관측은 실행 단계에서 놀라울 만큼 비슷할 수 있다. 특히 이미징의 경우 파란색, 빨간색 혹은 적외선처럼 특정 파장의 빛만 통과해 카메라가 기록하도록 하는 필터에는 천문학자들이 표준으로 사용하는 몇 가지 세트가 있다. 그리고 이미지를 얻는 방법도 요구 조건이 꽤 단순하다. 충분히 긴 시간을 노출해 선명한 신호를 얻어야 하되 너무 노출이 길어서 밝은 천체가 카메라 검출기를 포화시키면 안 된다. 하늘 한쪽에 있는 젊고 밝으며 멀리 떨어진 성단을 관측하는 천문학자와, 하늘 '다른 편'에 있는 늙고 어두우며 가까운 성단을 관측하는 천문학자가 쓰는 망원경 명령어는 실질적으로 동일하다.

이런 관측을 하면, 적어도 최초 자료 수집 단계에서는 천문학자가 전혀 필요 없다. 천문학자들은 관측이 끝난 다음에야 자료를 '사용해서' 별의 위치나 밝기를 측정한다든지, 성단이나 은하의 모습을 살핀다든지, 충분히 잘 관측한 하늘 영역에서 초신성이 보이는 작은 번쩍임을 찾든지, 지나가는 소행성 자국을 뒤지든지 할 것이다. 실제로 관측을 요청하거나 주문하는 단계에서 특별히 사람이 필요하지는 않다. 만약 모든 천문학자가 하늘의 다른 영역에서 같은 종류의 이미지를 원한다면, 우리는 어쩌면 단순히 망원경에 가서 관측 좀 하라고 일러주면 될 것 같다. 그렇지 않은가?

천문학자들은 지난 수십 년 동안 이런 목적을 이루려고 자동 망원경을 관측에 활용하기 시작했고 종종 훌륭한 성과를 거뒀다. 자동 망원경은 하늘에서 특정 영역으로 움직여 표준 관측을 수행할 수 있고, 이 과정에서 관측자라는 개념은 거의 모두 지워진다. 이런 망원경 중 일부는 관측 제안을 받기도 하는데 라스 쿰브레스Las Cumbres 천문대 글로벌 망원경 네트워크가 한 예다. 이 망원경 네트워크는 전 세계에 흩어져 있는 0.4미터, 1미터, 2미터짜리 망원경 스물다섯 대를 인공지능 스케줄러로 묶어, 천문학자들에게서 관측 요청을 받고 각 망원경 위치의 날씨 같은 정보를 수집한다. 그리고 망원경들을 움직여 관측한 다음 자료를 한데 모아 관심 있어 하는 과학자들에게 보낸다. 라스 쿰브레스 네트워크는 반복해서 하나의 별이나 하늘의 한 영역을 찍을 수 있기에, 새로운 현상이 나타나는 순간을 추적하고 심지어 어떤 천체들의 스펙트럼까지 자동 관측한다.

다른 자동 망원경에서는 과학 연구를 미리 프로그램한 다음 밤새 순서에 따라 움직이며 하늘을 탐사한다. 어떤 망원경은 하늘의 특정 영역을 한 번만 관측하면서 관심 있는 천문학자들이 연구하도록(또는 더 다듬어진 후속 관측을 준비하도록) 이미지를 얻고, 어떤 망원경은 하늘에서 같은 부분을 되풀이해 관측하면서 뭔가 움직이거나 변한 게 있는지 찾는다. 후자의 관측 방법은 특히 새로 폭발하는 초신성이나 움직이는 소행성이라든지 그보다 미묘하게 밝기가 변하는 별을 찾는 데 유용하다. 별의 밝기를 몇 달 또는 몇 년씩 반복적으로 측정하면 밝기 변화의 주기를 확인할 수 있고, 이런 관측은 망원경에서 끝없이 많은 밤을 보내야 하는 관측자가 같은 이미지를 손으로 직접 얻을 때보다 자동 망원경이 할 때 훨씬 효율적이다.

자동 관측은 무척 따분하고 단조로운 듯 보이지만, 관측에서 얻을 수 있는 과학 연구 성과는 대단하다. 마이크 브라운은 최근에 자동화한 팔로마산 48인치(약 1.2미터) 망원경을 이용해 카이퍼대 천체를 찾는 자동 탐사에 대해 들려주었다. 이 관측은 카이퍼대를 처음으로 연구하던 시절 일찍이 데이브 쥬잇과 제인 루가 했던 일과 비슷하다. 망원경은 하늘에서 움직인 천체가 있는지 찾아 연구할 수 있도록 각각의 영역에서 이미지를 세 장씩 얻으면서 밤새 관측을 이어갔다. 그다음엔 마이크가 연구하고 있던 패서디나로 자료를 보냈다. 그러면 사람이 직접 확인하는 대신 컴퓨터가 자료 대부분을 분석했다.

디지털 자료의 시대에 천문학자들은 자동 자료 처리와 분석 소프트웨어를 프로그래밍하는 데 점점 더 뛰어나졌고, 이렇게 자료 분석을 하는 구조를 '파이프라인'이라고 부른다. 어쨌든 망원경 설정과 관측 작업이 표준적이라면 자료를 분석하는 방법 또한 꽤 일반적이다. 카이퍼대 천체를 찾는 데 사용한 프로그램은 모든 가만히 있는 천체는 신경 쓰지 않고 움직이는 듯 보이는 천체와 관련한 정보만 보관한다. 마이크는 그제야 직접 자료를 검토한다. 파이프라인에서 검출 기준은 일부러 느슨하게 프로그램해서 진짜 카이퍼대 천체일 수 있는 대상을 날려버리는 위험을 감수하는 대신 잘못 판단한 자료도 포함하고 있었다. 그래서 자동 분석이 끝난 아침마다 보통 마이크는 100개에서 200개에 이르는 잠재적으로 움직이는 천체를 확인했다. 그는 며칠마다 한 번씩 실제 카이퍼대 천체를 발견했고 매번 흥분에 따르는 작은 전율이 일었다.

2005년 1월 아침, 마이크는 움직이는 천체 후보들을 정렬하던 중 천천히 움직이는 엄청나게 밝은 천체를 발견했다. 초반에는 어떤 과학자나 친숙할 회의적인 감정을 느낀 이후에 ('내가 이번엔 뭘 망친 거지?') 마이크는 자료를 파고들기 시작했고 노트에 무언가를 휘갈겨 써내려갔다. 분석을 하면 할수록 자기가 엄청나게 크고 멀리 있는 진짜 카이퍼대 천체를 보고 있다는 사실을 차차 깨달았다. 마이크가 발견한 천체는 에리스였고, 당시 발견된 카이퍼대 천체 중 가장 컸다. 에리스의 실제 크기는 처음 계산보다는 작다고 드러났지만(명왕성보다 50킬로미터쯤 더 작다), 에리스가 발견되고 나서, 잘 알려진 국제천문연맹의 투표가 진행되었다. 천문학자들이 행성이라고 부르는 천체를 더 명확히 정의해야 한다는 사실과 관련한 투표였다. 투표 끝에 명왕성은 에리스를 비롯한 몇몇 천체와 함께 왜소행성의 지위로 강등되었다. 이 이야기는 마이크의 책인 《나는 어쩌다 명왕성을 죽였나How I Killed Pluto and Why It Had It Coming》에 자세히 쓰여 있다.

물론 자동 망원경이 언제나 완벽하진 않다. 그리고 망원경이 스스로 관측하도록 두면 그 나름의 문제들이 생긴다. 만시 카슬리왈은 팔로마산 48인치 망원경을 자동화하던 작업 이야기를 들려주었다. 망원경에는 카메라 앞에 있는 필터를 교환하는 임무를 맡은 로봇 팔이 있었다. 망원경 바로 위에서 작업이 이뤄졌기 때문에 로봇 팔이 오작동을 일으키면 필터를 거울에 떨어뜨릴 위험이 있었고, 실제로 한 번 실수가 있었다. 하지만 운 좋게도 필터가 두 번째 안전장치에 걸려 거울 위로 떨어지지 않았다. 이런 식의 오류를 염두에 두고 여러 단계의 안전장치가 설치되어 있다. 또한 망원경은 꽤 차갑게 관리되는 데 반해 로봇 팔은 문제없이 작동하려면 충분히 따뜻하게 유지해야 했다. 결국 누군가가 로봇 팔을 위한 아늑한 벙어리장갑을 디자인했다(천문학자뿐 아니라 로봇도 밤새 돔에서 관측하면 추위에 시달렸다).

팔로마산 48인치는 안전 대책 중 하나로 커다랗고 무거운 망원경이 회전하기 전, 돔 안에서 시끄러운 나팔을 울렸다. 그리고 30초를 기다린 다음(바라건대 소리가 들리는 거리에 있는 사람들이 다 도망간 다음) 회전을 시작했다. 이런 이해가 되는 방법이 있기는 했지만, 만시에 따르면 사람이 개입할 필요가 없는 자동 망원경을 사용할 때, 그들은 망원경이 관측하는 동안 문제가 생기지 않도록 단순히 돔에 들어가는 문을 걸어 잠근다고 했다. 과거 다른 자동 망원경들은 홀로 관측하는 방법을 터득하는 동안 뜻하지 않게 돔의 돌출부를 향해 회전하거나 땅바닥을 내려다보고 관측하기도 했다.

반면 자동 망원경이 주는 혜택은 대단하다. 적절히 프로그램해서 운영하면, 망원경은 완전히 인간의 손길 없이 엄청난 영역의 하늘을 관측할 수 있고, 사람들은 자료를 얻으려고 반복적이고 지루한 노동에 힘을 쏟는 대신 자료 분석을 하고 과학 연구를 하면서 시간을 보낼 수 있다.

자동 천문대가 아직 완전히 직접 관측의 기술을 버린 건 아니다. 망원경을 설계하고 프로그래밍하는 사람들은 당연히 여전히 관측이 어떻게 이뤄지는지 자세한 사항들을 잘 알고 있어야 한다. 망원경에서 천문학자의 역할이 어떤 관측에서는 줄어드는 게 사실이지만, 다른 관측 형태에서는 아직도 사람이 망원경에 있으면서 활발히 관측에 참여해야만 한다. 하지만 천문학에서도, 컴퓨터나 자동화에 대해 투덜대는 사람들이 있게 마련이고, 이들은 천문학에서 천문학자가 사라지게 하고 기계가 그 자리를 차지하게 하는 건 과학에 해롭다고 불만을 표시한다.

자동 망원경이나 관측 자동화를 지지하는 사람들은 기술 혁신이 훈련받은 천문학자들을 해방해 로봇이 하지 못하는 일을 할 수 있도록 만들어줬다고 주장한다. 현대 천문학자들은 망원경 자료만 받아 자기 연구 프로젝트 전체를 진행할 수도 있고, 심지어 학자로서 연구 활동 내내 망원경에 방문하거나 직접 관측을 해보지 않으면서도 연구를 해나갈 수 있다. 자동 망원경이 얻어내는 자료의 양 자체도 어마어마하게 증가하고 있다. 지속해서 원격, 큐, 자동 망원경의 인기가 상승하고 용량을 늘려가면서, 천문학과 천문 관측의 본성도 변화하고 있는 것이다.

13

천문학의 미래

나는 셔틀버스가 포장도로를 벗어나 칠레의 세로 파촌으로 이어지는 먼지 쌓인 흙길로 들어서자 잠에서 깼다. 지난 수많은 칠레 출장처럼, 덜거덕거리는 창문에 머리를 기대고 황량한 바깥 풍경을 바라봤다. 산 아랫부분은 두꺼운 안개로 덮여 있었고, 우리가 운전하던 도로를 따라 먼지투성이인 땅과 키 작은 초목이 같은 모습으로 반복해 나타났다. 안개는 색다르게 느껴졌지만 어쩌면 하루 중 이 순간엔 자연스러운 풍경이었을지 모른다. 다른 망원경 출장과는 확연히 다르게, 나는 아침 여섯 시에 산을 오르고 있었다. 천문대에 도착해 일반적인 아침처럼 계란과 토스트, 커피로 식사를 할 예정이었다. 그리고 공사 현장 직원들 여럿이 카페테리아에서 함께할 것이었다. 그러고 나서는 야간 일정을 소화하지 않고 오후 셔틀에 올라 라 세레나로 돌아갈 계획이었다. 천문대를 방문할지는 모르지만, 산에서 밤을 지내지는 않을 예정이었다.

마침내 천문대에 도착했다. 우리는 안개를 뚫고 올라왔고 셔틀이 운영 건물 입구에 닿았다. 햇빛을 받으며 내리자, 내 머리 위로 솟은 거대한 구조물이 눈에 들어왔다. 기다랗고 현대적인 양식의 건물 한쪽 끝 꼭대기는 이후에 망원경 돔이 될 철골 버팀대가 덮고 있었다. 내가 방문하던 중에 돔 공사가 한창이었기에 조끼와 안전모, VLA 투어 가이드를 하던 14년 전 신었던 안전화까지 착용했다. 돔 주변을 걸었고 망원경이 놓일 돔 한가운데에도 서보았다. 주위를 둘러싼 청록색으로 칠한 금속은 완공되지 않은 거대한 덩어리의 돔과 셔터 시스템의 윤곽을 드러냈고 현재는 건설 비계와 뒤얽혀 아무것도 없는 둥그런 콘크리트 무대를 둘러쌌다.

내가 여기에 서 있는 지금, 결국 돔의 스타가 될 8.4미터 거울이 칠레로 향하고 있다. 두 달간의 배송엔 여러 특수한 중장비 이동 차량이 동원되고 거울은 파나마 운하를 건널 것이다. 지금은 미래에 돔 벽이 될 공간을 그대로 들여다볼 수 있다. 제자리에서 한 바퀴를 돌면, 세로 파촌 산등성이 더 아래로 제미니 사우스 망원경이 보이고, 멀리 세로 토롤로 산꼭대기의 망원경 떼를 볼 수 있다. 단 한 바퀴 회전에 현재 천문학의 관측 방식 전부를 목격할 수 있다는 사실에 깜짝 놀라고 말았다. 고전적으로 운영하는 망원경, 자동 망원경, 큐 관측 시스템을 활용하는 제미니 망원경, 그리고 바로 이곳에서 지어지고 있는 미래까지.

이 망원경은 곧 2020년대의 가장 강력한 천문대 중 하나가 될 것이다. 수년간 대형 시놉틱 관측 망원경Large Synoptic Survey Telescope의 약자인 LSST라는 별명으로 불리던 망원경은 새로운 이름으로 2020년대를 시작했다. 지난 수십 년간 가장 훌륭한 천문학자 중 한 명의 이름을 기리

2019년 3월 베라 루빈 천문대 공사 현장.
ⓒ에밀리 레베스크

는 명칭이다. 나는 '베라 루빈' 천문대 현장에 서 있었다.

아래층에는 매끈한 운영 건물이 태양 아래 밝은 흰색으로 빛났다. 몇 층씩 보이는 창문과 절묘한 각도 덕분에 건물이 사막을 떠 가는 기이한 요트처럼 느껴졌다. 우아하게 보일지라도 전적으로 실용적인 설계였다. 건물의 경사각은 산꼭대기에서 바람의 흐름을 고려해 설계해서 망원경이 공기 저항을 최소한으로 받게 한다. 건물 자체는 망원경에 필요한 모든 것들에 거처를 제공한다. 망원경 운영실, 망원경의 최신 카메라 기기 작업을 위한 청정실 두 개, 그리고 망원경에서 제거한 거울을 몇 층 아래의 맞춤 제작한 코팅 체임버까지 주기적으로 옮겨 나를 수 있는 거대한 엘리베이터와 레일 구조까지 포함한다. 망원경 거울은 이 체임버에서 몇 년마다 알루미늄과 알루미늄을 보호하는 실리콘, 은으로 코팅된다. 엄청나게 넓은 작업 공간 주변에는 자갈이 가득

찬 커다란 드럼통이 몇 개씩 흩어져 있다(최근에 거울을 운반하는 엘리베이터를 시험하는 데 사용했다). 망원경 부경을 위한 공간도 있는데, 그곳에서는 기계식 지지 시스템을 시험했다. 그리고 최근 뉴욕 로체스터에서 배송된 실제 망원경 부경은 조심스럽게 밀폐된 금속 상자에 안전하게 자리한 채 설치될 그 날만을 기다린다.

운영 건물엔 또한 사무실과 작은 회의실 여러 개가 있다. 라 세레나 아니면 미국에 있는 프로젝트 리더들이 현재 산에서 일하는 여러 팀 책임자들과 통화하며 매일 아침 미팅을 하는 곳이다. 오늘 미팅 중에, 사람들이 나를 간단히 소개했다. "여기는 에밀리예요. 관측에 관한 책을 쓰는 천문학자고요." 그리고 나는 순식간에 대화 내용을 놓치고 말았다. 미팅 나머지는 스페인어로 진행됐고, 그날의 팀별 업무를 정리한 엄청난 양의 스프레드시트를 신속하게 훑어 나갔기 때문이다. 대신 우리가 모두 함께 앉아 있던 공간의 모습을 눈으로 받아들였다. 새 건물은 반짝 빛났다. 소박하지만 고상한 밝은 나무 바닥, 흰 캐비닛, 가끔 청록색의 악센트, 그리고 확실한 이케아 가구. 그 위로는 길고 환하게 빛나는 낮은 여닫이 창문과 원격 조정이 가능한 빛 가리개까지…. 그러나 창문들 너머로 보이는 건 넓게 퍼진 안데스 고원의 몹시 메마른 황토색이었다. 매력적인 불협화음이었다. 이런 창문은 세상의 가장자리가 아니라 대학 캠퍼스에 인접한 건물이나 교외의 사무실 단지에서 작은 잔디밭을 보고 있어야 했다.

돔이 완공에 가까워지지만, 건물의 지원 시설을 갖추는 일이 여전히 진행 중이었다. 한 그룹은 청정실까지 냉각수 라인을 설치하고 있었고, 다른 그룹은 막 완성된 코팅 체임버를 시험 중이었다. 세 번째 그룹은 건물의 보조 발전기 시스템에서 사소해 보였던 문제를 해결하려 노력하고 있었다. 그들은 고장을 수리하려면 정오 즈음 산 전체에 들어오는 전력을 내려야만 한다고 설명했다. '산의 전력을 내린다'는 표현은 사무실 의자와 화상 통화 시설에도 불구하고, 우리가 정말 외딴 곳에 있음을 상기시켜주었다. 또한 사람들이 왜 청정실과 코팅 체임버를 건물 현장에 만드는지 이해할 수 있었다. 만약 망원경 카메라를 수리해야 하거나 거울에 손대야 할 일이 생기면, 작업은 여기서 이뤄져야 한다. 자급자족의 시설을 건설하는 건 복잡하지만, 그래도 카메라 혹은 더 운이 나쁘면 거울을 다른 장소로 옮겨 유지보수하는 일보다 훨씬 효율적이다.

산에서 진정 값진 부분은 네트워크와 자료 처리 능력이다. 건물의 방 하나 전체는 줄줄이 쌓인 서버 랙으로 가득하다. 이것들은 지진에 의한 피해를 방지하려고 서로 그리고 바닥에 묶여 있으며 각각이 독립된 냉각과 화재 예방 시스템을 갖췄다. 건물이 준공되면 세로 파총의 망원경은 라 세레나에 있는 거점 시설과 광섬유 통신망으로 연결되어 자료를 초당 600기가비트의 속도로 전송한다. 그 속도라면 망원경은 영화 〈반지의 제왕〉 3부작 확장판 전체를 라 세레나까지 0.5초 안에 보낼 수 있다.

베라 루빈 천문대는 굉장히 인상적인 시설이다. 하지만 이 노력은 하나의 훌륭한 망원경을 짓는 데에서 끝나지 않는다. 루빈 천문대가 세계에서 가장 발달한 카메라와 기술 회사 대부분과 맞먹을 만한 네트워크를 갖춘 데는 이유가 있다.

루빈 천문대의 과학 목표는 단순하고, 뚜렷하며, 휘황찬란하다. 망원경은 10년 동안 남반구의 넓은 하늘 영역을 며칠에 한 번씩 반복해서 촬영할 것이다. 8.4미터 거울이 있기 때문에 루빈 천문대는 지상에서 관측한 적이 있는 어떤 천체만큼 어두운 대상도 관측할 수 있으며 최종적으로는 남반구 하늘 전체의 10년짜리 영화를 만들 계획이다. 수십억 개의 천체들을 처음으로 관측하고 이전에 시도한 적 없는 규모로 하늘이 어떻게 변화하는지 추적하면서.

이런 관측 전부는 또한 주체할 수 없는 양의 자료를 생산한다. 루빈 천문대의 카메라 성능 덕분에, 망원경에서 촬영하는 사진 한 장은 3.2기가픽셀 크기에 달한다. 사진 한 장을 전체 해상도로 전시하려면 1,500대의 고화질 TV가 필요하다. 루빈 천문대에서 하룻밤 관측은 30테라바이트의 자료를 생산하고, 천문대에서 활용하는 자료 관리 도구는 망원경이 하늘에서 움직이거나 변한 천체를 발견할 때마다 거의 실시간으로 알람을 띄우고 업데이트를 보낸다.

루빈 천문대가 만들어낼 과학 연구의 양은 거의 상상이 불가능하다. 이곳의 망원경은 하늘을 찍고 또 찍으며 하룻밤에 1,000개 넘는 초신성을 새로 발견하리라 기대된다(현재 우리는 '1년'에 1,000개 미만의 초신성을 발견한다). 루빈 천문대는 소행성과 태양계 안의 다른 움직이는 천체도 발견할 것이다. 그중에는 우리에게 가까이(심지어 위험한 정도까지도) 다가올 수 있기 때문에 지구근접천체로 분류되는 녀석들도 있다. 망원경은 하늘에 있는 모든 별의 밝기가 시간에 따라 변화하는 걸 추적하면서 우리에게 별들이 진화하고, 바뀌고, 어떤 경우엔 죽음에 가까워지는 모습을, 10년에 걸쳐 관측하며 지속해서 자료를 제공할 예정이다.

루빈 천문대는 또한 이 모든 작업을 산에 거의 아무도 없는 상태로 진행한다. 오퍼레이터들이 머무르긴 하겠지만 거의 망원경의 집사나 관리자 역할만을 맡는다. 밤이 되면 망원경이 작동을 시작하도록 하고, 아침이 되면 작업을 정리하고, 문제가 벌어지지 않나 확인하는 일을 하면서. 천문대는 오퍼레이터와 직원 몇 명을 제외하고 최소 인원으로 운영된다. 팀 멤버들이 주기적으로 낮에 방문해서 모든 기기가 문제없이 작동하는지 점검하겠지만, 루빈 천문대는 대개 비어 있을 것이다.

방문 중에 천문대는 사람들로 가득했다. 2020년으로 예정된 이 천문대의 퍼스트 라이트*를 기다리며 다양한 건설 직원들이 이곳저곳에서 천문대의 여러 다른 부분을 완성하려 작업 중이었다. 방문 중에 나는 천천히 깨달았다. 이 엄청난 양의 일은 결국 거의 빈 시설을 만들기 위함이라는 사실을. 문제가 발생할 수도 있고, 방문자들이 찾아오기도 하겠지만, 망원경 작동을 이어나가며 새롭고 훌륭한 과학을 수행하는 데에는 오직 소수의 인원만이 필요할 뿐이다. 나는 사람들이 아주 의도적으로 유령 도시로 설계한 곳을 짓는 일을 목격하고 있었다. 루빈 천문대가 완공되어 작동하면, 칠레의 이 특별한 산에 있는 긴 수염의 작은 비스카차들은 아마도 사람 없이 외롭게 일몰을 지켜볼 것이다.

✦ ✦ ✦

루빈 천문대는 천문학의 새 시대를 여는 꽃 중 하나다. 새로운 시대

---

* 2021년 가을 기준으로는 2023년 1월에 퍼스트 라이트를, 그리고 이르면 2023년 10월부터 10년에 이르는 탐사를 시작할 계획이다.

에 관측자들은 자동화의 힘을 활용해 망원경을 매일 밤 개인 천문학자들이 이용하던 도구에서 진정한 '과학 공장'으로 탈바꿈한다.

이런 아이디어가 새롭지는 않다. 실제로 과학 공장이라는 표현은 정확히 슬론 디지털 전천탐사Sloan Digital Sky Survey, SDSS 프로젝트 매니저 짐 크로커Jim Crocker가 SDSS를 묘사했던 말이다. SDSS는 루빈 천문대의 이전 세대 망원경으로 2000년에 북반구 하늘 탐사를 시작한 천문대다. 뉴멕시코주 아파치 포인트 천문대에 건설한 SDSS도 산에 있는 다른 망원경들처럼 온갖 동일한 어려움을 겪었다. 날리는 석고 모래, 무당벌레 떼, 골칫거리였던 밀러 나방, 게다가 거대한 탐사 관측을 운영하는 일에서 생기는 문제들까지. SDSS의 120메가픽셀 카메라는 매일 밤 200기가바이트의 자료를 생산한다. 그리고 수년간 하늘 전체의 3분의 1 영역에서 깊은 다색 이미지를 찍고 300만 개가 넘는 천체의 스펙트럼을 관측했다.

앤 핑크바이너Ann Finkbeiner가 쓴 책 《대단하고 대담한 것A Grand and Bold Thing》은 수년에 걸쳐 이런 수준의 탐사 망원경을 건설하려는 SDSS의 노력과 공동 연구, 혁신을 기술한다. 책에서 핑크바이너는 슬론의 기술로 만든 거대한 양의 자료와 이런 자료가 불러온 우리가 천문학을 하는 방법에서의 근본적인 변화를 얘기한다. 소수의 광자나 별이나 은하 몇 개 대신, 슬론 자료를 활용하는 천문학자들은 수많은 천체를 마음대로 연구한다. 그리고 어떤 연구 분야에서의 도전은 어둡고 멀리 떨어진 천체에서 과학을 추출하기 위한 관측 싸움에서 무한한 우주의 풍부한 천체들에 대해 과학적인 질문을 던지고 대답하는 계산의 영역으로 옮겨갔다. 우리는 이런 식의 또 다른 전환을 루빈 천문대와 함께 마주한다.

물론 루빈 천문대가 계획을 통해 온갖 인상적인 성취를 이룬다 해도, 모든 일을 해낼 수는 없다. 예를 들어, 루빈 천문대는 처음 10년짜리 탐사 관측 시간 내내 이미징을 하기에 그동안 분광 관측이 불가능하다. 루빈 천문대의 카메라가 세계 최고일지는 몰라도, 좁은 가시광선 파장 대역 바깥의 빛은 카메라로 검출할 수 없다. 망원경을 대기 상층으로 발사하거나 미래에 금성의 태양면 통과나 소행성 엄폐가 일어날 장소로 끌고 가지도 못한다.

결과적으로, 얼마나 대단하든 간에 루빈 천문대 역시 협업을 통해 도움을 받아야 한다. 루빈 천문대는 하룻밤에 초신성 1,000개를 발견할 것이다. 하지만 적어도 그중 몇 개는 다른 망원경을 활용해 더 자세히 연구해야 한다. 루빈 천문대가 찾아낼 다른 모든 새롭고 놀라운 천체들 역시 그렇다. 천문학자들은 새 시대에 ToO 관측, 관측 제안서, 큐 프로그램을 관리하기 위한 최고의 방법을 여전히 찾아 헤매고 있다. 하지만 루빈 천문대가 새로운 발견을 수백 개씩 쏟아내더라도 그것은 오직 퍼즐의 첫 조각일 뿐이고 다른 망원경과 천문학자들이 루빈 천문대가 드러내 보인 새로운 과학을 더 자세히 파헤치게 될 것이다.

✦ ✦ ✦

내 커리어에서 가장 신나는 과학적 발견은 하마터면 일어나지 못할 뻔했다.

2011년 9월, 나는 라스 캄파나스 천문대에서 아주 이상한 적색초거성으로 보이는 천체들을 관측하고 있었다. 라스 캄파나스는 몇 년 전 바람 때문에 관측 전체를 날려먹은 적 있던 그 천문대다. 그보다 몇 년 전, 필과 나는 특이한 행동을 하는 별 몇 개를 언급한 논문을 발표했다. 우리가 연구한 별들은 온도가 너무 급하게 변했다. 태양 질량의 열 배에서 스무 배나 되는, 크기가 목성 궤도를 채울 만큼 거대한 별이 몇 달 간격으로 온도가 변하는 건 너무 빨라 보였다. 더 이상한 건, 이미 차가운 별들이 훨씬 차가워지고 있었다는 사실이다. 별들이 마침내 이르는 온도는 너무 낮아 우리가 별의 물리에 관해 이해하고 있는 모든 이론과 완전히 모순되었다.

우리가 관측한 이상한 별들은 안나 지트코프Anna Żytkow라는 천문학자의 주의를 끌었다. 안나는 우리에게 이메일을 보내 흥미로운 아이디어를 전했다. 그녀는 수십 년 전 킵 손과 함께 사뭇 새로운 종류인 별의 이론에 관해 연구했다고 설명했다. 중력파 발견으로 노벨상을 받은 바로 그 킵 손이다. 그들의 예측에 따르면 이 새로운 별은 겉으로 보기에 아주 붉고 아주 밝은 초거성과 거의 분간하기 어렵다. 하지만 우리가 아는 대부분의 별처럼 핵융합을 통해 에너지를 만들어 별을 지탱하는 일반적인 핵 대신, 킵과 안나의 별(즉 손-지트코프 천체)에선 중성자별이 핵의 자리에 있다. 보통 관측자에게는 완전히 일반적인 별로 보이겠지만 근본적으로 핵융합 대신 양자물리가 별을 지탱하는 천체인 것이다. 이 이상한 내부 구조를 밝힐 수 있는 유일한 흔적은 별 표면에서 빛나는 이상하지만 미묘한 화학 성분의 과잉이다. 만약 킵과 안나가 옳고 손-지트코프 천체가 정말로 존재한다면, 특이한 화학 조성은 별의 내부가 어떻게 작동할 수 있는지에 대한 완전히 새로운 모델을 제시하는 근거였다.

킵과 안나는 1975년 손-지트코프 천체를 제안했다. 하지만 30년이 넘도록 누구도 그 별이 존재한다는 관측 증거를 발견하지 못했다. 몇몇 연구 그룹이 탐색에 나섰으나 아무것도 확실하게 찾지 못했다. 우리 팀은 적색초거성 연구가 전문이었기 때문에 그런 탐색을 재개할 좋은 위치에 있었다. 게다가 안나는 우리가 관측한 이상한, 차가운, 밝기가 변하는 별을 훌륭한 손-지트코프 천체 후보로 생각했다. 아이디어가 나를 사로잡았다. 우주에서 가장 기이한 별인 중성자별과 우주에서 가장 큰 적색초거성이 합쳐진 손-지트코프 천체는 유혹적인 키메라처럼 보였다. 어쩌면 우리가 처음으로 이 천체를 찾을 수 있다는 생각도 놓칠 수 없었다.

들뜬 나는 망원경 제안서를 쓰기 시작했다. 하지만 "이보세요, 우리는 특이하고 새로운 천체를 찾고 있어요. 한 번도 관측된 적은 없는데, 이번에 느낌이 좋네요!"라고 말하는 건 과학적으로 절대 탄탄한 주장이 되지 못한다는 걸 알았다. 우리는 첫 번째 관측 런을 간단한 예비 탐색으로 활용하기로 했다. 차갑고 밝은 적색초거성 목록을 만들어 각각의 별에서 자세한 스펙트럼을 얻은 다음, 화학 조성을 연구해 이런 '일반적인' 별이 어떻게 보이는지 기준을 정립하기로 했다. 우리는 손-지트코프 천체에서 아주 특이하고 난해한 원소들을 보통 별에서보다 더 많이 찾으리라고 기대했다. 그 이상한 원소들은 리튬, 루비듐, 몰리브데넘이었다. 당연히 누구도 보통의 적색초거성에 얼마나 많은 몰리브데넘이 있는지 철저히 연구한 적이 없었다. 나는 말할 것도 없이. 그래서 우리는 특이한 녀석들을 찾기 전에 평범한 별을 먼저 연구해야 한다고 생각했다. 하지만 고전적인 방식의 따분한 화학 조성 탐사 역시 전혀 흥미롭지 않았다. 그래서 둘을 타협해 최종 제안서를 마무리했다. 우리는 적색초거성 100개를 관측할 예정이고 표본 100개 중에는 보통 별이 여러 개 있으며, 이상한 별들은 몇 개만 관측할 계획이었다. 제안서는 성공이었고 우리는 봄에 라스 캄파나스 6.5미터 망원경에서 사흘 밤을 쓰게 되었다.

재밌고 별난 프로젝트였고 우리의 어떤 연구들과도 조금은 달랐다. 관측 첫째 날 밤, 우리는 아직도 계획을 미세 조정하고 있었다. 오후가 되고 관측 시작 준비를 마쳤을 때, 필이 별 몇 개를 관측 목록에 더하자고 제안했다. 손-지트코프 천체는 극단적인 색깔을 보여주니 오래된 이미징 자료를 가지고 특히 더 붉게 빛나는 적색초거성을 찾아 확인해 손-지트코프 천체 후보로 목록에 올리자는 얘기였다. 또한 우리는 다른 공동연구자와 함께 관측했다. 똑똑한 천문학자인 니디아 모렐Nidia Morrell은 라스 캄파나스에서 수십 년간의 경험 덕분에 산에 있는 모든 망원경, 카메라, 분광기를 잘 알았다. 그녀도 막바지에 관측 목록의 순서와 기기 설정에서 약간의 변경을 제안했다. 우리 관측이 가능한 한 순조롭고 효율적으로 흘러가도록 하기 위해서였다.

관측 중에 들어온 자료는 대개 엉망이었다. 나는 관측 런을 마치고 몇 주간 책자와 소프트웨어 설명서를 넘기며 어떻게 적절히 자료를 처리해야 하는지 고민해야 했다. 하늘이나 전자 부품, 다른 근처 별에서 온 모든 쓸모없는 신호를 날려버리고, 우리가 관심 있는 각각의 별에서 온 빛만을 포착하려면 자료 처리가 필수였기 때문이다. 그래도 노출이 끝날 때마다 우리가 대충 살펴볼 수 있도록 스크린에 등장하는 자료에서 적당히 충분한 정보를 얻을 수 있었다.

필과 내겐 자료가 무의미해 보였지만 니디아에겐 아니었다. 그녀는 라스 캄파나스에 있는 다른 모든 기기만큼이나 이 기기도 잘 알았고, 자료를 받자마자 순식간에 작은 문제들을 알아차렸다. 어떤 경우엔 문제를 지적했다. 별이 완벽히 중앙에 위치하지 않았다든지, 더 깨끗한 신호를 받도록 기기 설정을 조정해야 한다든지. 다른 경우엔 간단히 자료에서 사소한 부분들을 짚어냈다. 자료 처리를 거치지 않은 원 자료를 보면서도 우리가 어떤 과학적 사실을 이해할 수 있는지 알려주었다. 자료 대부분은 가느다란 흰 가로줄 무더기처럼 보였다. 가끔 줄무늬 사이에는 이곳저곳 어두운 틈이 등장했고 흰 줄의 단절은 특정한 파장에서 이런저런 원소가 빛을 흡수하고 있음을 의미했다.

밤이 깊어 가던 중 우리는 필이 목록에 추가한 특히 붉게 빛나는 별 중 하나를 관측하게 되었다. 나는 적외선 천체 목록에서 이름을 찾아내 그날 밤 노트에 J01100385−7236526이라고 썼다. 전혀 시적이지 않았던 그 이름은 기본적인 좌표 조합으로 하늘에서 천체가 정확히 어디 있는지 나타냈다. 우리는 노출을 마쳤고 다음 관측 대상을 준비하며 스크린에 등장하는 자료를 신기한 듯 지켜보았다. 자료는 좋아 보였다. 깨끗하고 밝았다. 하지만 우리는 즉시 하얀 줄무늬에서 색다른 모습을 알아채고 곧장 관심을 쏟았다. 다른 별들처럼 줄무늬 사이엔 어두운 틈이 보였고, 거기에 더해 독특하게 밝은 흰 점 몇 개가 있었다. 별의 대기에 있는 특정 원소가 빛을 방출하고 있음을 뜻했다. 뭔가 이상했고, 적색초거성에서는 확실히 본 적 없는 특징이었다. 이런 별의 대기에 있는 원소는 보통 빛을 '흡수'하지, '방출'하지는 않았다. 한편, 누구도 손-지트코프 천체가 이런 식으로 빛을 방출하리라 예측하지 않았다. 그래서 그 발견은 "유레카!"나 분명한 "아하!"가 아니었고, 심지어 전혀 흥미롭지조차 않았다. 오히려 아주 미묘한 "…허"였다. 마치 이상한 밝은 점이 아직 거기 있는지 확인하려는 듯 모두의 고개가 좌우로 기울어졌다. 우린 많은 말을 하지 않았다.

마침내 입을 뗀 사람은 니디아였다. 어쩌면 스크린에 나타난 이상한 자료에서 우리가 보지 못한 걸 봤던 걸까. "이게 뭔지 모르겠어, 하지만 이거 좋은데!"

나는 니디아의 말을 노트의 J01100385－7236526 공간 옆에 기입하고 넘어갔다.

1년이 더 지나, 나는 꾸준히 자료를 분석하고 있었다. 그때는 제대로 된 별 이름을 사용했고, HV 2112라는 별을 마주했다. 정말 너무 놀랍게도, HV 2112는 우리 적색 초거성 목록에 등장하는 약자였다. 독특하게 몇몇 핵심 원소들이 더 많이 보이는 별이었다. 계산을 마치고 HV 2112를 우리 표본에 있던 다른 모든 별과 비교하자, 사실이 명확해졌다. HV 2112는 표본의 다른 적색초거성들보다 훨씬 많은 리튬을 포함했다. 그리고 훨씬 많은 루비듐도. 훨씬 많은 몰리브데넘도. 한마디로 HV 2112는 정확히 손-지트코프 천체에서 예측하는 것과 같은 이상한 화학 조성을 보였다.

HV 2112에는 또 다른 수상한 점이 있었다. 대기 중의 수소 원자들이 빛을 방출하고 있었다. 누구도 손-지트코프 천체에서 이런 현상을 예측하지 않았지만, 조금 조사해보니 새로운 사실이 등장했다. 어떤 별들은 별의 맥동으로 생성된 에너지 덕분에 종종 대기에서 수소 방출선이 보인다는 것이었다. 만약 별의 바깥 대기가 불안정하면, 주기적으로 이상한 거대 심장 박동처럼 고동친다. 그리고 대기 중의 수소가 방출한 빛은 독특한 패턴을 만든다. 손-지트코프 천체가 수소 방출선 흔적을 보여줄 거라 예측한 사람은 없었지만, 손-지트코프 천체의 바깥 대기가 불안정하고 어쩌면 맥동 현상이 나타날지도 모른다는 이론은 존재했다.

HV 2112는 손-지트코프 천체가 실제로 존재한다는 걸 증명할 수 있는, 현재까지 발견된 최고의 후보가 되었다. 별이 어떻게 작동하는지에 관한 완전히 새로운 모델을 제시하는 첫 번째 증거가 우리 손에 있음을 뜻했다. 그리고 이 발견은 새로운 질문을 낳았다. 손-지트코프 천체는 어떻게 생겨날까? 얼마나 오래 살까? 죽으면 블랙홀을 만들 수 있을까? 초신성을 만들 수 있을까? 중력파를 만들 수 있을까? 우리가 이전에 본 적 없는 새로운 현상을 만들 수 있을까? 완전히 새로운 과학 질문들이 꼬리를 물었다. 모두 HV 2112 관측 자료 덕분이었다.

컴퓨터 스크린을 바라보고 있으니 내 앞에서 퍼즐 조각들이 맞춰지기 시작했다, 수소 방출 얘기가 낯익었다. 관측 노트를 꺼냈고 그날 밤 기록으로 페이지를 넘겼다. 니디아가 J01100385 –7236526 자료를 보고 방출선을 지목했던 밤이었다. 별의 좌표 데이터베이스와 이름을 검색하자 확실해졌다. J01100385 –7236526가 손-지트코프 천체 후보인 HV 2112였다. 우리가 거의 관측하지 않을 뻔했던 별이었다. 고전적인 관측의 밤, 필이 열한 시간 동안 관측 일정을 고친 덕분에 막바지에 목록에 이름을 올린 별이었다. 베테랑 관측자의 이목을 끌었던 별은 앞으로 벌어질 일을 조용히 암시했던 것이다.

+ + +

지난 반세기 동안 천문 관측이 겪은 변화는 숨이 막힐 듯하다. 천문학자들이 광자를 위해 싸워야 하던, 프라임 포커스 케이지에 웅크리고 유리 건판에 자료를 모으던 시대에서 우리는 거대한 자동 망원경이 엄청난 양의 자료를 생산해내는 시대로 옮겨왔다. 과학적으로 아주 유쾌한 생각이다. 우리 연구는 조금씩 우주적 규모에 가까워지고, 새로운 기술을 하늘로 향할 때마다 우주에 관해 뭔가 새로운, 뜻밖의 현상을 발견해왔다. 더 커다란 망원경, 비행 천문대, 레이저를 사용해 시력이 더 좋아진 망원경까지. 그리고 자료의 양은 천문학을 훌륭하게 민주화하는 도구다. 몇 대 되지 않는 연구용 망원경에 접근이 가능했던 사람들에게만 관측 자료가 허락되었던(소속 대학 덕분이든, 연구 기금 덕분이든, 성별 덕분이든) 시대에서 벗어나, 이런 망원경에서 얻는 자료는 누구든 사용할 수 있다. 지구상의 모든 천문학자는 거대한 탐사가 만들어내는 풍부한 자료를 공유하게 될 것이다.

한 망원경이 얼마나 더 많은 자료를 모을 수 있는지 목격하면서, 누군가는 단순히 이제 망원경이 더 적게 있어도 되지 않느냐고 물을지 모른다. 만약 루빈 천문대가 팔로마 같은 천문대가 몇 년에 걸려 하던 일을 하룻밤에 마칠 수 있다면, 팔로마를 닫아도 되지 않을까? 만약 하룻밤에 30테라바이트의 자료를 쏟아내는 망원경을 짓는다면, 이미 지구상의 모든 천문학자들에게 충분한 양의 자료가 아닐까? 아주 대단하게 지은 한 대의 강력한 망원경이 모두의 요구를 충족시키고 천문학에서의 모든 질문에 대답할 수는 없을까?

대답은 '아니오'다. 우선 새로운 발견을 모으는 일은 충분하지 않다. 우리가 찾은 천체들을 탐구해야 하고, 루빈 천문대는 다른 망원경들과 상호보완하는 관계에 있기에 흥미로운 구석이 있다. 남반구의 두 거대한 망원경 또한 2020년대에 퍼스트 라이트를 맞는다. 24.5미터 거대 마젤란 망원경Giant Magellan Telescope, GMT과 39.3미터 유럽 극대형 망원경European Extremely Large Telescope, E-ELT이다.* 두 망원경과 북반구의 TMT는 인류가 만든 역사상 가장 큰 광학 망원경이 될 것이다. 루빈 천문대가 8.4미터 거울로 초신성, 소행성, 멀리 떨어진 은하를 발견하는 동안, 이런 발견을 자세히 연구하기 위해 더 큰 망원경이 필요하다. 천체의 스펙트럼을 관측하려면 천체에서 받은 빛을 파장에 따라 나눠야 하므로, 어두운 천체의 좋은 스펙트럼을 얻으려면 좋은 이미지를 얻을 때보다도 더 큰 거울이 필요하다. 그래서 남반구에 설치를 계획한 오직 두 거대 망원경만이 화학 조성과 거리를 측정하며 루빈 천문대가 발견한 천체들을 자세히 파고들 수 있다. 한편 루빈 천문대가 얼마나 훌륭하든 간에, 칠레에 자리하고 있으므로 지구를 뚫고 북반구 하늘을 볼 수는 없는 노릇이다. 우린 여전히 북반구에도 망원경이 여러 대 필요하다. 루빈 천문대가 우리 우주에 관해 제기하는 질문들에 대해 답하는 연구를 도우려면.

루빈 천문대 같은 거대한 탐사 망원경은 초신성 수백만 개를 발견할 것이다. 그리고 다가올 2020년대의 매우 커다란 망원경들을 사용하면 이런 초신성의 화학 조성을 연구할 수 있고, 초신성이 사는 은하와 은

---

* GMT에는 한국천문연구원이 파트너로 참여한다.

하를 구성하는 별을 탐구할 수 있다. 비행 천문대나 우주 망원경은 지구 대기에 가로막힌 넓은 빛의 세계를 열어준다. 전파 망원경들은 눈으로 볼 수 있는 빛의 영역을 한참 넘어서 훌륭한 과학 연구를 가능케 한다. 전 세계에 흩어진 망원경들은 밤하늘 전체를 탐사할 수 있도록 하고, 일식이나 엄폐를 관측하기 위한 탐험은 뜻밖의 흥미로운 천문학적 순간을 쫓을 수 있게 한다. 또한 작은 망원경들은 우리 우주적 이웃에서 빛나는 우주의 무한한 수수께끼를 탐구하고, 아직도 셀 수 없는 퍼즐이 남겨진 가까운 밝은 별들을 연구한다. 중력파는 이제 막 우리가 우주에 관해 던지기 시작하는 질문에 대한 답을 숨기고 있다.

간단히 말해, 우리는 루빈 천문대처럼 새롭고 기술적으로 뛰어난 망원경이 '필요'하다. 과학에서 비약적인 발전은 언제나 기술이 제공하는 새로운 역량과 손잡고 이뤄졌기 때문이다. 하지만, 새로운 망원경이 모든 일을 다 하지는 못한다. 언젠가 내 동료는 천문학자들이 우주를 연구하는 데 필요한 망원경 묶음을 분주한 주방에서 사용하는 가전제품과 도구 묶음에 비유한 적이 있다. 뛰어난 요리사가 최고급 주방기구를 사용해 만들어낸 요리는 우리에게 기쁨을 주겠지만, 고급 음식을 만들기 위해서는 냄비, 팬, 간단한 사발과 주걱도 필요하다. 그리고 가끔 그들은 심지어 할머니께서 물려주신 오래된 핸드 믹서를 사용하기도 한다.

다음 세대의 망원경이 만들어지는 지금 시대, 불행히 천문학을 위한 연구비는 갈수록 매우 빠듯해진다. 지금까진 새 최첨단 망원경 지원을 위한 연구비가 따로 배정되었다. 동시에 다른 분야에서는 과학 연구를 위해 더욱 한정된 자원을 가지고 싼값으로 연구를 하기 위해 재정을 쥐어짠다. 전국의 작은 망원경들은 재정 지원이 부족해서, 또는 이곳저곳 흩어진 연구비를 모아 더 큰 프로젝트를 진행한다는 이유로 문을 닫는다. 그리고 많은 경우 더 큰 프로젝트란 망원경 자동화 작업이다.

천문대들은 현장에서 가장 오래되고 생산성이 낮은 망원경을 골라 닫아야 한다는 지시도 받는다. 비록 천문학자들이 흥미진진한 새로운 과학 연구를 위해 이 망원경들을 아직 자주 사용하는 경우라도. 그리고 또한 같은 연구비는 망원경을 쓰는 천문학자들의 임금을 충당하고, 연구와 관련한 업무를 지원하는 데 사용된다. 결과적으로 우리는 쏟아질 새로운 자료를 사용해 과학을 하기 위해 계속 줄어드는 연구비 지원을 직면한다. 새로운 자료란 아주 값지지만 어쨌든 이해하기 어려운 0과 1의 조합이고, 여기서 뽑아낼 과학은 뉴스 머리기사와 잡지 표지를 장식하고 인류의 상상력을 자극할 아주 신나는 발견들이다.

새롭고 거대한 망원경이 주는 흥분과 혁신을 경험하고 나면 되돌아올 수 없다. 프라임 포커스 케이지에서 추위에 떨던 시절이나 건판 현상의 어려움을 기억하는 사람이라면 누구든지 루빈 천문대 같은 시도가 감사하게 느껴질 것이다. 얼마나 인상적이고 효율적인지. 몇 달, 몇 년, 심지어 커리어 전체를 바쳐야 이룰 수 있던 일을 하루 만에 해낼 수 있다니. 당연히 이런 망원경을 만들어야 한다.

하지만 우리가 둘 다 손에 쥘 수 없다는 얘기를 듣고 나면 문제가 생긴다. 작고 특수한 목적을 가진 망원경이 새로운 거대 망원경을 위해 문을 닫아야 한다고 할 때 말이다. 여러 작은 망원경을 단순히 다른 연구 목적이 있다기보다는 오래되고 한물간 구식으로 설명하는 경우가 많다. 다시 주방의 비유로 돌아가 보자. 오래된 망원경은 셰프의 칼과 같다. 그 옆에는 새로운 세대의 망원경과 같은 만능 조리 기구가 자리한다. 후자는 확실히 전자보다 더 많은 재료를 썰 수 있겠지만, 두 도구는 서로 아주 다른 두 가지 임무를 맡는다.

만약 천문학 연구비가 계속 줄어든다면 선택은 자명하다. 우리는 새 망원경, 기술적 진보, 강력한 자동 망원경이 필요하고 이런 망원경들은 새로운 자료 뭉치를 쏟아내며 보지 못했던 우주 구석구석을 열어줄 것이다. 문제는 이런 일만 하다 보면, 과학의 다른 면을 희생하기를 종용받게 된다는 사실이다. 탐사 망원경은 밤하늘에서 독특한 천체들을 찾을 수 있는 능력을 급격히 향상시킬 테지만, 우리는 또한 발견에 머무르지 않고 이 천체들을 탐구해야 한다. 수많은 천체를 한 번에 관측하는 건 효율적이지만, 여전히 이상하고 희귀한 천체들을 더욱 자세히 이해해야 한다. 본래 범주에서 벗어난 희귀한 천체 하나가 놀랍고 새로운 물리나 다른 세계에서 온 신호를 이해하는 실마리가 될 수 있기 때문이다.

우주에는 단순히 자동화한 파이프라인으로 할 수 없는 연구가 있다. 어떤 경우엔 사람이 직접 흥미로운 천체를 실수로 검출한 현상에서 분리해 골라내야 하고, 발전된 아이디어를 관측 계획으로 압축해 눌러 담은 다음에야, 혹은 밤이 끝나가는 마지막 몇 분의 어둠 속에서 등장하는 발견도 있다. 만약 자동화된 망원경이 인간이 주도하는 관측을 보충하는 게 아니라 완전히 대체해버린다면, 이런 식의 과학 연구가 사라질 위험에 처한다.

천문학에서 기술이 발전할수록, 천문학자들의 작업 방식 역시 진화한다. 어떤 변화는 두말할 나위 없이 좋다. 예를 들어 다음 세대의 천문학자를 길러내기 위한 과학적 자원을 제공할 자료의 양과 그 방대한 접근성은 모두 훌륭하다. 또한 사무실에 앉아 원격으로 망원경을 다루는 일은 직접 출장을 다니던 때보다 확실히 신체적으로 덜 부담이 된다. 자동 망원경에서 얻은 자료를 사용한다면 그곳에는 추락할 플랫폼도, 제어실을 총총 돌아다니는 전갈이나 타란툴라도 없다. 순간의 관측을 위해 아르헨티나나 남극점, 성층권까지 가는 고된 원정도 없다.

하지만 한편으로 우린 관측에서 얻던 경험, 일화, 모험을 잃어간다. 물론 누구도 그리운 옛날에 붙잡혀 있고 싶어 하지 않는다. 우주에 관해 덜 알고, 우주를 연구하는 데 쓸 수 있는 도구도 더 적던 시절로 돌아가고 싶어 하는 사람은 없다. 그러나 직접 관측하던 시대는 과학적 모험의 한 종류를 대표하고, 그 시대가 저물어갈지언정 그때의 흥분은 나름대로의 쓰임이 있었다.

✦ ✦ ✦

어쩌면 천문학에 관해 가장 근본적인 질문은, 천문학자가 모두 언젠가 한 번은 들었을 질문은 이것이다. 왜? 우리가 왜 이걸 하는 걸까? 우리는 왜 수백만 혹은 수십억 광년 떨어진 천체를 연구한다는 유일한 목적을 위해 시간과 에너지와 자원을 쏟아 망원경을 제작하고 사용하는 걸까? 많은 사람이 이런 질문을 던진다. 가족들, 친구들, 비행기나 기차에서 마주치는 낯선 이들, 과학 연구를 위한 돈줄을 쥐고 있는 사람들. 그리고 대체 무엇이 인간성의 일부를 사로잡아 저 멀리 아득하고 넓은 우주를 바라보며 "저걸 연구할 거야"라고 다짐하게 했던 건지 그저 이해하고 싶은 사람들이.

이런 '왜?'라는 질문은 흔히 세 가지로 분류할 수 있다. 왜 우리가 개인으로서 천문학을 연구하기로 마음을 먹었나? 왜 천문학에 돈을 쓸 가치가 있나? 그리고 왜 '인간'이 천문학을 공부해야 하는가?

왜 우리가 인간으로서 우주를 연구해야 하는지에 관해서는 이미 여러 가지 답이 준비되어 있다. 우선 순전히 실용적인 관점이 있다. 새로운 망원경 개발은 새로운 기술의 창조에서 시작하고, 기술 혁신은 언제나 미래에 우리 일상을 눈에 띄게 편리하게 만들 가능성이 있다. 새롭고 이상한 물리학을 이해하면 효율적인 에너지나 운송 수단 같은 문제를 해결할 새로운 답을 얻을지도 모른다.* 내 생각에 천문학은 확실히 현실적인 이익을 가져온다.

천문학은 과학 연구에 뛰어드는 훌륭한 관문으로써 훨씬 중요한 역할을 맡는다. 천문학은 의학 연구나 공학처럼 당장 응용해 결과를 써먹을 수는 없을지 모르지만, 우주는 인간 상상력을 자극하는 데 효과적이다. 누군가에게 우주를 사랑하라고, 호기심을 가지라고, 겉보기에는 멍청한 질문을 던지고 끈덕지게 수학과 물리학을 샅샅이 뒤져 답을 찾아보라고 가르치는 건, 젊은 과학자들에게서 수천 가지 방향으로 나타날 과학적 호기심에 불꽃을 튀게 하는 방법이다. 누군가는 블랙홀에 관해 읽고 자기 일생을 바쳐 블랙홀을 연구하고 싶을 수도 있다. 누군가

* 국제천문연맹International Astronomical Union, IAU이 2019년 내놓은 《From Medicine to Wi-Fi: Technical Applications of Astronomy to Society》라는 책자를 읽어볼 만하다. 한국천문연구원에서 《의학에서 Wi-Fi까지: 생활 속에서 우리가 누리고 있는 천문학 기술들》이라는 제목으로 번역했다.

는 블랙홀 연구에 사용하는 컴퓨터가 어떻게 작동하는지 궁금해 더 나은 컴퓨터를 만들고 싶을 수도 있다. 누군가는 '블랙홀'이 말도 안 되는 이름이라고 생각해 우리가 연구하는 천체의 이름을 결정하는 위원회에서든 어떤 곳에서든 자리를 꿰찰 수도 있다. 천문학의 순전한 아름다움과 규모는 누군가를 과학과 연구의 세계로 인도할 수 있다.

나는 언제나 이런 질문에 대한 더 기상천외한 대답을 상상하는 걸 즐기곤 했다. 왜 우리가 별의 내부나 태양계가 어떻게 돌아가는지 따위를 연구해야 하냐고 내게 묻는다면, 특이하지만 유쾌한 답을 할 것이다. '외계인' 때문이다.

지적인 외계 생명체를 발견하거나 접촉하는 건 말할 나위 없이 인류의 패러다임이 바뀌는 순간일 것이며 그 자체로 엄청난 천문학적 업적이 될 것이다. 나는 그 이후의 상황이 궁금하다. 우리가 먼 행성의 외계인과 접촉해 어떤 방식으로든 의사소통할 방법이 생겼다고 가정하자. 그들에게 무슨 말을 해야 할까? 당신은 처음 보는 사람과 어떤 대화를 나누는가? 날씨와 뉴스 같은 공통 관심사를 얘기한다. 그래서 "이런, 오늘 비가 쏟아지는군요!"라든지 "아, 최근 신문 기사를 보셨나요?"라고 말하며 대화를 시작할 것이다. 우리는 지적인 외계 생명체와 어떤 공통점이 있을지 알 수 없다.

한 가지 예외가 있는데, 그건 우주다. 비나 긴급 속보 얘기를 나누는 대신, 그들은 "어이쿠, 얼마 전 지구에 그 유성우가 엄청나게 쏟아졌죠. 공룡들은 괜찮은가요?" 또는 "그 폭발하는 별을 봤나요?"라고 물을지 모른다. 천문학에 관한 이해는 우리를 주변 은하에 대해 배운 걸 공유하면서 대화를 이끌어 나갈 수 있는, 좋은 이야기꾼으로 만들 것이다. 그리고 마침내 우리는 누구인지, 우리의 꿈과 영혼에 관해 공유하며 다른 형태의 표현으로 나아갈 것이다. 우리는 우주와 우리가 가진 과학의 언어가 외계인과의 대화를 위한 공통점이며 시작점이라는 사실을 알고 있다.

얼마나 기이하거나 실용적인 답을 주든 간에, 어떤 사람들은 멈추지 않을 것이다. 그들은 문제의 금전적인 측면과 동기를 파헤치길 원한다. "별들은 멋있지만, 그래서 어디 '쓸모'가 있다는 것이죠?" "천문학이 현실적으로 우리에게 금전적으로 가져다주는 이익이 있나요?" "우리가 왜 시간과 돈을 다른 데도 아닌 우주에 써야 하죠?" 하는 태도를 보이며. 동시에 그들은 지구에서 마주하는 여러 복잡하고 심각한 문제가 있는데, 아무리 천문학자들이 적은 수라 한들 왜 매일 마주치는 모든 현실 문제에서 관심과 돈을 빼앗아가야 하는지 물을 것이다. 가끔 이런 질문엔 무언의 비난도 숨겨져 있다. "암이나 기후 변화를 막는 데 쓸 수 있을 자원을 왜 우주에 바쳐야 하죠?"

천문학과 다른 연구 분야 사이의 선택은 현재 과학의 진보에서 골칫거리 중 하나다. 천문학자들은 거의 모든 다른 연구 분야와 이런 진퇴양난의 상황을 공유하고, 끊임없이 우리가 하려는 일을 지원할 충분한 자원이 없다는 말을 듣는다. 거대한 탐사 망원경과 거대한 거울을 갖춘 망원경을 '동시에' 지원할 수는 없다며, 별과 질병 치료와 환경 보호를 '동시에' 지원하긴 충분하지 않다며, 우주를 연구하기에 충분하지 않다며. 현실에선 그런 결정이 내려져서는 안 된다. 무한히 흘러나오는 연구비의 샘이 없다는 건 사실이지만, 현재 과학 연구의 규모에서, 과학 전체가 단 몇 방울의 도움이라도 받을 수 있다면 그건 말 그대로 우주를 다르게 만들 것이다.

마지막으로, 왜 우리가 개인으로서, 천문학자로서, 하늘을 연구하느냐는 질문이 남았다. 이 질문에 대한 답은 약간 다르다.

이 책을 위해 친구와 동료들을 인터뷰하며 보낸 시간 동안, 단 한 번도 그들이 왜 천문학에 흥미를 갖게 되었는지 묻지 않았다. 우리의 기원에 관한 이야기를 쓰고 있지 않았기 때문이다. 나는 우리가 하는 이상한 형태의 일에서 벌어지는 별나고 시끄럽고 익살스러운 이야기에만 관심이 있었다.

하지만 천문학자들은 대부분 어쨌든 자기 얘기를 들려주었다. 우리는 어떻게 그리 독특한 직업을 갖게 되었는지 설명하며 이런 답을 주는 데 그저 익숙해져 있다. 그래도 말이 되었다. 천문학에 관심을 두게 된 이야기 역시 관측 이야기였다. 대화를 나눈 천문학자들은 대부분 망원경에서 떨며 하늘을 쳐다보던 여러 밤 동안 감명을 받아 천문학 연구를 하게 되었다. 많은 사람의 가장 선명한 관측 기억은 천문대 밖에 서서 똑바로 머리 위를 쳐다보며 지구 표면에서 별들로 빠져들 것 같던 숨 막히는 순간이었다.

여전히 이런 일화도 핵심을 짚지는 않는다. 대부분은 이 망원경이나 저 산꼭대기에 서 있던, 맑은 날 밤하늘을 올려다보고 처음으로 접안렌즈를 들여다보던, 그리고 마음속에서 전이가 일어나며 지워지지 않을 기억을 남기던, 자기 이야기를 자세히 들려주었다. 우주를 찾았고, 그게 전부였다. 누군가 "왜 당신은, 개인적으로, 천문학을 하죠?"라고 물었을 때 이런 식의 이야기를 답으로 옮기는 건 언제나 어려운 문제다. 나는 질문한 사람이 "왜냐하면 우주는 멋지니까요!"라는 답을 듣고 싶어 하지 않는다는 걸 안다. 우주가 멋지다는 데는 '모두' 동의한다. 그래도 모두 우주를 프로페셔널하게 연구하지는 않는다. 공룡도 멋지다고 생각하지만, 나는 프로 고생물학자가 아니다.

사실 우리가 천문학을 하는 이유는 아주 깊이 새겨져 있기에 질문이 거의 이상하게 느껴질 정도다. 나는 이런 물음을 누군가에게 왜 배우자와 결혼했냐고 묻는 질문에 비교한다. "사랑해서"나 "우린 그냥 불꽃이 튀었어"나 "음, 우리는 만났지. 그리고 괜찮았어. 그래서 어느 날…" 같은 답이 나오지만 덜 일관적이고 매우 불완전하다.

내가 생각하는 최고의 설명은 영화 〈분홍신The Red Shoes〉에 등장한 간단한 대화에서 찾을 수 있다. 짧고 어쩌면 불충분하지만, 꽤 정확하기도 하다. 열정적이고 포부가 넘치는 무용가인 주인공에게 누군가 묻는다.

"왜 춤을 추고 싶죠?"

잠시 후 그녀의 대답이 돌아왔다. "왜 살고 싶어요?"

"음… 정확히는 모르겠지만… 나는 그래야만 해요."

"그게 내 답이기도 해요."

이유는 우리 내부에서 온다. 작은 행성의 어떤 작은 생명체 안에, 작은 무형의 그러나 밖으로 꺼낼 수 없는 타오르는 본성이 우리를 넓은 우주를 향해 바깥으로, 위로 닿도록 끌어낸다. 우리는 그저 그래야만 하기 때문이다.

우리가 왜 우주를 연구하지? 우리는 왜 하늘을 보고 질문을 던지고, 망원경을 짓고, 지구상의 아주 극한 지역으로 떠나 답을 찾으려 하지? 우리는 왜 별을 보지?

정확히 왜인지는 모르지만, 그래야만 한다.

✦ ✦ ✦

망원경에서 일하는 사람들의 인간적인 이야기를 담으려고 이 책을 썼다. 지난 수십 년간 천문학은 미래의 망원경보다 적은 자료를 수집했지만, 또한 망원경을 겪은 관측자들에게 풍부한 경험을 제공했다. 경이로운 천문학자들의 이야기가 구전되면서 과학에서 인간 활동의 독특한 단면이 드러난다. 하지만 과거의 이야기는 또한 우리가 아마 다시는 되찾지 못할 시대를 대표한다.

그렇긴 하지만, 이 책이 '그리운 옛날'의 찬가가 되길 바라며 혹은 기술이 어떻게 세계를 바꾸는지 한탄하며 쓰지도 않았다. 루빈 천문대와 앞으로 등장할 미래 세대의 망원경들은 각자의 이야기를 가질 것이다. 이런 획기적인 망원경의 자동화가 이루어지기까지는 아주 큰 노력과 많은 노동, 수년간에 걸친 공동 연구가 복잡한 마술처럼 녹아들어야 한다. 아마 지금은 초등학교에 있을 누군가가 30년이 지난 미래에 쓸, 이 책을 잇는 다음 책을 읽을 수 있기를 바란다. 그 책에서는 엄청난 양의 자료를 다루는 데 등장했던 도전과, 그들이 사용하게 될 새로운 망원경의 별난 점들, 그리고 망원경이 쏟아내는 믿기 힘든 발견들에 관한 일화 그대로를 공유해주었으면 좋겠다. 우리가 프라임 포커스 케이지에 묶여 있든, 부엌 테이블에서 자료를 다운로드받든, 천문학 연구는 쭉 이어질 테고, 우리는 우주를 탐구하며 호기심과 인간성을 채워나간다.

1. 밤하늘의 별을 바라본 적이 있나요? 어떤 기억으로 남아 있나요?

2. 책을 읽으며 살펴본 천문학자의 삶에서 가장 신기했던 부분은 무엇인가요?

3. 3장에서 작가는 어려웠던 관측 경험을 서술하며, 날씨처럼 사소한 요소가 어떻게 직업에서의 계획뿐 아니라 개인 생활에까지도 영향을 미칠 수 있는지 들려줍니다. 여러분에게도 비슷한 경험이 있나요? 그 상황에 어떻게 대처했나요?

4. 이 책을 읽고 난 뒤 과학자에 대한 인식이 어떻게 바뀌었나요?

5. 많은 사람이 과학과 예술을 굉장히 다른 갈래로 여기곤 합니다. 하지만 작가는 동료들의 음악 사랑, 천문대에서의 생활을 그린 만화, 개기일식의 시적인 묘사, 우주의 아름다움을 음미하는 천문학자들 이야기를 써 내려갑니다. 여러분은 우리가 왜 과학과 예술을 별개로 나눈다고 생각하나요? 책을 읽고 여러분의 생각에 변화가 있었나요?

6. 천문학의 어떤 과학적인 단면이 여러분을 가장 사로잡았나요? 새로운 발견, 우주의 신비, 망원경의 작동 원리 뒤에 숨겨진 과학 등을 예로 들 수 있습니다. 책에서 가장 많이 배운 점은 무엇인가요?

7. 이 책을 읽고 나서 천문학이나 천문학자에 관해 새롭게 떠오른 질문들이 있나요?

이 책을 쓰기 위한 인터뷰에 응해준 친구와 동료 연구자 112명에게 큰 감사를 전한다. 대화를 나눴던 모든 이들이 책의 각 장마다 멋진 목소리와 시각을 더해주었다. 각자의 이야기를 공유하고 시간을 할애해 준 너그러움에 감사한다.

헬무트 압트, 브루스 볼릭, 에릭 벨름, 이도 버거, 에밀리 베빈스, 앤 보스가드, 하워드 본드, 마이크 브라운, 바비 버스, 데이비드 차르보누, 제프 클레이튼, 앤디 코놀리, 테인 커리, 찰스 댄포스, 짐 대븐포트, 아르준 데이, 트레버 돈-월른스타인, 앨런 드레슬러, 마리아 드라우트, 오스카 두알데, 패트릭 더렐, 에리카 엘링슨, 조지프 에겐, 트래비스 피셔, 케빈 프랜스, 웨스 프레이저, 케이트 가르마니, 더그 가이슬러, 존 글래스피, 네이선 골드바움, 밥 굿리치, 캔디스 그레이, 리처드 그린, 엘리자베스 그리핀, 테드 굴, 샤디아 하발, 라이언 해밀턴, 수전 하울리, JJ 헤르메스, 제니퍼 호프먼, 앤디 하월, 디드레 헌터, 젤코 이베지크, 롭 제디케, 데이비드 쥬잇, 존 존슨, 딕 조이스, 만시 카슬리왈, 윌리엄 킬, 메건 키미니키, 톰 킨먼, 밥 커슈너, 캐런 니에르먼, 케빈 크리슈너스, 롤프 쿠드리츠키, 브라일리 루이스, 제이미 로맥스, 줄리 루츠,

로저 린즈, 피터 마크심, 제니퍼 마셜, 조지프 마시에로, 필 매시, 코디 메시크, 니디아 모렐, 존 멀체이, 조앤 나지타, 캐스린 뉴전트, 다라 노먼, 누트 올슨, 캐롤린 피터슨, 에릭 피터슨, 에밀리 페트로프, 필 플레이트, 조지 프레스턴, 존 레이너, 조지프 리바우도, 마이크 리치, 노엘 리처드슨, 그웬 루디, 스튜어트 라이더, 아비 사하, 아닐라 사전트, 스티브 스케츠먼, 브라이언 슈미트, 프랑수아 슈바이저, 닉 스코빌, 앨리스 샤플리, 브루노 시카르디, 데이비드 실바, 제프리 실버먼, 조시 사이먼, 브라이언 스키프, 브리애나 스마트, 알레손드라 스프링만, 섬너 스타필드, 척 스타이델, 우디 설리번, 닉 선체프, 폴라 스코디, 킴-비 트란, 세라 터틀, 패트릭 밸러리, 조지 월러스타인, 조넬 월시, 래리 와세르먼, 제시카 워크, 데이비드 월슨, 샬롯 우드, 시드니 울프, 제이슨 라이트, 데니스 자리츠키 누구보다도 제프 슈레브에게 큰 고마움을 전한다. 이 책을 쓰려는 아이디어가 예고 없이 머릿속에 떠오르던 순간 나는 제프를 처음 만났다. 찬바람이 새어 들어오던 전시장이었다. 그는 1년도 더 지나서, 이 책을 세상에 내놓는 작업을 이어나가기 위해 저작권 대리인으로 다시 등장했다. 제프를 포함한 사이언스 팩토리 팀에게 이 책을 위해 훌륭한 작업을 해준 데 대해, 그리고 여러 멋진 과학 이야기를 세상에 나누고 있다는 데 대해 진심으로 감사를 표한다.

소스북스의 애나 미셸스와 원월드의 샘 카터에게는 훌륭하고 통찰력이 돋보이며 열정적인 편집자가 되어준 데 대해 대단히 감사한다. 애나와 샘은 뒤죽박죽이던 원고를 다듬어 하나의 완성된 책으로 엮는 과정에 길잡이가 되어주었다. 또한 그레이스 메너리-와인필드에게 고맙다. 그는 책의 첫 옹호자이자 대변인 중 한 명이 되어주었다. 공들여 책의 처음부터 끝까지 매 쪽을(더불어 아름다운 표지까지!) 완성해준 샤나 드리스, 에린 맥클러리, 크리스 프랜시스, 줄리아나 파스, 사브리나 배스키, 캐시 거트먼과 모든 이들에게도 감사하다. 책이 독자들의 손에 닿을 수 있도록 애써준 리즈 켈시, 리지 르완도스키, 마이클 릴리, 케이틀린 롤러, 밸러리 피어스, 마거릿 커피에게 고마움을 전한다. 마지막으로 내게는 낯설고 거칠었던 계약과 출판의 세계를 헤쳐 나가는 데 훌륭한 조언을 해준 휴즈 미디어 법률 그룹의 셜리 로버슨과 메리 맥휴에게도 진심으로 감사하다.

지난 몇 년간 과학뿐만 아니라 연구 중 일화를 말 그대로 수백 명의 동료들과 나눌 수 있었던 것은 큰 행운이었다. 그들에게 깊이 신세를 졌기에 이 책이 완성될 수 있었다. 특히 너그럽게 자신의 시간을 쪼개서 나와 직접 만나거나 통화로 이야기를 들려준 수백 명의 사람들에게 고마움을 느끼고, 소셜미디어를 통해 기쁘게 각자의 이야기를 공유하고 질문에 답해준 많은 분들에게도 감사하다. 여러분 한 명 한 명은 이 책의 내용을 다듬는 데 큰 역할을 해주었다. 내가 우리의 별나고 특이한 직업을 재미있는 이야기로 풀어내 여러분의 기여에 보답했기를 바랄 뿐이다.

책에 담은 이야기는 전 세계의 망원경과 천문대에서 수집했지만, 특별히 책을 쓰는 동안 나를 방문자로 맞아주었던 천문대에 감사하고 싶다. 로웰 천문대, 국립 광학 천문대 본부, 애리조나의 킷픽 국립 천문대, 하와이의 마우나케아 천문대, 칠레의 라스 캄파나스 천문대와 대형 시놉틱 관측 망원경, 캘리포니아의 카네기 천문대, 워싱턴주 핸포드의 레이저 간섭 중력파 관측소, 캘리포니아 팜데일과 뉴질랜드 크라이스트처치의 나사 소피아 팀이다. 세계 곳곳에 있는 천문대와 연구 기관을 운영하려면 수많은 활기 넘치고 헌신적인 사람들의 노력이 필요하다. 동료들과 나는 많은 천문대 직원들과 이들의 결정적인 지원 덕분에 우주적인 가치가 있는 훌륭한 과학 연구를 수행하고 있다.

제프 리치는 대단히 흥미롭고 굉장했던 카네기 천문대 투어와 내 사진 건판 보관소 첫 방문을 안내해주었다. 제프 홀과 케이티 블레이젝은 머물 곳을 제공해주었고, 언제나처럼 로웰 천문대 방문은 기분 좋은 일이었다. 국립 광학 천문대에서 케이티 가르마니, 존 글래스피, 데이브 실바는 내게 대단한 이야기를 한참 들려주었다. 하와이 빅 아일랜드를 방문할 때면 보 리퍼스, 토머스 그레이트하우스, 테리스 엔크리나즈는 업무로 바쁜 와중에도 나를 맞아주었다. 조 마시에로는 관측 중에 난입한 내게 친절하게도 팔로마 천문대를 구경시켜 주었으며 언제나 멋진 이야기와 조언을 들려주었다.

라스 캄파나스 방문은 존 멀체이, 레오폴도 인판테, 자비에라 레이, 니디아 모렐 덕분에 가능했다. 젤코 이베지크, 랜펄 길, 제프 칸토르는 베라 루빈 천문대를 방문할 수 있도록 세로 파촌 꼭대기까지 나를 데려가 주었다. 그곳을 방문하는 동안 대화할 시간을 내준 루빈 천문대 직원들에게도 고맙다. 라이고 방문을 도와준 앰버 스트렁크와, 방문하는 동안 내가 쏟아낸 수많은 질문에 답해준 라이고 직원들에게도 감사하다. 닉 베로니코, 케이트 스콰이어, 베스 헤이그노이어의 도움으로 내 첫 소피아 방문이 이뤄졌다. 그 주에 소피아는 결국 이륙하지 못했지만 직원 모두가 나를 위해 천문대가 정상 작동할 수 있도록 힘써주었다. 제이크 에드먼슨에게 특별한 감사를 전한다. 그가 카메라를 빌려준 덕분에 우리가 위기를 면하고 그 여행에서 사진을 남길 수 있었다. 마지막으로 랜돌프 클라인과 마이클 고든에게 소피아에 관측자로 탑승하도록 초대해준 것에 대해 대단히 고맙게 생각한다. 세상 끝으로의 여행은 평생 기억에 남을 것이다.

시애틀 밸러드의 벤처 커피 직원 모두에게 고맙다. 새벽 여섯 시면

문을 열었던 벤처 커피와 수십 잔의 마키아토가 있었기에 책을 쓸 수 있었다.

워싱턴 대학 천문학과의 동료들은 항상 격려를 보내며 내가 온전한 정신 상태를 유지할 수 있는 결정적인 버팀목이 되어주었다. 나는 정년 보장 심사를 앞둔 교수인 동시에 첫 책을 내놓는 작가라는 이상한 두 개의 삶 사이에서 균형을 맞추려 노력하고 있었다. 워싱턴 대학 거대항성 연구 그룹의 제이미 로맥스, 트레버 돈-월런스타인, 캐서린 뉴전트, 로크 패튼, 에이슬린 윌러크, 브룩 디첸조, 츠베틀리나 디미트로바, 키얀 구트킨, 메건 코코리스, 애니 슈메이커에게 특별히 감사를 표한다. 똑똑하고 열심히 일하면서도 자주 웃음을 주는 이 멤버들은 책이 나오기까지 열정적인 과학 연구의 근원이었다.

첫 전문 관측 런에 나를 데려갔던 필 매시는 지난 16년간 소중한 멘토이자 동료이면서 친구가 되어주었다. 나는 또한 운 좋게도 MIT에서 짐 엘리엇으로부터 천문 관측의 이모저모를 배웠다. 지금까지 수많은 훌륭한 멘토와 동료가 있었지만, 내 천문학 커리어를 두 분의 훌륭한 선생님 아래에서 시작할 수 있었음은 진정 행운이었다.

할아버지 뻬뻬르에서부터 갓 태어난 구성원들에 이르기까지 레베스크과 커배너 가족은 시끌벅적하고 유쾌한 모임으로 평생 사랑과 에너지, 격려의 원천이었다. 오빠 벤은 나를 바깥으로 데리고 나가 생애 첫 관측 여행을 선사해주었다. 자라나면서 그랬던 것처럼, 나는 여전히 오빠 같은 사람이 되고 싶다. 엄마, 아빠, 엉망진창 틀린 철자로 써 내려갔던 유치원 시절 낙서들에서부터 이 책의 초기 원고에 이르기까지 내가 써왔던 거의 모든 글을 읽어주셔서 감사합니다.

사랑은 가끔 초콜릿과 어깨 마사지로 나타난다. 그리고 어떨 때는 수백 시간에 이르는 인터뷰를 음성 신호로 바꿔 기록하도록 맞춤 프로그램을 코딩하고 여러 장에 이르는 난해한 용어를 해독하는 것을 뜻한다. 남편 데이브는 어떻게 해서인지 이런 모든 형태의 사랑을 매일 내게 주었다. 데이브가 없었다면 이 책을 쓰는 것은 불가능했으리라고 확실히 얘기할 수 있다. 데이브, 하늘만큼 당신을 사랑해.

주

1 George Wallerstein, 저자와의 인터뷰, August 9, 2017.

2 Richard Preston, *First Light: The Search for the Edge of the Universe* (New York: Random House, 1996), 263.

3 Michael Brown, 저자와의 인터뷰, July 24, 2018.

4 Sarah Tuttle, 저자와의 인터뷰, August 18, 2018.

5 Rudy Schild, "Struck by Lightning," 2019, http://www.rudyschild.com/lightning.html

6 Geisler, Doug. 76cm Telescope Observers Log—Manastash Ridge Observatory. Night log entry, May 18, 1980.

7 Howard Bond, 저자와의 전화 인터뷰, December 6, 2018.

8 Greg Monk, quoted in "The Collapse," in *But It Was Fun: The First Forty Years of Radio Astronomy at Green Bank*, ed. F. J. Lockman, F. D. Ghigo, and D. S. Balser (Charleston: West Virginia Book Company, 2016), 240.

9 Harold Crist, quoted in "The Collapse," *But It Was Fun*, 241.

10 George Liptak, quoted in "The Collapse," *But It Was Fun*, 241.

11 Crist, quoted in "The Collapse," *But It Was Fun*, 243.

12 Ron Maddalena, quoted in "The Collapse," *But It Was Fun*, 245.

13 Pete Chestnut, quoted in "The Collapse," *But It Was Fun*, 247.

14 Anneila Sargent, 저자와의 인터뷰, July 2, 2018.

15 George Preston, 저자와의 인터뷰, June 5, 2018.

16 Harlan J. Smith, "Report on the 2.7-meter Reflector", Central Bureau for Astronomical Telegrams, Circular 2209 (1970): 1.

17 Marc Aaronson and E. W. Olszewski, "Dark Matter in Dwarf Galaxies," in *Large Scale Structures of the Universe: Proceedings of the 130th Symposium of the International Astronomical*

Union, Dedicated to the Memory of Marc A. Aaronson (1950–1987), Held in Balatonfured, Hungary, June 15-20, 1987, ed. Jean Audouze, Marie-Christine Pelletan, and Sandor Szalay (Dordrecht: Kluwer Academic, 1988): 409~420.

18 University of Arizona Department of Astronomy, "Aaronson Lectureship," 2019, https://www.as.arizona.edu/aaronson_lectureship.

19 Elizabeth Griffin, 저자와의 인터뷰, January 8, 2019.

20 Anneila Sargent, 저자와의 인터뷰, July 2, 2018.

21 Vera C. Rubin, "An Interesting Voyage," *Annual Review of Astronomy and Astrophysics* 49, no. 1 (2011): 1~28.

22 Anne Marie Porter and Rachel Ivie, "Women in Physics and Astronomy, 2019," American Institute of Physics Report (College Park: AIP Statistical Research Center, 2019).

23 Porter and Ivie, "Women in Physics and Astronomy, 2019."

24 Leandra A. Swanner, "Mountains of Controversy: Narrative and the Making of Contested Landscapes in Postwar American Astronomy," PhD diss., Harvard University, 2013.

25 James Coates, "Endangered Squirrels Losing Arizona Fight," *Chicago Tribune*, June 18, 1990.

26 Thayne Currie, 저자와의 인터뷰, November 13, 2018.

27 John Johnson, 저자와의 인터뷰, March 28, 2019.

28 N. Bartel, M. I. Ratner, A. E. E. Rogers, I. I. Shapiro, R. J. Bonometti, N. L. Cohen, M. V. Gorenstein, J. M. Marcaide, and R. A. Preston, "VLBI Observations of 23 Hot Spots in the Starburst Galaxy M82", *The Astrophysical Journal* 323 (1987): 505~515.

29 D. Andrew Howell. Twitter Post. August 19, 2017, 1:43 a.m., https://twitter.com/d_a_howell/status/898782333884440577.

30 Oscar Duhalde, 저자와의 인터뷰, April 25, 2019.

31 Robert F. Wing, Manuel Peimbert, and Hyron Spinrad, "Potassium Flares," *Proceedings of the Astronomical Society of the Pacific* 79, no. 469 (1967): 351-362.

32 A. R. Hyland, E. E. Becklin, G. Neugebauer, and George Wallerstein, "Observations of the Infrared Object, VY Canis Majoris," *The Astrophysical Journal* 159 (1969): 619~628.

찾아보기

ㄱ

거대 쌍안 망원경 (LBT)140
그레이엄산 천문대 202~206, 210, 235
기보어 바스리 197
기욤 르 장티 293~295

ㄴ

남극점 망원경 272, 273
넛시니 키분추 321, 333
노버트 바텔 232, 233
니나 모르굴레프 353, 355
니디아 모렐 406~409
닐 암스트롱 272

ㄷ

다라 노먼 124, 199
대니얼 바비어 353, 355, 356
더그 가이슬러 143~145
더그 덩컨 287, 290
데이브 실바 138, 139
데이브 쥬잇 359, 360, 388
데이비드 배런 292
디드레 헌터 194, 195, 198
딕 조이스 81

ㄹ

라 시야 천문대 106
라스 쿰브레스 천문대 387
라이너 와이스 327
라이언 처르닉 335
라인하르트 겐첼 132
래리 와세르먼 301
레안드라 스워너 203
레이저 간섭 중력파 관측소(LIGO)
314~328, 331, 332, 334, 338, 339, 367
로런스 앨러 65
로버트 C. 버드 236
로버트 윌슨 231
로웰 천문대 47, 48
로저 그리핀 190, 191
로저 펜로즈 132
론 마달레나 158
루디 실드 139, 140
루페시 오즈하 273, 274
리처드 캐링턴 63
리처드 프레스턴 88

ㅁ

마거릿 버비지 83, 190
마나스태시 릿지 천문대 143
마누엘 페임버트 355
마르텐 슈미트 84
마우나케아산 천문대 32, 86, 100~102,
131, 132, 135, 136, 138, 142, 143, 164,

174, 183, 202, 206~215, 235, 375
마이크 브라운 121, 164~166, 388, 389
마크 애런슨 177~179
만시 카슬리왈 336, 390
맥도널드 천문대 171
미국 국립 전파 천문대 353

ㅂ
바버라 체리 슈바르츠실트 83, 189, 190
바티칸 첨단 기술 망원경 140
밥 웡 355, 357
배리 배리시 327
버즈 올드린 272
베라 루빈 83, 168, 192~196
베라 루빈 천문대 397, 399
벤저민 배네커 196
벤저민 프랭클린 피어리 197
브라이언 슈미트 349~351, 358

ㅅ
사이딩 스프링 천문대 141
샤디아 하발 295~297
서브밀리미터 망원경(SMT) 140, 235
세라 터틀 136, 148, 149
세로 토롤로 천문대 99, 110, 151, 164, 166, 169, 175
세로 파촌 천문대 373, 395, 396, 399
소피아 천문대 245~249, 253~261, 275~281, 299, 300, 314
스트롬로산 천문대 141

ㅇ
아닐라 사전트 161, 192
아레시보 전파 천문대 32, 228, 230~233
아르노 펜지아스 231
아비 사하 88
아서 B. C. 워커 2세 197, 268, 269
아서 에딩턴 292, 293
아파치 포인트 천문대 55, 137, 138, 150, 269, 272
안나 지트코프 404, 405
앤 보스가드 83, 131, 138, 190, 196
앤드리아 게즈 132
앤디 하웰 337
에드 올셰프스키 179
에드윈 허블 75, 177
에르만 올리바레스 112, 113
에리카 엘링슨 80, 81
에릭 벨름 265~267
에린 리 라이언 326
에밀리 베빈스 259, 260
에밀리 페트로프 237~240
엘리자베스 그리핀 82, 83, 138, 190, 191, 194, 198
오스카 두알데 343~346, 348, 368
오트 프로방스 천문대 82, 354~357
윌리엄 파울러 190
윌슨산 천문대 46, 55, 77, 80, 83, 138, 161, 189~192, 194
이도 버거 309, 310, 334~337, 360
이베트 안드리아 356

ㅈ
장기선 간섭계 전파 천문대(VLA) 32, 221~230, 235, 314, 352, 353, 396
제러드 카이퍼 253, 359
제이 엘리아스 161, 162
제인 루 359, 360, 388
제프리 T. 윌리엄스 25, 38
조슬린 벨 버넬 237, 238
조지 립탁 158
조지 엘러리 헤일 59, 87

조지 월러스타인 55~59, 66, 87, 142, 357
조지 커러더스 197, 271, 272
조지 프레스턴 77~79, 85, 87, 161, 356
조지 허빅 85, 87
존 영 271
존 존슨 199, 213
진 뮬러 194
짐 엘리엇 41, 224, 253, 254, 299
질 냅 192

ㅊ

찰리 킬패트릭 335

ㅋ

칼 세이건 13, 23, 29, 36, 38, 323
캔더스 그레이 138
케빈 프랜스 270
케이티 가머니 195
켁 망원경 32, 132, 135, 136, 164, 165, 183~186, 208, 213, 361, 375, 376
코디 메시크 310, 331, 332
킷픽 국립 천문대 17~21, 32, 35, 36, 44, 46, 49, 50, 51, 74, 94, 138, 148, 149, 168~170, 178, 179, 195, 235, 374
킵 손 327, 404, 405

ㅌ

테인 커리 211~214

ㅍ

파크스 전파 망원경 230, 236~241
팔로마산 천문대 59, 60, 67, 75, 83, 84, 86, 88, 89, 140, 189, 192, 196, 301, 388, 390, 410
폴 호지 69
프라임 포커스 71~73, 75~77, 87~89, 142, 163, 176, 192, 410, 413, 421
프랑수아 슈바이저 84
프랭크 월첵 39
프레드 호일 190
피트 체스트넛 155, 156, 159
필 매시 17~19, 32~35, 44, 45, 48, 94, 169, 170, 224, 230, 309, 334, 404, 406~409

ㅎ

하비 워싱턴 뱅크스 197
하워드 본드 74, 151, 152
하이디 해멀 28, 49
하이런 스핀래드 355
할란 J. 스미스 173
해럴드 크라이스트 158

오늘 밤은 별을 볼 수 없습니다

초판 1쇄 인쇄일 2021년 12월 15일
초판 1쇄 발행일 2021년 12월 22일

지은이 에밀리 레베스크
옮긴이 김준한

발행인 박헌용, 윤호권
편집 최안나 **디자인** 김지연
발행처 ㈜시공사 **주소** 서울시 성동구 상원1길 22, 6-8층(우편번호 04779)
대표전화 02-3486-6877 **팩스(주문)** 02-585-1755
홈페이지 www.sigongsa.com / www.sigongjunior.com

ISBN 979-11-6579-856-7 03440

*시공사는 시공간을 넘는 무한한 콘텐츠 세상을 만듭니다.
*시공사는 더 나은 내일을 함께 만들 여러분의 소중한 의견을 기다립니다.
*잘못 만들어진 책은 구입하신 곳에서 바꾸어 드립니다.